Medio siglo del "Atlas Lingüístico y Etnográfico de Andalucía" (1973-2023): Estudios, Vol. II

Manuel Galeote-López y María del Mar Espejo-Muriel (eds.)

Medio siglo del "Atlas Lingüístico y Etnográfico de Andalucía" (1973-2023): Estudios, Vol. II

PETER LANG
Berlin · Bruxelles · Chennai · Lausanne · New York · Oxford

Información bibliográfica publicada por la Deutsche Nationalbibliothek
La Deutsche Nationalbibliothek recoge esta publicación en la Deutsche Nationalbibliografie; los datos bibliográficos detallados están disponibles en Internet en http://dnb.d-nb.de.

Número de Control de la Biblioteca del Congreso: 2025026695

Han contribuido a la financiación las Universidades de Málaga, Almería, Granada y Sevilla.

ISBN 978-3-631-92375-7 (Print)
ISBN 978-3-631-92373-3 (E-PDF)
ISBN 978-3-631-92374-0 (E-PUB)
DOI 10.3726/b22136

© 2025 Peter Lang Group AG, Lausanne, Suiza de esta edición
Publicado por Peter Lang GmbH, Berlin, Alemania

info@peterlang.com

Todos los derechos reservados.
Esta publicación no puede ser reproducida, ni en todo ni en parte, ni registrada o transmitida por un sistema de recuperación de información, en ninguna forma ni por ningún medio, sea mecánico, fotoquímico, electrónico, magnético, electroóptico, por fotocopia, o cualquier otro, sin el permiso previo por escrito de la editorial.

Esta publicación ha sido revisada por pares.

www.peterlang.com

Índice

Manuel Galeote y María del Mar Espejo Muriel
Introducción 7

Primera Parte

Javier Medina López
El español de Canarias en tiempos del *ALEA* y del *ALEICan*:
una visión historiográfica 33

Miguel Ángel Quesada Pacheco
El *Atlas Lingüístico-Etnográfico de América Central* (*ALEAC*) y
la herencia andaluza 67

Segunda Parte

Itahisa Afonso
Las denominaciones de *cierva* y *cerbatana* para la *Mantis religiosa*
en los atlas lingüísticos 99

Narés García Rivero
Nuevas perspectivas sobre el verdadero alcance de la
influencia andaluza en el léxico canario 117

Carolina Julià Luna
El *Atlas Lingüístico y Etnográfico de Andalucía* en contraste con
los otros atlas regionales del español de España 135

Carmen Martín Cuadrado
Los preliminares, medio para las actitudes ideológicas hacia
la lengua de Nicaragua en el siglo XIX 167

Antonio Martín Piñero
Glotofobia y actitudes lingüísticas hacia el español de Canarias y de
Andalucía. Resultados de una encuesta aplicada a un grupo canario 185

Javier Puerma Bonilla
Hacia una historia del español en la Andalucía del XVIII 213

Natalia Terrón y Cristina Buenafuentes
El *ALEA* y el *ALEICan*, juntos y en contraste 231

Fabiola Varela García
La huella del español isleño en el inglés estadounidense:
La apicalización de la nasal velar final en el inglés de la
Parroquia de San Bernardo. Efectos translingüísticos 251

Introducción

El volumen que presentamos tiene la voluntad de ofrecer a la comunidad científica no solo una puesta al día de las cuestiones que han generado la consulta de los materiales del *ALEA*, sino también su posible confrontación con los de otros Atlas lingüísticos regionales peninsulares y extrapeninsulares. La obra se inicia con los estudios de los investigadores invitados por su reconocida trayectoria científica: Javier Medina López (Catedrático de Lengua Española en la Universidad de La Laguna y del Instituto Universitario de Lingüística Andrés Bello); y Miguel Ángel Quesada Pacheco, (Catedrático de Lengua Española de la Universidad de Costa Rica y de la Universidad de Bergen, Noruega), además de académico de la Academia Costarricense de la Lengua.

No está de más recordar que el trabajo del *ALEA*, concluido con la publicación en 1973 del sexto y último volumen (presentado en carpetas con mapas en hojas sueltas impresas por una sola cara y sin encuadernar para poder manejar fácilmente cada mapa) fue el primer estudio científico y completo del castellano al sur de Castilla. Es un orgullo para la Universidad de Granada haber ocupado el liderazgo en las investigaciones dialectales de campo, para capturar la imagen viva de la variedad dialectal del territorio político-administrativo que desde 1833 llamamos Andalucía, con todas sus diferencias lingüísticas provinciales y comarcales.

La ambición geográfico-lingüística de Manuel Alvar y su equipo, en el que colaboraron muchas personas (que a veces no se nombran, como Julio Alvar, que elaboró las magistrales láminas etnográficas) aspiraba a equipararse en los resultados a los del *Atlas Lingüístico de la Península Ibérica* (*ALPI*) de Tomás Navarro Tomás. Nunca se publicó más que un volumen y, sin concluir, hoy se halla en vías de informatización. Deseamos que pronto esté disponible para poder cotejar el español de Andalucía de antes de la guerra civil (*ALPI*) y el español del desarrollismo franquista de los años 1960 (*ALEA*) con las investigaciones más recientes en dialectología y sociolingüística andaluza.

Una carta a Melchor Fernández Almagro de don Américo Castro (Princeton, 23 de setiembre de 1958), que 40 años después de su exilio había visitado "por desgracias de familia" la Granada de 1958, se alegra de que en la Universidad haya investigación equiparable a la de Navarro Tomás y los *atlánticos* del *ALPI*: "Tres profesores jóvenes se han hecho solos el mapa lingüístico de Andalucía, con los métodos [geográfico-lingüísticos] del Centro Histórico [CEH] con esfuerzo heroico. Más de 250 lugares han explorado. Recuerdan que allá por 1920 escribía yo que la Univ. [sic] de Granada estaba muerta, y lo estaba en cuanto a producción de algo no meramente local. Mis palabras, dicen, fueron su aguijón. La Facultad de Letras no es el absurdo en donde yo me licencié en 1904"[1].

El volumen comienza con una síntesis exhaustiva de los trabajos publicados sobre el español de Canarias, sin olvidar el impacto científico que supuso la llegada del *ALEA* (1961-1973) y *ALEICan* (1975-1978) para el conocimiento de dos regiones importantes para la dialectología española. La investigación la realiza Javier Medina López con el título *El español de Canarias en tiempos del ALEA y del ALEICan: una visión historiográfica*.

El autor desarrolla una profunda revisión panorámica sobre el impacto científico que supuso la aparición del *ALEICan* con una introducción sobre los antecedentes de los estudios insulares. Desde un punto de vista histórico, se pretende justificar el surgimiento de la labor precientífica: desde los orígenes del inicio de la toma de contacto lingüístico en los enclaves más orientales (Lanzarote y Fuerteventura); hasta la completa sumisión a la Corona de Castilla con la capitulación de Tenerife en 1496; y cómo a partir de esa fecha se traspasan los límites de lo estrictamente lingüístico, desde la andadura de Castilla hacia el mar. En consecuencia, profundiza de manera rigurosa sobre el poderoso instrumento que supuso la llegada del *ALEICan* que centró la mirada en los materiales publicados a nivel pancanario. De igual

---

[1] Carta de Américo Castro a Melchor Fernández Almagro, 23 de setiembre de 1958. Archivo de la Real Academia Española, *apud* José Antonio González Alcantud (coord.), *Américo Castro y su tiempo*, Universidad de Granada, 2024, p. 179.

forma, reconoce que el *ALEICan* sirvió para poner de relieve aspectos de la morfología y la sintaxis insulares que habían ocupado un discreto plano en la sintaxis dialectal. Para terminar, dedica su gratitud a la gran escuela filológica desarrollada sobre el léxico, en particular por Inmaculada y Cristóbal Corrales Zumbado, Dolores Corbella y Marcial Morera.

De manera más específica, el estudio se estructura en las secciones que se citan a continuación: (1) Introducción; (2) la investigación lingüística insular: los antecedentes; (3) la investigación lingüística insular: el surgimiento de la labor científica; (4) la geografía lingüística regional: el Atlas Lingüístico y Etnográfico de las Islas Canarias (*ALEICan*); (5) el impacto científico del *ALEICan*; y (6) conclusiones.

Se reserva para el apartado introductorio la presentación de cómo se produjeron los primeros intentos de descripción de las hablas canarias, que procede de los testimonios tempranos del padre Abreu Galindo, Antonio de Viana, Juan Núñez de la Peña, Fray José de Sosa, Tomás Marín de Cubas, Pedro Agustín del Castillo y León o George Glas; aunque será a finales del xix, cuando se da a conocer el meritorio estudio de José de Viera y Clavijo con el *Diccionario de Historia Natural de las Islas Canarias* (1866). Le siguen otros que sobresalen por su interés por las lenguas prehispánicas: Jean Baptiste G. M. Bory de Saint Vincent, Sabin Berthelot, Gregorio Chil y Naranjo; en las postrimerías del xix son bien conocidos los estudios del cronista José Agustín Álvarez Rixo, Pizarroso Belmonte, e incluso el más influyente Zerolo Herrera (1889). Entrados en el siglo xx destaca la obra de los hermanos Luis y Agustín Millares Cubas (1924), de este último se conoce especialmente el tratado *Cómo hablan los canarios*, que fue reseñado por Max Leopold Wagner en la *Revista de Filología Española* (1925).

El inicio de la investigación científica (apartado 3) se abre en los años cuarenta del siglo xx a partir de la Guerra Civil española. Con la fundación de la Facultad de Filosofía y Letras de la Universidad de La Laguna (Tenerife) en 1941 comienzan a cobrar relevancia las Revistas científicas como *El Museo Canario*; la *Revista de Historia, Revista de Historia Canaria* o el *Anuario de Estudios Atlánticos;* del mismo modo, en este período el *Instituto de Estudios Canarios* a través de su anuario *Estudios Canarios*, se convierte en un instrumento necesario para conocer la labor científica insular. Décadas más tarde, y gracias a un grupo de investigadores de sólida formación filológica se produce un gran reparto en las áreas de investigación:

1. La descripción de las hablas insulares con la primera monografía que publica Alvar en 1959 en su estudio sobre el habla de Tenerife.
2. Otra sección se adentra en el legado de las lenguas aborígenes. La nómina de autores es generosa, aún así sobresalen los estudios de toponimia de corte prehispánico, o hispánico de Trapero (1995 y 1999), o los de Díaz Alayón (1987).
3. Un tercer reto se refiere a la presencia de los occidentalismos y, en particular, de los portuguesismos. Se destacan las aportaciones de Pérez Vidal.
4. Se centra en el estudio de las relaciones de las Islas Canarias con América, una línea que cubre no solo la perspectiva histórico-lingüística, sino también aspectos relacionados con los movimientos migratorios y los problemas socioculturales y económicos que presentan. Especialmente merece ser comentada la valiosa publicación del *Tesoro Léxico Canario-Americano* de Corrales-Corbella (2010).

En cuanto a las relaciones de ida y vuelta con América, la figura del eminente filólogo Diego Catalán es de obligada referencia, a quien le debemos la acuñación de "español atlántico". En relación con la proyección hispanoamericana, con el trasfondo de la aportación histórica de las Canarias en América, los estudios se multiplicaron, si bien es verdad que la perspectiva historiográfica apenas se perfiló hasta comienzos del xx con la ayuda de los diccionarios históricos.

El §4 está dedicado especialmente a la génesis del *ALEICan*, por consiguiente, no puede faltar la mención del experto Manuel Alvar López, por ser el pionero en abrir el camino del estudio de un habla insular. Destaca su interés por incluir en el cuestionario a los habitantes de Caleta del Sebo (Isla Graciosa), por ser un territorio muy poco conocido con apenas 423 habitantes y ausente en los repertorios lingüísticos canarios. En estos años de finales del siglo xx salen a la luz: *El español hablando en Tenerife; Estudios Canarios I, Niveles socioculturales en el habla de las Palmas de Gran Canaria, los Estudios Canarios II* y en 1998 los trabajos sobre el habla de los vestigios insulares en *El dialecto canario de la Luisiana*.

En el §4.2. se comenta con precisión y rigurosidad la génesis de la aparición del *ALEICan*, que, pese a tener unos inicios complicados, la idea del proyecto llegó a prosperar en 1953 con la celebración en Barcelona del

VII *Congreso Internacional de Lingüística y Filología Románicas*, con la asistencia de Manuel Alvar. Si bien será una década posterior, en 1963, cuando el maestro acepta la iniciativa del director de *Estudios Canarios de La Laguna (Tenerife)*, Elías Serra Ráfols.

En 1964 Alvar, con su experiencia, aborda el cuestionario canario con un total de 1314 encuestas, algunas de ellas iniciadas en el estudio sobre el habla tinerfeña. Comprende un ambicioso repertorio de 65.000 unidades léxicas que proceden de los 6 puntos de encuesta repartidos en la isla de La Palma, 4 en La Gomera, 5 en la de El Hierro, 12 en Tenerife, 10 en Gran Canaria, 6 en Fuerteventura, en Lazarote y 1 en la Caleta del Sebo (La Graciosa).

En relación con la tipología de los materiales, de un total de 1212 mapas, se han podido clasificar en tres modelos de mapas: 1) los de carácter eminentemente lingüístico, onomasiológicos; 2) los etnográficos, por ejemplo sobre las labores y utensilios tradicionales de las islas (mapa 84, medidas de superficie); y 3) los llamados mapas *mixtos*, porque aparecen datos lingüísticos, y etnográficos. Por ejemplo, mapa 53, (manojo).

La obra deja constancia del rico acervo cultural canario que atesora la memoria de una población adulta, que ensalza la identidad y cultura de las Canarias. Se recopila información sobre las actividades propias del quehacer de la población de la segunda mitad del siglo XX, en el mundo marítimo, en la vida religiosa, en el folclore, agricultura, etc.

En el §5 se expone el gran impacto científico que supuso la llegada del *ALEICan*. Los primeros resultados se recogen en los congresos internacionales organizados por el propio Manuel Alvar en la isla de Gran Canaria bajo la denominación *Simposio Internacional de Lengua Española (SILE)*. Se celebraron tres ediciones, cuyas actas fueron publicadas en 1978, 1981 y 1984, respectivamente. Subraya el gran interés que se alcanzó en la década de los ochenta del siglo pasado, para conmemorar el XX aniversario del *ALEICan*, momento que aprovechó Medina López (1996b) para dar a conocer las numerosas publicaciones aportadas hasta la fecha. A partir de ese momento las líneas de investigación se centraron en la descripción y análisis de comunidades más complejas, muchas de ellas de carácter urbano, con la introducción de nuevas metodologías, especialmente, la sociolingüística.

Cobró gran importancia el interés por el vocabulario insular, que años más tarde propiciaría el desarrollo de la lexicografía diferencial e histórica del canario. Son de sobra conocidos y reconocidos:

- El *Diccionario etimológico de los portuguesismos canarios* (Morera, 1996).
- El *Diccionario de toponimia canaria* (Maximiano Trapero Trapero, 1999).
- El *Diccionario de canarismos* (Lorenzo, Morera y Ortega, 1994, 2.ª ed. corr. 1996).
- El *Diccionario histórico-etimológico del habla canaria* (Morera, 2001).
- El *Diccionario básico de canarismos* (Academia Canaria de la Lengua, 2010).
- El *Tesoro Lexicográfico del español de Canarias* (Corrales, Corbella y Álvarez Martínez, 1992, 1996).
- El *Diccionario diferencial del español de Canarias* (Corrales, Corbella y Álvarez Martínez, 1996)
- El *Tesoro léxico canario-americano* (Corrales y Corbella, 2010).
- El *Diccionario histórico del español de Canarias* (Corrales y Corbella, 2001 y 2.ª ed. ampliada en 2013).
- El *Diccionario ejemplificado de Canarismos* (Corrales y Corbella, 2009), etc.

Del mismo modo, se realizaron incursiones sobre la morfología y la sintaxis insulares en contraste con los datos del *ALEA*, o de ciertas zonas de las Antillas: la pasiva impersonal con "se"; el uso de los pretéritos perfectos y las perífrasis; empleos del subjuntivo; los arcaísmos de algunas formas verbales; las analógicas *hamos* por *hemos* o *ha* por *he*; el uso de los diminutivos; las variaciones de género; la formación de palabras; la sufijación – *ero/-a*, etc.

En el terreno de la fonética, el *ALEICan* también ha centrado su interés en cuestiones de fonología diatópica referida a las dentales y palatales; la pronunciación de la /r/ en comparación con lo que sucede en Las Antillas; la articulación de la -*d*- intervocálica; las realizaciones sonoras de la serie sorda /p, t, k/; o las oclusivas sonoras tensas grancanarias /b:, d:, g:, y:/, entre otros.

De esta manera queda reconocido el importante enclave geográfico y lingüístico que supone la realidad insular. Como un eslabón que une la Península y América.

El siguiente capítulo se anuncia con el título: "El Atlas lingüístico-etnográfico de América Central (*ALEAC*) y la herencia andaluza" y se lo debemos a Miguel Ángel Quesada Pacheco. En esta ocasión pone especial interés como primer objetivo, en dar a conocer los avances que se han dado en particular sobre los estudios de dialectología y geografía lingüística de la América Central, pasando por sus logros y diferencias respecto de la geolingüística tradicional. Como segundo objetivo, pretende resaltar la herencia andaluza en dichos atlas.

De sobra es reconocida su labor investigadora en este campo de la especialidad, centrada especialmente en la geografía dialectal centroamericana. Desde comienzos del milenio se ha dado a conocer, como investigador principal y responsable del novedoso proyecto de *Atlas lingüístico-etnográfico de América Central (ALEAC)*, gracias al apoyo de la Fundación Meltzer de Bergen y a la Facultad de Humanidades de la Universidad de Bergen (Noruega). Ha contado con un equipo de colaboradores que realizaron encuestas en unas 90 localidades, para poder cotejar los datos de manera sistemática desde 1995 y 2010. Se aplicó un solo cuestionario con el fin de obtener datos que pudieran ser empleados en futuros estudios comparativos.

En el curso de su investigación se propone atender a las siguientes cuestiones: a) mostrar, a grandes rasgos, lo que se ha logrado con el proyecto de los atlas lingüísticos de América Central; b) destacar la relación lingüística entre Andalucía y el Istmo Centroamericano a través de los atlas (nivel fonético), y c) incentivar el estudio geolingüístico en América Central desde Andalucía.

La comunidad científica le reconoce el gran trabajo realizado en esta primera década del s. XXI, con la finalidad de cubrir el vacío que representaba el Istmo; tal y como se puede apreciar con la publicación de los siguientes atlas:

· Belice (siglas: *ALEB*)
  ◦ Fonética: Cardona (2015)
  ◦ Morfosintaxis y léxico: Rivera (2010a)
· Guatemala (siglas: *ALEG*)
  ◦ Fonética: Utgård (2006)
  ◦ Morfosintaxis y léxico: Chavarría y Quesada (inédito)[2]
· El Salvador (siglas: *ALPES*)

---

[2] Esta parte del atlas de Guatemala ha tenido varias vicisitudes y su publicación ha quedado sin materializarse. Pero los datos están disponibles para quien los quiera consultar.

- ○ Fonética: Azcúnaga (2012),
- ○ Morfosintaxis y léxico: Rivera (2010b)
- · Honduras (siglas: *ALEH*)
- ○ Fonética y morfosintaxis: Hernández (2012)
- ○ Léxico: Ventura (2013)
- · Nicaragua (siglas: *ALEN*)
- ○ Fonética: Rosales (2008)
- ○ Morfosintaxis y léxico: Chavarría (2010)
- · Costa Rica (siglas: *ALECORI*)
- ○ Fonética: Vargas (2000)
- ○ Morfosintaxis Castillo (2000)
- ○ Léxico: Quesada Pacheco (coordinador, 2010)
- · Panamá (siglas: *ALEP*)
- ○ Fonética: Cardona (2015)
- ○ Morfosintaxis y léxico: Tinoco (2010)

Respecto de los postulados teóricos que sirvieron de base para el estudio se citan las obras imprescindibles de la geolingüística (Navarro Tomás, Alvar, Flórez y Buesa Oliver); si bien añade otros enfoques ofrecidos por la geolingüística pluridimensional aplicada en el atlas del Uruguay (Elizaincín y Thun, 1989). Además de la dimensión geográfica se añadió la sexual (mujeres-hombres) y la generacional (Gen. I y III, de 20 a 35 años y de 55 años en adelante, respectivamente). Por consiguiente en cada localidad se entrevistaron cuatro personas: HM, MM, HJ, MJ. Es decir: HM = hombre mayor (Gen. III); MM = mujer mayor (Gen. III); HJ = hombre joven (Gen. I) y MJ = mujer joven (Gen. I).

El equipo elaboró encuestas en 90 localidades y las encuestas se aplicaron según el formato del *Cuestionario* para el *Atlas lingüístico de Costa Rica* (Quesada Pacheco 1992b), se dividieron en 57 preguntas en el orden fonético-fonológico; 90 en el morfosintáctico y unas 1400 en el orden léxico.

Subraya algunos puntos que marcan una diferencia entre los atlas centroamericanos y los demás atlas de la región.

Por ejemplo, uno de ellos consiste en que no se entrevistaron las mismas personas en todos los niveles de lengua, sino que fueron distintas y, en el caso del léxico, se buscaron las personas idóneas en el campo específico que se tratara.

Otra diferencia reside en que en los atlas centroamericanos se utilizó la transcripción fonética únicamente en el nivel fonético-fonológico; para el resto de los niveles, el alfabeto convencional.

En relación con el léxico, se estudiaron 54 campos léxico-semánticos y se obtuvieron unos 150.000 datos para todo el territorio centroamericano, los cuales aún están sin explorar. En la representación de los datos en los mapas lingüísticos no se utilizaron símbolos, como sucede con los atlas revisados, sino letras.

Una vez presentadas las características metodológicas de la elaboración de los materiales, en el apartado 3º inicia el estudio de "Andalucía en América Central". Se interesa por cuestiones como la "abertura vocálica", el "debilitamiento de /d/ en la terminación -*ado*; el fonema /s/ y su alofonía; la aspiración posnuclear; el heheo, entendido como la pronunciación aspirada de /s/ en posición prenuclear; el ceceo; el yeísmo y sus realizaciones; la pronunciación de la africada /tʃ/; el fonema nasal alveolar /n/; la neutralización de líquidas; y la fricativa velar /x/.

Gracias al recorrido señalado, y teniendo en cuenta todas las limitaciones que supone emprender un proyecto de semejantes dimensiones; se permite señalar dos conclusiones importantes para la dialectología del español centroamericano. La primera de ellas, el hito que ha supuesto el conocimiento de las variedades de habla que componen el Istmo Centroamericano. La segunda permite reconocer de manera más nítida el conjunto de rasgos que comparte esta región centroamericana del Nuevo Mundo con Andalucía.

En consecuencia, se cuestiona la revisión de los conceptos "continuum o discontinuum" dialectal para la subdivisión dialectal de ciertas áreas determinadas del español de América Central; y del mismo modo, se destaca que el nivel fonético no es el único componente lingüístico que se debe tener presente a la hora de una subdivisión dialectal de una cierta área.

Los capítulos siguientes presentan los trabajos de los investigadores colaboradores que abordan cuestiones relacionadas tanto con la geografía dialectal, los mapas lingüísticos en sus diferentes dimensiones; como el análisis del pensamiento y de las actitudes lingüísticas en los textos escritos, orales y paratextos. Desde la perspectiva sincrónica y más centrada en los estudios de la cartografía lingüística, se parte de dos ámbitos ya identificados; por un lado, las regiones que conforman España, y por otra parte, como objetivo principal, la zona del atlántico: Canarias y el español centroamericano; además de otras zonas bilingües interesantes por su estratégica ubicación lingüística.

Desde la perspectiva sincrónica, mostramos una línea principal de la investigación como es la ofrecida por Carolina Julià Luna (*UNED*, Universidad Nacional de Educación a Distancia). Da a conocer algunos resultados de dos proyectos de gran envergadura iniciados en diciembre de 2022 que gozan de la subvención del Ministerio y de la Unión Europea y que se reconocen con el acrónimo CORPAT-PEPLES. PEPLEs: «Corpus digital para la preservación y el estudio del patrimonio lingüístico del español» (TED2021-130752A-I00), financiado por MCIN/AEI/10.13039/501100011033 y por la Unión Europea «NextGenerationEU»/PRTR; y el proyecto «CORPAT: lengua oral y cambio lingüístico en los atlas españoles» (CORPAT - LOCALEs) (PID2022-136628NB-I00) financiado por MCIN/AEI/10.13039/501100011033 / FEDER, Unión Europea.

Con el título: "El Atlas Lingüístico y Etnográfico de Andalucía en contraste con los otros Atlas regionales del español de España", dicha autora analiza minuciosamente el contacto entre Andalucía y Canarias, tanto desde el contraste de los atlas (*ALEA* y *ALEICan*), como de otros atlas lingüísticos regionales que se publicaron posteriormente, para evidenciar la deuda que tiene el *ALEICAn* con el *ALEA,* no solo desde el punto de vista estructural y metodológico, sino también para aportar datos al conocimiento de la historia de la geografía lingüística regional española. Por tanto, contrasta los datos del *ALEA* y *ALEICan* con el *ALEANR, ALECant y ALCyL, ALeCMan y ADiM*, lo cual le lleva a plantearse el número de mapas que presentan, tipo de mapas que incluyen, número de conceptos no cartografiados, campos semánticos que analizan, etc. para, no solo comprender la deuda de contraen su antecesor, sino también para elaborar la selección de los conceptos que formarán parte del *CORPAT* (*Corpus de los atlas lingüísticos*).

Se plantea cubrir tres objetivos fundamentales que alcanza con sobrada soltura y rigurosidad: comparar la estructura, la organización y el contenido de los atlas lingüísticos regionales del español europeo a partir del cotejo de sus índices para comprobar el grado de coincidencia real que mantienen entre ellos, dado que en la práctica sus cuestionarios mantienen un porcentaje elevado de cuestiones comunes lo que garantiza su comparabilidad (García Mouton 2023:43). Para la consecución de este objetivo se anuncia que se ha informatizado y categorizado el contenido de los índices en una base de datos que se publicará en la web del proyecto.

En segundo lugar, con los resultados obtenidos en el análisis de los índices, se pretende ampliar y completar los conocimientos sobre el contenido léxico-semántico del *ALEA* de forma individual y en relación con sus sucesores.

En tercer lugar, a partir del examen de los datos se establecen las bases de selección de datos léxicos del *Corpus de los atlas lingüísticos* (*CORPAT*) que permitirán analizar los materiales desde una perspectiva de la dialectometría.

Se justifica que para el estudio en curso, no forma parte de este análisis, aunque sí de *CORPAT*, la *Cartografía Lingüística de Extremadura* (*CaliEx*) y el *Atlas Lingüístico de El Bierzo* (*ALBi*), dado que no presentan datos cuantitativamente comparable con el resto de los atlas seleccionados. Se ha permitido categorizar y etiquetar los datos de los índices en ocho campos:

1. Ámbito lingüístico (léxico, fonética, morfología, sintaxis y fraseología)
2. Campo semántico
3. Subcampo semántico (en el caso de los mapas léxicos). Nombre del mapa
4. Número de mapa
5. Número de lámina
6. Número de volumen
7. Cuestiones sin representación cartográfica
8. Tipos de láminas no cartográficas (dibujos, ilustraciones y explicaciones)

Tras el cotejo exhaustivo de los datos, se alcanzan algunas conclusiones generales, como por ejemplo el aumento del interés por los datos morfosintácticos en detrimento del esquema onomasiológico en el que se estructuran los datos léxicos. Del mismo modo se comprueba que el número de mapas compartido entre todos los atlas es relativamente bajo.

Destacadas colaboradoras del proyecto CORPAT: Natalia Terrón & Cristina Buenafuentes (Universitat Autònoma de Barcelona) ponen su acento en el contraste *ALEA- ALEICan* para contribuir a una mejor historia de la geografía lingüística regional del español meridional. El estudio: "El *ALEA* y el *ALEICan*, juntos y en contraste: Análisis cuantitativo y cualitativo a la luz de sus índices" se centra en el análisis de las semejanzas y diferencias que guardan dichos atlas tanto en la selección de conceptos como en la conceptualización de los (sub)campos que estructuran los índices.

Además de señalar las evidentes relaciones entre los dos atlas (*ALEA* y el *ALEICan*) tanto desde la perspectiva lingüística como metodológica, se incide en que no hay que olvidar que los materiales que se aportan en el atlas de Canarias son las primeras muestras cartografiada del territorio, porque a diferencia de Andalucía, no habían sido encuestadas para el *ALPI*.

Se anuncia que se han examinado un total de 3195 registros derivados de la extracción de los datos contenidos en los índices del *ALEA* y del *ALEICan*; por consiguiente, queda fuera de su investigación el estudio de la variación entre el léxico andaluz y el canario.

Cabe destacar algunos parámetros cotejados y compartidos entre el *ALEA* y el *ALEICan*, esto es, de los 2400 conceptos totales del *ALEA*, solo 885 están presentes en el *AELICan*, lo cual indica- desde el punto de vista conceptual- que los dos atlas presentan una acusada divergencia. El estudio profundiza tanto en el análisis de los campos y subcampos semánticos coincidentes como en los que se suprimen; del mismo modo, se proponen las causas o motivos que podrían justificar estas ausencias, basadas principalmente en las características del territorio cartografiado; si bien la reestructuración interna de los campos semánticos también afecta a los subcampos analizados; es decir, mientras que en el *ALEICan* el mar se organiza en dos campos semánticos: *el mar y los seres marinos*; en el *ALEA* se encuentra en los subcampos peces, moluscos y crustáceos, otra fauna marina, alga y aves marinas.

El estudio arroja una valiosa información sobre las divergencias y discordancias significativas que presentan los dos atlas en el grado de categorización de la realidad; por ejemplo, en el campo semántico *el tiempo*, los *vegetales*, la *alimentación*, o el *cuerpo humano*, en este último 87 conceptos se encuentran en el *ALEA* y tan solo 19 en el *ALEICan*.

Otro capítulo se detiene en el análisis minucioso de algunas unidades léxicas que aún tienen un origen conflictivo. En esta dirección se presenta el estudio de Itahisa Afonso González (Universidad de Málaga). Las denominaciones de *cierva* y *cerbatana* para la *Mantis religiosa* en los atlas lingüísticos". La autora profundiza en las principales dificultades que plantean estas palabras desde el punto de vista fonético y etimológico. Es decir, se aborda el discutido origen de *cerbatana* y *cierva* según los fenómenos del seseo y ceceo, para delimitar algunas variantes fonéticas entre dichas voces (García Mouton 2002: 249): *cervata* < (de '*cervatilla*, cierva menor de seis meses') o *cerbata* < (de *cerbata(na)* 'canuto en que se introducen bodoques').

El análisis de las variantes lleva a concluir que no se registran las voces para la *Mantis religiosa* ni en el *Atlas Lingüístico y Etnográfico de Cantabria* (*ALECant*), *Atlas Lingüístico de Castilla y León*, ni en el *Atlas Lingüístico de la Península Ibérica* (*ALPI*); en cambio sí se introducen en el cuestionario del *ALEA; ALEICan; ALEANR, ALECMan*.

Tras el estudio detallado de la extensión y pervivencia de las diferentes formas empleadas para la designación de la *Mantis religiosa*, concluye que la etimología popular *cierva* es la predominante frente a *sierva*; asimismo determina que las variantes *cervata*, *cervatica* y *zarpatica* se pueden incluir en la familia léxica *cierva* y no de *cerbatana*.

Siguiendo con una de las líneas prioritarias del volumen, el contraste entre Andalucía y Canarias, el colaborador Antonio Martín Piñero (Universidad de La Laguna, y del Instituto Universitario de Lingüística Andrés Bello) fija su atención en las actitudes lingüísticas en esta confrontación entre dichas áreas geográficas. Título: "Glotofobia y actitudes lingüísticas hacia el español de Canarias y de Andalucía. Resultados de una encuesta aplicada a un grupo canario".

El autor afronta el método de las encuestas orales desde las perspectivas glotopolítica y sociolingüística, líneas que cobran relevancia para tratar una cuestión de gran interés sobre las actitudes y la percepción de los informantes acerca del español de Canarias y el de Andalucía. Ofrece los resultados de una encuesta de lingüística aplicada a un grupo de hablantes canario de diferentes islas, en la que recoge cuestiones relativas a la percepción y las actitudes que se tienen desde el español de Canarias hacia su propia variedad y hacia el español de Andalucía.

Parte de la dirección de autores como Bourdieu y Boltanski al entender que existe una variedad del español, el castellano, que se ha elevado a normativa, relegando a la periferia a las demás variedades y que adquiere un valor-poder simbólico de carácter mercantilista que asocia dicha variedad con la mayor promoción social y económica (Bourdieu 1985: 19-20). Por consiguiente, reconoce la enorme importancia que tiene la lengua estandarizada para la vida socioeconómica de las personas, por facilitar o dificultar la entrada a determinados mercados laborales. Asimismo, se entiende que el acto de habla no se encuentra libre de una ideología concreta, que impulsa al hablante en una u otra dirección en cada contexto de habla (Schieffelin, Woolard, y Kroskrity, 2012).

El autor profundiza en la glotofobia y en las actitudes lingüísticas negativas, en el sentido de la discriminación que supone en hablantes de Canarias hacia sí mismos y hacia el español de Andalucía. Para ello parte de los factores de convergencia por estar históricamente relacionadas ambas variedades, así como por otros elementos añadidos por Guerrero Salazar (2020ª) y por las redes sociales.

Los resultados se han ordenado en un continuum de actitudes "positivas" hasta "negativas" que pasan por estadios de "neutralidad" o "indiferencia"; del mismo modo, se atiende a ejemplos concretos de rechazo, estigmatización, burla o estereotipación con especial atención a los puntos convergentes entre las dos variedades geográficas.

Para el procedimiento se elaboró una encuesta electrónica y se distribuyó a través de las redes sociales, con un total de 28 preguntas repartidas en cuatro bloques temáticos:

1. Datos personales y criterios de inclusión y exclusión.
2. Sobre las variedades del español en general: estandarización, igualdad, contacto o conocimiento de rasgos de otras variedades, la opinión sobre las variedades en los medios o la educación, etc.
3. Sobre el español de Canarias para exponer la autopercepción que tiene el grupo: los casos en los que se ha advertido una actitud negativa o positiva hacia el habla de las Islas dentro del propio grupo.
4. Sobre el español de Andalucía: para conocer las opiniones y actitudes de cada hablante y para inferir la tendencia social general hacia el español de Andalucía y si está basada en el contacto o en un imaginario social determinado.

En cuanto al reparto de los informantes, se alcanza un total de 307 hablantes, que se distribuyen según su género en "masculino" (91); "femenino" (203) y "no binario" (13).

Por edad, se ha establecido una primera generación de 16 a 35 años (185 hablantes); una segunda, de los 36 a 65 (112 hablantes), y una tercera, de los 66 a los 80 (10 hablantes).

En cuanto a la distribución por islas, la muestra más relevante ha sido la tinerfeña (209 hablantes); Gran Canaria (68); La Palma (10); Lanzarote (9); Fuerteventura (9); La Gomera (2); El Hierro y La Graciosa sin datos. Otro criterio importante ha sido la formación lingüística.

De entre sus conclusiones, sobresale la necesidad del grupo por el reclamo de un modelo educativo más inclusivo, además de solicitar una mayor oferta de contenido en la variedad vernácula de cada región; asimismo, el grupo de hablantes es consciente de la existencia de una norma central asociada por lo general al castellano, aunque no la reconoce como algo propiamente lingüístico, sino sociopolítico.

5. De manera más puntual, hay que reconocer que existe una gran laguna en la bibliografía dialectal acerca de los estudios que se preocupan por definir con precisión el acervo léxico canario. Se trata de una cuestión importante a la que se enfrenta el investigador Narés García Rivero (Universidad de La Laguna) con el título: "Nuevas perspectivas sobre el verdadero alcance de la influencia andaluza en el léxico canario".

El autor subraya la importancia que históricamente ha recibido el español de Canarias por parte de los tratadistas, al ser etiquetado junto con el español andaluz y el americano con el marbete de "español meridional" o "español atlántico". De sobra es conocido por todos, la relevante influencia de Andalucía en el proceso de formación del habla canaria, al ser el punto de partida de la mayoría de las expediciones encargadas de la colonización del archipiélago. Este consenso de unidad con la variedad andaluza se siente en todos los órdenes lingüísticos (fónico, gramatical y léxico-fraseológico), si bien tienen una raigambre claramente occidental puesto que los puertos de Sevilla y Sanlúcar de Barrameda fueron los principales puntos de partida de las expediciones la Nuevo Mundo en los siglos XV y XVI.

El objetivo principal de la investigación consiste en abordar el acervo del léxico canario como fruto de dos tendencias principales: la interna y la que se produce por el contacto con otros pueblos y lenguas. De este modo, siguiendo a Morera (2006), establece dos tipos principales de canarismos: i) los canarismos de raíz propiamente española; y ii) los canarismos de raigambre extranjera o canarismos de préstamo.

El primer grupo está formado a su vez por dos subgrupos: a) unidades que tienen su origen en voces generales del idioma y que son fruto de los procesos de formación de palabras propios del español (composición, derivación, etc.), y también por b) aquellas palabras que proceden de voces hispánicas dialectales (andalucismos, americanismos, arcaísmos, etc.).

El segundo grupo está constituido por palabras de origen foráneo o extranjero que se han adaptado al español; entre los diferentes orígenes, destacan guanchismos, galicismos, arabismos, portuguesismos y anglicismos.

Destaca que los canarismos de procedencia andaluza se han considerado tradicionalmente como un reducido grupo de voces introducidas en el archipiélago peninsular desde principios del s. XV; además de que se incluyen de manera notable en tres campos designativos: actividades agrícolas y ganaderas, actividades marineras y las actividades domésticas y familiares; a diferencia del resto de los planos lingüísticos en los que la presencia de la variedad andaluza tiene menor intensidad.

Desde otra perspectiva, aborda la dificultad que ha presentado el uso de los llamados "occidentalismos", por ello considera necesario emplear dicho término en sentido restrictivo para excluir los portuguesismos, pese a la gran dificultad que supone determinar qué voces son portuguesismos propiamente dichos en el marco de raigambre occidental. Del mismo modo, esta situación provoca la hipótesis plausible entre la convergencia de orígenes portugués y occidental hispánico.

Ante estos preliminares, realiza una revisión de los repertorios léxicos y diccionarios del occidente peninsular coincidentes con el material de las principales obras lexicográficas del español de Canarias así como del occidente peninsular hispánico, lo que le ha permitido recopilar un amplio listado de más de 1200 unidades léxicas coincidentes, de las cuales se han seleccionado para esta colaboración algunas muestras para su estudio que pertenecen, entre otros aspectos, a actividades tradicionales como la agricultura, ganadería o la pesca: *bajo, canga, carozo, fechadura, hace/jace y lamber*.

De su análisis se puede concluir que una porción del léxico que se ha tenido tradicionalmente por luso pudo haber llegado a las islas por la vía andaluza o incluso por ambos caminos, lo que le induce a pensar que el remoto origen luso de muchas voces ha contribuido a la minimización del peso del componente andaluz en el acervo léxico insular.

En este volumen se cruza la frontera más allá del atlántico para profundizar en el contacto con otras lenguas anglosajonas, como sucede con la investigación de Fabiola Varela García (Universidad de Wisconsin): "La huella del español isleño en el inglés estadounidense: la apicalización de la nasal velar final en el inglés de la Parroquia de San Bernardo. Efectos translingüísticos". La autora se detiene en los efectos de la velarización de la nasal apical en el español isleño de Luisana, así como en la fuerte tendencia apicalizadora de la nasal velar en el mundo anglohablante; situación que conduce al examen de la posible existencia de efectos translingüísticos entre el español e inglés en los hablantes de la comunidad de San Bernardo en Luisiana; como comunidad lingüística diferente de otras de los EEUU.

Para su estudio ha empleado entrevistas semidirigidas, lectura de palabras y cuestionarios realizados en Julio de 2022, a este material se le añaden las grabaciones de los años 80 de Samuel Armistead. Se ha analizado la apicalización de la velar nasal final en inglés de hablantes isleños bilingües, isleños monolingües en inglés y no isleños anglohablantes en los últimos 42 años. Los resultados demuestran un efecto translingüístico desde el español comunitario y familiar al inglés de los hablantes monolingües isleños que triplican las probabilidades de apicalización; a este factor se le suma la peculiaridad que alcanza el tener un nivel educativo medio y ser isleño para que se produzca este fenómeno. Del mismo modo, se aprecia esta tendencia del inglés hacia la apicalización entre los no isleños monolingües. No obstante, en las últimas cuatro décadas, la autora documenta un cambio en el patrón apicalizante a favor de la velar entre mujeres y niveles educativos altos; del mismo modo, en la actualidad son los jóvenes quienes lideran y avanzan en el fenómeno de la apicalización en la Parroquia, donde coexisten dos normas de distinto prestigio, si bien están aceptadas por todos.

En su estudio presenta un recorrido con los autores que han tratado esta cuestión desde los años 50 del siglo pasado hasta hoy, y que se encuentra documentada en dialectos del inglés en regiones de Australia, Canadá, Escocia, Estados Unidos, Inglaterra, Irlanda y Nueva Zelanda. Considera que el punto de partida no debe centrarse solo en el sufijo morfológico -*ing*, sino que se debe abordar el análisis de esta variable sociolingüística de una forma más amplia para comparar la apicalización nasal en inglés y en español. A la par, le interesa el análisis del contexto de variación que afecta a la nasal velar del inglés en posición de coda, según la cual, una nasal posterior (velar) se realiza como menos posterior (apical) en un contexto en el que aparece precedida de vocal átona o tónica. Para tratar de comprobar si existe un efecto translingüístico entre el español y el inglés de los hablantes bilingües en San Bernardo, considera cualquier posible condicionamiento fonético que pudiera tener el español sobre el inglés no solo en los isleños bilingües, sino también el posible efecto que el bilingüismo comunitario y familiar haya podido ejercer sobre el inglés de los isleños monolingües hoy día. Para poder comprobar los patrones de velarización y apicalización en el inglés de ambos grupos, remite a un análisis comparativo sobre la apicalización entre el inglés de los isleños monolingües y el de los monolingües no isleños de la Parroquia de San Bernardo. También apunta la necesidad de analizar si existe en el inglés de la Parroquia la tendencia documentada en el mundo anglohablante a la apicalización de la nasal velar.

En su estudio se presta atención solo a los efectos sociales que afectan a la pronunciación variable de la nasal velar -*ng* precedida de cualquier vocal en los contextos final, prevocálico y presconsonántico del inglés de San Bernardo tanto en palabra tónica como átona. Los efectos sociales que se indican se reducen a 6 componentes: 1. Etnicidad. 2. Bilingüismo. 3. Sexo. 4. Edad. 5. Formalidad del estilo y 6. Nivel educativo.

Para analizar cuantitativamente los efectos sociales que afectan al comportamiento variable de la nasal velar del inglés en la Parroquia de San Bernardo, se requiere en el conocimiento de los efectos translingüísticos entre el español y el inglés de la comunidad, lo que supone un examen minucioso de los siguientes aspectos:

1. La pronunciación apical de la nasal velar en los isleños bilingües de San Bernardo hoy día.
2. El posible efecto que el bilingüismo comunitario y familiar haya podido ejercer sobre el inglés de los isleños monolingües hoy día.
3. La comparación entre las pronunciaciones de -*ng* en el inglés de los monolingües isleños y las de los no isleños de la Parroquia de San Bernardo.
4. La presencia de la tendencia generalizada del inglés a la apicalización de la velar nasal final.
5. Algún cambio que se haya podido producir entre la población bilingüe en las últimas cuatro décadas.

La investigación se ha llevado a cabo mediante la realización de entrevistas sociolingüísticas y cuestionarios completados durante el verano de 2022 en la Parroquia de San Bernardo en Luisiana. Se ha completado con entrevistas de 25 hablantes, de los cuales 14 se identificaron como de descendencia isleña y 11 como no -isleños. Las entrevistas tenían 2 horas de duración y se le añadieron las 22 de Armistead realizadas en 1970 y 1985. Para alcanzar la hipótesis de la investigación planteada, se ha requerido conocer 10 preguntas básicas, cuyas respuestas se presentan a lo largo del estudio.

Las preguntas básicas que se han desarrollado son las siguientes:

Pregunta de investigación n.1
¿Cuál es el porcentaje global de apicalización de la nasal velar final en el inglés de la Parroquia de San Bernardo?

Pregunta de investigación n.2
Los residentes de la Parroquia de San Bernardo que se autoidentifican como isleños, ¿apicalizan más que los no isleños?

Pregunta de investigación n.3
Los residentes de la Parroquia de San Bernardo que son bilingües y hablan español isleño e inglés ¿apicalizan más que los hablantes monolingües en inglés ya sean isleños o no isleños?

Pregunta de investigación n.4
Los residentes de la Parroquia de San Bernardo que son isleños monolingües en inglés ¿apicalizan igual que los hablantes no isleños monolingües en inglés?

Pregunta de investigación n.5
¿Hay una diferencia significativa en los valores de apicalización de la nasal velar entre hombres y mujeres en San Bernardo hoy día?

Pregunta de investigación n.6
¿Hay una diferencia significativa en los valores de apicalización de la nasal velar por grupo de edad en San Bernardo hoy día?

Pregunta de investigación n.7
¿Hay una diferencia significativa en los valores de apicalización de la nasal velar según el nivel educativo en San Bernardo hoy día?

Pregunta de investigación n.8
¿Hay una diferencia significativa en los valores de apicalización de la nasal a medida que avanza el estilo de formalidad del habla (casual, cuidado) y de lectura en San Bernardo hoy día?

Pregunta de investigación n.9
¿Han cambiado el patrón y los porcentajes de apicalización de la nasal velar final en la parroquia de 1980 a 2022, es decir en los últimos 42 años?

Pregunta de investigación n.10
Al igual que se documenta en otros dialectos, ¿está afectando la tendencia del inglés hacia la apicalización a todos los grupos, esto es, a los monolingües y bilingües?

Las respuestas a estas preguntas le proporcionado una visión general del estado de la cuestión en la que se encuentra el fenómeno que le preocupa.

De este volumen que presentamos sobresale una mirada específica dirigida a una de las parcelas más desatendidas de nuestra lexicografía hispanoamericana. Carmen Martín Cuadrado (Universidad Complutense) ha seleccionado una obra de Mariano Barreto (1893), de incalculable valor histórico por tratarse de una pieza indispensable para la lexicografía histórica centroamericana. Título: "Los preliminares, medio para las actitudes ideológicas hacia la lengua de Nicaragua en el siglo XIX: Mariano Barreto y su obra *Vicios de nuestro lenguaje* (1893)".

La obra de Mariano Barreto no se puede entender si no atendemos al contexto de su publicación (1893), es decir, un periodo decimonónico, marcado por una clara influencia del poder académico- normativo, en el que emergieron numerosos repertorios con la finalidad de posicionarse del lado de la corriente purista; razón por la cual se publicaron estas ideas conservadoras con la finalidad de detener la corrupción que invadía al castellano.

La investigación pretende abordar tres objetivos fundamentales: 1) destacar la figura de Mariano Barreto como uno de los pioneros en el estudio de la lengua nicaragüense en el siglo XIX; 2) observar qué actitudes lingüísticas existían hacia la lengua de Nicaragua en un momento histórico relevante y 3) analizar la ideología del autor a través de las páginas preliminares de su repertorio.

Atendiendo al contexto histórico, y en lo que afecta al plano puramente lingüístico, hay que señalar las dos corrientes principales que dominaron el horizonte decimonónico de Centroamérica: la tradicionalista y la americanista. La primera recibe su mayor exponente con Andrés Bello, quien defiende la existencia de un único idioma y aboga por una lengua conservadora. Nicaragua no se alejaba de esta situación que comienza con Juan Eligio de la Rocha (1858), y que fue continuada con mayor énfasis en la disciplina lexicográfica por Mariano Barreto (1856-1927), entre otros.

La autora traza unas líneas acerca de la biografía de Barreto, un hombre de leyes de talante liberal, preocupado también por el periodismo y la lingüística, e inmerso en la corriente purista y conservadora del lenguaje. En la obra que se estudia se identifican los vicios vocablos que no eran incorrecciones ortográficas, sino que presentaban un carácter popular y propio de su nación.

Las actitudes lingüísticas de M. Barreto se analizan en el §4 de su estudio. De manera acertada, como un aspecto fundamental, se persigue dar a conocer los principios ideológicos del autor, así como de la metodología de la que se ha servido para justificar sus juicios. En cuanto al marco teórico, la investigación se enmarca en la ampliación del concepto de Zamora Aguilar (2018, 409) sobre la *epihistoriografía*, que incluye los documentos "marginales", como los prólogos, las dedicatorias, las notas al pie, etc.; lo cual lleva a defender en su hipótesis que los paratextos complementan o son imprescindibles para la comprensión global del repertorio.

Por tanto, en relación con los principios ideológicos del autor principal, M. Barreto, se manifiestan en estos tres paratextos: un prólogo, escrito por el abogado nicaragüense Modesto Barrios; unas páginas tituladas "Ensayos sobre el idioma" redactadas por Alfonso Ayón, fundador de la Academia Nicaragüense de la Lengua; y unas "Breves explicaciones" escritas por el propio Barreto; además de otras autoridades en las que se apoya para justificar sus ideas. En estas breves páginas, a pesar de mostrar similitudes con otras obras coetáneas como las *Apuntaciones críticas del lenguaje bogotano* (Rufino José Cuervo, 1872), Martín Cuadrado añade las reflexiones en torno a los rasgos distintivos de Barreto respecto de la publicación de Cuervo. Del mismo modo, la autora subraya la necesidad de analizar en un futuro cercano otro compendio publicado con posterioridad, *Idioma y letras* (1904), en el que el autor muestra una actitud mucho más favorable hacia su propia variedad.

El siguiente capítulo despierta el interés de analizar la configuración fónica del español en Andalucía entre finales del XVII e inicios del XIX. Javier Puerma Bonilla (Universidad de Málaga) nos hace partícipes de una reflexión con su estudio titulado: "Hacia una historia del español en la Andalucía del XVIII".

Como bien subraya el autor, la infrarrepresentación tiene el estudio diacrónico de las variedades andaluzas y americanas en el siglo XVIII, puesto que aún está pendiente de completar y organizar la documentación textual del español en Andalucía.

El marco de referencia de la investigación se lleva a cabo con la consulta de un corpus de base propio de 70 textos epistolares rubricados por autores procedentes de las localidades andaluzas de los municipios de *Rota, Gibraleón, Los Palacios, Santaella, Vélez, Granada y Almería*, para afrontar los datos contrastivos la configuración fónica consonántica y vocálica. Además de un subcorpus de elaboración propia del autor que cuenta con un total de 40.000 unidades léxicas. El corpus está integrado por correspondencia de proximidad comunicativa, fundamentalmente autógrafa. Los textos han sido transcritos de acuerdo con los criterios filológicos del *Corpus Diacrónico y Diatópico del Español de América* (CORDIAM). Además, se advierte que, de manera puntual, cuando la investigación lo requiera, se atenderá a la consulta del *Corpus Diacrónico del Español* (CORDE).

A partir de esta introducción, le siguen los apartados dedicados a la investigación:

En el §3 se analiza el vocalismo átono y la diptongación irregular; en el §4, la indistinción de sibilantes y yeísmo; en el §5, el consonantismo débil, de manera especial, en la aspiración de -s y -r implosivas en coda silábica y en final de palabra; la caída de -g y -d intervocálicas y en final de palabra; la indistinción entre los fonemas líquidos lateral /l/ y vibrante simple /r/, y la aspiración /h/ del fonema velar fricativo sordo /x/; el §6 está dedicado a otros fenómenos esporádicos: la aspiración de f- inicial procedente de etimología latina y en voces de origen árabe; la metátesis y los refuerzos con velar y bilabial (*alcabueta* 'alcahueta'; *guelgan* 'huelgan'; *guérfana* 'huérfana'); en el último, el §7 se detiene en el funcionamiento de los grupos consonánticos cultos. Por ej. *ynorante, arquiriendo, satisfazión, pretesto, esplayado, espresiones* junto con *ecxistían*.

Para concluir, manifestamos nuestro profundo reconocimiento y gratitud a todos los investigadores que, con su esfuerzo, han hecho realidad nuestro deseo de ofrecer una revisión de la actualización de la geografía lingüística iniciada por el pionero trabajo del *ALEA*. Asimismo, la entrega de los artículos nos ha otorgado la visualización de una obra de conjunto, que ha pretendido presentar una revisión de la investigación, y que tomará cuerpo con la lectura final de la obra completa.

Esperamos que esta publicación se convierta en una avanzadilla de otros estudios, que abran paso a monografías y tesis de estos aspectos sociodialectales de Andalucía, Islas Canarias y la América que habla en español. Sea también un homenaje a la titánica tarea de aquellos maestros que nos antecedieron.

Del mismo modo agradecemos a las universidades andaluzas, en especial a las Universidades de Málaga y Almería por haber contribuido a su difusión. Estamos seguros de que el libro arrojará nuevas luces sobre la revitalización de los métodos y los objetivos de la dialectología andaluza, al tiempo que pondrá en valor el acervo lingüístico que atesoran las láminas bicolor (negro y rojo) en transcripción fonética con las ilustraciones etnográficas de Julio Alvar.

Manuel Galeote y María del Mar Espejo Muriel

Primera Parte

El español de Canarias en tiempos del *ALEA* y del *ALEICan*: una visión historiográfica

Javier Medina López
Instituto Universitario de Lingüística Andrés Bello
Instituto Universitario de Estudios Medievales y Renacentistas
Universidad de La Laguna

RESUMEN
Este artículo analiza la aparición del *Atlas Lingüístico y Etnográfico de las Islas Canarias* (*ALEICan*), cuyo autor es el filólogo Manuel Alvar. Esta obra es la segunda de esta naturaleza publicada en España después del *Atlas Lingüístico y Etnográfico de Andalucía* (*ALEA*), también del mismo autor. Ambos atlas dieron a conocer las características fónicas, gramaticales y léxicas (además de las etnográficas) de dos regiones importantes dentro de la dialectología española: Andalucía y Canarias. La importancia del atlas canario se pone de relieve por el impacto científico que tuvo en su momento, convirtiéndose, desde entonces, en una obra de referencia para los especialistas.

Palabras clave: geografía lingüística, atlas españoles, español de Canarias, dialectología.

1. Introducción

Adentrarse en el español de las Islas Canarias implica la toma en consideración del continuo lingüístico que se expande desde el mediodía peninsular —en el que las hablas andaluzas tienen un enorme protagonismo— y las consideraciones históricas, culturales y sociológicas vividas por los hombres y mujeres que llegaron a las Islas Afortunadas desde el momento mismo de la conquista. Este proceso se inicia en los enclaves más orientales (Lanzarote y Fuerteventura) hasta completar el hecho histórico de la sumisión total del Archipiélago a la Corona de Castilla, hacia finales del siglo xv, con la capitulación de Tenerife en 1496 (Aznar Vallejo, 1983). Las Canarias, como tantas veces se ha dicho, supusieron una plataforma tricontinental para la gran empresa que estaba por llegar en tierras americanas. El resultado de toda esta iniciativa, en la que Castilla se abre al mar de manera firme y definitiva, es la huella de los distintos aportes hispánicos (andalucismos y, en general, occidentalismos), pero también lusismos, amén de los sustratos prehispánicos que, de forma desigual, han dejado su impronta en la génesis del español insular. Luego, con las corrientes de ida y vuelta, la presencia americana traspasará los límites de lo estrictamente lingüístico para convertirse en una prolongación sociocultural de las tierras americanas en las islas y de estas en el Nuevo Mundo.

Uno de los momentos en los que se ha podido apreciar la riqueza de estas hablas atlánticas y sus vínculos con las modalidades peninsulares ha sido cuando se dan a conocer, a través de la geografía lingüística, los materiales que se recogieron a mediados del siglo XX de la mano de Manuel Alvar López. Con el *Atlas Lingüístico y Etnográfico de Andalucía* (*ALEA*), en primer lugar (1961-1973), y con el *Atlas Lingüístico y Etnográfico de las Islas Canarias* (*ALEICan*), en segundo término (1975-1978), puede decirse que hay un antes y un después en lo que es el conocimiento no solo de la variación lingüística de las Islas Canarias, sino, por extensión, del conjunto de las hablas meridionales españolas.

Ahora que se acerca, también, la celebración de los primeros cincuenta años de la publicación del *ALEICan* (será en 2025, vol. I) y los que estamos conmemorando del *ALEA*, bueno será que enmarquemos en la historiografía lingüística española cuál era el *status quaestionis* de los estudios lingüísticos insulares y cuál la repercusión que, con la aparición del *ALEICan*, supuso la monumental obra de Alvar. A algunas de estas cuestiones dedicaré las páginas que siguen.

Este trabajo contiene, además de la presente introducción, dos primeras secciones en las que se muestran cuáles han sido los precedentes en los que se van a desarrollar los estudios del español de las Canarias, considerando para ello las aportaciones anteriores a la denominada "etapa científica", que arranca a mediados del siglo XX. A partir de la sección IV, se aborda la gestación del *ALEICan*, la figura de quien fue su autor, la importancia de este y la contribución que hizo a la dialectología canaria. En el apartado último de este estudio se referencian las principales líneas de investigación a las que el *ALEICan* dio lugar en los años próximos a su publicación, a finales de la década de los años setenta del siglo XX. El artículo termina con las consabidas conclusiones y las referencias bibliográficas.

2. La investigación lingüística insular: los antecedentes

Resulta ya un tópico señalar que la investigación lingüística referida al español de Canarias es una de las más fructíferas de cuantas se han llevado a cabo en el amplio mosaico de las normas hispánicas, especialmente, desde el momento en el que el acercamiento a la realidad lingüística insular se hace con verdaderos criterios lingüísticos (muchos de ellos enmarcados en la rica y fructífera tradición románica del siglo XX) y no por aficionados y diletantes que, sin desmerecer sus aportaciones —siempre ofrecen comentarios y puntos de vista que ayudan a entender la lengua de otros tiempos—, están, sin embargo, alejados del rigor científico sobre el que se sustenta la Lingüística moderna.

Si hacemos un recorrido somero por lo que fueron los primeros intentos de descripción de las hablas canarias, observamos apreciaciones, comentarios, alusiones directas o anecdóticas en un buen número de personajes de variada impronta social a lo largo del tiempo antes del siglo XX. No estamos, desde luego, ante obras de especialistas, sino más bien de personas a las que les llamaba la atención la forma de hablar, en especial el vocabulario y las costumbres usadas por los lugareños (Corrales y Corbella, 2004). Y cómo no, entre las particularidades de las hablas canarias estaba, si se hacía una comparación con el resto del español peninsular, la huella constatable de las voces de procedencia aborigen, conocidas como *guanchismos*. Así tenemos los testimonios tempranos del padre Abreu Galindo o las consideraciones de Antonio de Viana, Juan Núñez de la Peña, Fray José de Sosa, Tomás Marín de Cubas, Pedro Agustín del Castillo y León o George Glas. Mucho tiempo después de estos autores, el arcediano José de Viera y Clavijo dará a conocer en 1866 su importante *Diccionario de Historia Natural de las Islas Canarias* (Viera y Clavijo, 2014).

La llegada del siglo XIX traerá nuevos y más enjundiosos acercamientos a la realidad lingüística insular. Habrá que esperar a la aparición en 1846 de la *Colección de voces y frases provinciales de Canarias, hecha por D. Sebastián de Lugo, natural de aquellas islas*[1] para encontrar el primer opúsculo que se

---

[1] Fue el académico Conde de la Vizaña quien publicó la *Colección* en el *Boletín de la Real Academia Española*, vol. VII, cuad. XXXIII (1920), pp. 332-342. José Pérez Vidal preparará, con motivo del centenario de la obra, una nueva edición de esta (Lugo, 1946).

ocupe de las peculiaridades canarias con cierto rigor metodológico[2]. Poco a poco irán sumándose a lo largo de la centuria aportaciones de personajes ilustres como Jean Baptiste G. M. Bory de Saint Vincent, Sabin Berthelot o el antropólogo grancanario Gregorio Chil y Naranjo. En la mayoría de estos escritores sobresale su interés por las lenguas prehispánicas, con pocas alusiones, podríamos decir hoy, al verdadero estado de la lengua española hablada en el archipiélago.

Otra figura destacada por estos años es la del polígrafo tinerfeño José Agustín Álvarez Rixo, autor prolijo que también dedicó páginas a la lengua de los aborígenes como aparece en su *Lenguaje de los antiguos isleños* (Álvarez Rixo, 1991) o de carácter más general en *Voces, frases y proverbios provinciales de nuestras Islas Canarias con sus derivaciones, significados y aplicaciones* (Álvarez Rixo, 1992)[3].

Algunos autores en las postrimerías del siglo XIX siguen interesados en poner de relieve el vocabulario insular, como son los casos de Pizarroso Belmonte o el más conocido e influyente, quizá, de toda esta generación, Zerolo Herrera (1889), quien publica en París su texto *La lengua, la Academia y los académicos* (Medina López, 2007). Aportaciones de interés son también las de Pérez Galdós, Manuel Pícar y Morales, José Franchy y Roca, Juan Reyes Martín o Juan Maffiotte.

Ya entrados en el siglo XX, destaca en las primeras décadas de este la obra de los hermanos grancanarios, Luis y Agustín Millares Cubas (1924), autores de un reconocido vocabulario que reúne casi medio millar de

---

[2] Esta obra conecta con las que se fueron publicando a lo largo del siglo XIX en América y que ponían de relieve los provincialismos y peculiaridades del español americano en comparación con el modelo de la Real Academia Española. Ahí están las obras, entre otros, de Esteban Pichardo (Cuba), Miguel Luis Amunátegui (Chile), Juan de Arona (Perú), Mariano Barreto (Nicaragua), Antonio Batres Jáuregui (Guatemala), Aníbal Echeverría y Reyes (Chile), Carlos Gagini (Costa Rica), Alberto Membreño (Honduras), Ricardo Palma (Perú), Baldomero Rivodó (Venezuela) o Zorobabel Rodríguez (Chile).

[3] Álvarez Rixo también sigue la línea de los autores referenciados en la nota precedente. En el artículo de Díaz Alayón (2018), puede verse la dimensión de la obra de este autor, así como un inventario de esta y la producción científica a la que ha dado lugar.

artículos, voces y expresiones de la isla de Gran Canaria. El opúsculo, sin ser un tratado lingüístico, tal y como hoy lo podemos concebir, sin embargo, sí que está escrito con bastante rigor, especialmente teniendo en cuenta la procedencia del léxico. El objetivo es el de constatar y divulgar numerosas palabras para que no sean olvidadas por las generaciones jóvenes de la época.

Unos años más tarde, Agustín Millares Cubas (Millares Cubas, 1932) refundirá y pondrá al día los materiales del vocabulario de 1924 con el título *Cómo hablan los canarios* e insiste en que no se está ante una obra de carácter filológico, a pesar de que, para el momento, recibió una buena acogida, tal y como señala el lingüista alemán Max Leopold Wagner en la reseña que hizo en el tomo XII la *Revista de Filología Española* de 1925, quien destacó la relevancia del vocabulario de los Millares y el desconocimiento generalizado que se tenía de las hablas canarias en el mundo románico. Así pues, la obra de los Millares Cubas, teniendo la voluntad de ser de carácter divulgativo, no obstante, supone una notable aportación a los estudios del español de Canarias en aquella época y abrirá las puertas a la fructífera etapa que vendrá años más tarde.

3. La investigación lingüística insular: el surgimiento de la labor científica

Como he puesto de relieve en los párrafos anteriores, ninguno de los que escribió algo sobre la manera de hablar de los canarios era lingüista y sus textos deben entenderse, por tanto, como una aportación que ayuda a contextualizar algunos de los puntos de vista de la sociedad de cada momento, qué les podía interesar, qué les llamaba la atención o cómo era visto el español insular por los propios protagonistas de la historia local, etc. Estos autores se adentran, en muchos casos, en aspectos cognitivos y en cuestiones de percepción y de aceptación o rechazo de los modelos que se consideraban normativos o de prestigio. Habitualmente, como se puede rastrear en la historiografía de esta etapa preliminar, se contraponen las hablas insulares con los cánones del castellano central —modelo de referencia de corrección por entonces—, por un lado, y se destacan las peculiaridades del vocabulario canario, por otro, con todo lo que este pueda tener de diferencial, curioso o que se distanciaba de la norma académica.

El léxico es el terreno lingüístico más asequible a su estudio, al contraste con la norma castellana y más fácilmente constatable (y a veces discutible) en cuanto a su origen, formación, derivación y etimologías. Destacan, en este ámbito, el vocabulario prehispánico, las voces de procedencia portuguesa o americana y aquellas que han adquirido un especial significado en las islas. Por todo lo anterior, la nueva etapa que se abre a partir de los años cuarenta del siglo XX supondrá un despegue definitivo y rotundo en los métodos y análisis que se llevan a cabo sobre las hablas del Archipiélago. Es lo que se podría denominar la "etapa científica" de los estudios sobre el español de Canarias (Díaz Alayón, 1990, p. 39; Medina López, 1996a, p. 14; Corrales y Corbella, 2004, p. 73).

En efecto, con la reanudación de la actividad académica y científica después de la Guerra Civil española, los estudios canarios están en manos de verdaderos especialistas en distintas ramas del saber. Además, la coyuntura institucional propiciaría un interés notorio por las cosas de las islas, su comprensión basada en hechos científicos y la divulgación de toda esta empresa, lo que sin duda generó una gran efervescencia cultural y académica en torno a la única universidad canaria que existía en aquellos años, la Universidad de La Laguna (Tenerife). En el seno de esta, se había fundado en 1941 la Facultad de Filosofía y Letras, lo que supuso contar con filólogos de distintas áreas de conocimiento. Por esta misma época, y hasta el momento presente, empiezan a cobrar relevancia las publicaciones periódicas como la *Revista El Museo Canario* (fundada en 1880), la *Revista de Historia* (desde 1924, y a partir de 1957, *Revista de Historia Canaria*) o el *Anuario de Estudios Atlánticos* (se inicia en 1955). También es destacable, en este período, la creación del Instituto de Estudios Canarios, que desde 1931 venía desarrollando una importante labor en la cultura del archipiélago y que, a través de su anuario *Estudios Canarios*, da a conocer buena parte de la investigación científica de las islas.

En estos tiempos no solo la labor lingüística y filológica va en aumento, sino que también se ve apoyada por los avances y descubrimientos que, particularmente en el mundo aborigen, se irían produciendo, hecho que influyó en el interés por recomponer la lengua de los antiguos aborígenes de las islas, como queda demostrado en los primeros trabajos de investigadores como

Juan Álvarez Delgado, Gerhard Rohlfs, Dominik Josef Wölfel, Max Steffen o Manuel Alvar (Díaz Alayón, 1990, p. 40).

En este contexto científico insular —sin duda todavía en ciernes si se compara con la actividad llevada a cabo en otras regiones del país[4]—, y décadas después en el propio Archipiélago, destacó un grupo de profesionales con una sólida formación filológica que advirtió de la importancia que tenían las hablas canarias dentro del conjunto de la dialectología española, pues, además de por ser un terreno poco explorado[5], se había observado su significación histórica y cultural en la expansión del español hacia las tierras del Nuevo Mundo. Fue este, sin duda, un punto de partida y una prioridad que pueden verse, *grosso modo*, en las cuatro grandes áreas que ahora indico:

1) Descripción de las hablas insulares. La primera monografía amplia de una isla es la que lleva a cabo Alvar (1959) en su estudio sobre el habla de Tenerife. Por primera vez, se atiende a los planos fónico, morfológico, formación de palabras, sintaxis y léxico. Este último campo es el que ocupa mayor extensión en el libro (pp. 83-254). La obra daba a conocer, por entonces, la descripción sincrónica del habla insular y hacía que el español canario entrara en los circuitos nacionales e internacionales como referencia de la llamada Romania Nueva. Con este opúsculo, además, se descubría para muchos un estadio histórico que había conformado la lengua española en su expansión atlántica desde el siglo xv en adelante.

2) Una parte importante de la investigación en estos años se adentra en el legado de las lenguas aborígenes. Este patrimonio etnolingüístico tuvo una fructífera trayectoria desde principios del siglo xx, momento en el que John Abercromby publica un artículo sobre la lengua de los antiguos canarios, lo que supone una novedosa senda en los estudios

---

[4] Por ejemplo, Alvar (1963, pp. 316-317) hace alusión a la desproporción existente en lo que se conocía del leonés o aragonés (ampliamente estudiados) y la exigua información que se tenía del español canario a finales de la década de los años cincuenta del siglo xx, de ahí que escriba que "el español de Canarias necesite ser conocido, describir su fonética, inventariar su léxico, establecer la vinculación de palabras y cosas, analizar sus cambios semánticos, trazar su geografía lingüística, medir la altura social de sus fenómenos".

[5] Así lo señalaron Alvar (1959, p. 3) y Zamora Vicente (1974, p. 345).

de lingüística prehispánica. La nómina de autores, a partir de este momento, nos remite a los estudios, entre otros, de Georges Marcy, Werner Vycichl, Juan Álvarez Delgado, Ernst Zyhlarz, Wilhem Giese o Dominik Josef Wölfel, quien publica en 1965 en la ciudad austríaca de Graz sus *Monumenta Linguae Canariae*, obra cumbre en este período de todo lo que se conocía sobre la lengua natural de los aborígenes canarios.

Destacan en este momento los estudios llevados a cabo para inventariar y analizar la procedencia del léxico prehispánico que tiene que ver con la toponimia insular, si bien esta contaba ya con numerosas referencias que pueden verse en las crónicas de la conquista de las islas, como son los casos de Torriani, Espinosa, Frutuoso, Abreu Galindo, del Castillo, Sosa, Núñez de la Peña, Glas, Viera y Clavijo, Berthelot o Chil y Naranjo, etc. Pero no será hasta mediados del siglo XX cuando adquieran verdadera relevancia las aportaciones de nombres como Álvarez Delgado, Marcy, Wölfel, Pérez Pérez o Navarro Artiles, dedicados a la toponimia de corte prehispánico, algunos trabajos de Álvarez Delgado o Pérez Vidal o, más recientemente, las investigaciones de Díaz Alayón (1987) o Trapero Trapero (1995 y 1999) en el dominio hispánico.

3) Un tercer reto iniciado por la historiografía lingüística insular se refiere a la presencia de los occidentalismos y, más en concreto, a los denominados portuguesismos. Indudablemente, la relación de Canarias con el occidente ibérico está centrada, sobre todo, en el vecino Portugal, país con el que las coordenadas históricas estuvieron muy consolidadas en las décadas posteriores a la conquista del archipiélago por la consabida presencia de portugueses en los territorios insulares hasta bien entrado el siglo XVIII (Pérez Vidal, 1991, pp. 56-57). Las aportaciones iniciales de Pérez Vidal de estos años han sido fundamentales para trazar no solo la huella histórica y lingüística, sino para remarcar, también, la tradición cultural que es perceptible en numerosos aspectos de la vida insular[6].

---

[6] La bibliografía existente hoy en día es notoria, siendo imposible dar cuenta, en este trabajo, de todas las referencias. Baste indicar, como guía, algunos trabajos de Díaz Alayón (1987-1988), Morera (1994 y 1996), Medina López y Corbella (1996), Corbella Díaz (2016), Corrales y Corbella (2012) o Corrales, Corbella y Viña (2014).

4) Una cuarta vía la constituye el estudio de las relaciones de las Canarias con América. Razones históricas hacen que este terreno sea un campo permanente de análisis no solo desde la perspectiva histórico-lingüística, sino también de todo aquello que tiene que ver con los movimientos migratorios y sus aspectos económicos, la historia cultural y social, etc. Pérez Vidal (1955) fue uno de los pioneros en relacionar las realidades socioculturales a ambos lados del gran océano en su célebre artículo publicado en el primer número del *Anuario de Estudios Atlánticos*. Como punto de partida —luego seguido por la investigación vinculada con estos temas—, están las cuestiones relacionadas con la geografía humana emprendida por los canarios en América, sus asentamientos poblacionales ya desde el siglo XVI, además de las recíprocas relaciones de ida y vuelta que, a través de los siglos, fueron estableciéndose (Medina López, 1999). Muestra evidente de todo esto es el caudal léxico compartido entre canarios y americanos, tal y como han puesto de relieve, ya más recientemente, Corrales y Corbella (2010) con la publicación del tesoro léxico canario-americano.

Dentro de esta amplia dimensión histórica de las relaciones canarias con el Nuevo Mundo, destaca también el interés por la huella lingüística y cultural dejada por los canarios en el protagonismo que estos tuvieron en la fundación de no pocas ciudades y núcleos poblacionales diseminados por Hispanoamérica. Aunque un temprano artículo de Fortier (1894) llama la atención de los isleños y su dialecto, no será hasta la década de los años cincuenta del siglo XX cuando comiencen a publicarse trabajos con más enjundia lingüística, especialmente centrados en el área de la Luisiana (Maccurdy, 1950) y con continuidad en esta línea, ya con posterioridad, en Álvarez Martínez (1993), Armistead (1992), Lipski (1990), Alvar (1998), etc.

En este contexto de las relaciones de ida y vuelta con América, se propició también un inicial acercamiento a estas conexiones desde la perspectiva histórico-lingüística, lo que llevó a Diego Catalán a proponer, en varios trabajos, su célebre visión de la dimensión de la lengua española en su expansión a través de distintas ondas concéntricas que dejó su impronta en América, configurando, de esta manera, lo que él acuñó como "español atlántico" (Catalán, 1958).

Luego de estas líneas con proyección hispanoamericana, el aumento de trabajos fue considerable, con el consabido trasfondo de la aportación histórica de las Canarias en América, como lo demuestran numerosas publicaciones dadas a conocer desde entonces, aunque de manera global, quizá, la obra más representativa de esa época es la editada por Álvarez Nazario con su conocida monografía sobre la huella de Canarias en Puerto Rico (Álvarez Nazario, 1972).

Dado que había que describir las hablas insulares, inventariar sus rasgos y darlos a conocer dentro del español y como parte de la denominada Romania Nueva, la mayoría de las aportaciones tiene un sesgo sincrónico evidente. Además, siguiendo la estela de las escuelas lingüísticas del siglo xx, la sincronía todo lo impregnaba y, como diría Lope Blanch (1993, p. 95), esta "se imponía por doquier avasalladoramente. Durante varios lustros, la lingüística «científica», moderna, era la lingüística descriptiva. O la teoría del lenguaje". Por ello, la vertiente referida a la evolución de la historia de la lengua en el archipiélago fue un asunto que apenas se trató, salvo las coordenadas generales para situar el curso de los acontecimientos de lo que podríamos denominar la historia externa de la lengua, pero muy alejada, por tanto, de la consideración evolutiva del español histórico de las islas. Solo a partir de la década de los años 90 del siglo xx, y hasta la actualidad, es posible advertir un cambio de rumbo en la historiografía lingüística insular (Medina López, 2023) en la que, particularmente los diccionarios históricos, han experimentado un gran avance (Morera, 2001; Corrales y Corbella, 2013).

4. La geografía lingüística regional: *el Atlas Lingüístico y Etnográfico de las Islas Canarias (ALEICan)*

El panorama historiográfico esbozado en los párrafos anteriores, limitado en referencias por razones obvias de espacio editorial, muestra, en líneas generales, las tendencias en la investigación filológica y lingüística de las hablas canarias, lo que ya se había inventariado, lo que más o menos se había descrito y el *status quaestionis* en el que se encontraban estos estudios en la década de los años sesenta y setenta del siglo xx, época en la que se preparan y publican los materiales del *ALEICan*.

4.1. La figura de Manuel Alvar López y su vínculo con las hablas canarias

En esta amplia trayectoria de investigación, un lugar destacadísimo lo ocupa quien fue pionero en llevar a cabo un estudio de un habla insular[7], como ya he indicado *supra*, y es la mano experta de Manuel Alvar López (Benicarló, Castellón, 1923-Madrid, 2001)[8]. Tratar de abarcar la importancia y enjundia de su obra, dedicada a "sus islas", puede resultar una empresa incompleta ahora por la amplitud de esta, por los temas tocados y por las vías de análisis que abrió en su momento[9]. Manuel Alvar llegó a la Universidad de La Laguna invitado para impartir unos cursos sobre metodología dialectal y transcripción fonética, allá por el año 1954. Al poco tiempo, publicará en la *Revista de Filología Española*, vol. XXXIX (1955), el artículo "Las hablas meridionales de España y su interés para la lingüística comparada"[10] y tres años más tarde un estudio sobre las voces guanches *goro* y *mago* (Alvar, 1958). Desde esa época, se cuenta con decenas de trabajos dedicados a Canarias, desde los estudios sobre voces guanches, a la ictionimia y el léxico marinero, los arabismos y los lusismos, la dimensión atlántica-americana y, por supuesto, la geografía lingüística.

Alvar fue una figura determinante y referente durante décadas de la labor investigadora en las islas y coadyuvó a que el español canario se haya convertido en una de las modalidades más y mejor estudiadas del panorama

---

[7] Cuando se cumplieron los cuarenta años de la publicación del *Español hablado en Tenerife* (1959) el Instituto de Estudios Canarios editó una monografía conmemorativa (Corrales y Corbella, 2000), en la que se recogen trabajos del propio Manuel Alvar, además de M.ª Ángeles Álvarez Martínez, José Antonio Samper Padilla, Juan Antonio Frago Gracia, M.ª del Pilar Nuño Álvarez, Manuel Alvar Ezquerra, Josefa Dorta, Gonzalo Ortega Ojeda, Cristóbal Corrales Zumbado y Dolores Corbella, Maximiano Trapero y Javier Medina López.

[8] Rosa M.ª Castañer Martín preparó unas "Notas biográficas" en el homenaje (*In Memoriam*) que le tributó el *Archivo de Filología Aragonesa*, LIX-LX (2002-2004), pp. 21-27, a quien remito.

[9] Un acercamiento a la obra de Manuel Alvar para Canarias, su dimensión y significado, puede verse en Álvarez Martínez (2000, esp. 25-30). Para su imponente legado filológico, véase E. Alvar (2002-2004).

[10] Los datos que aparecen en este trabajo, relativos al comportamiento de la -*s* en las hablas meridionales españolas y su contraste con el mundo románico —así como de la caída de las consonantes finales y su repercusión en la conjugación—, proceden de las encuestas hechas en Tenerife (Alvar, 1955: 289, 294, 296, 297, 304, 305, 309 y 310).

lingüístico hispánico. Con *El español hablado en Tenerife*, dice Alvar (2000, p. 17) que la "dialectología insular estaba en algo menos que en sus inicios" ya que "nada en las descripciones fonéticas, nada en las vinculaciones peninsulares de una voz, nada de rigor en el estudio de lo prehispánico" (*ibidem*). Desde entonces, la entrega de Alvar al español de las Islas Canarias fue clave: abrió caminos, marcó las sendas y dejó trazados los objetivos. Una visión somera de esta trayectoria nos remite a 1960, cuando da a conocer ya un conjunto de transcripciones fónicas canarias[11] en una antología de textos hispánicos que publicará como anejo 73 de la *Revista de Filología Española*.

El autor del atlas canario también se había adentrado —como consecuencia de las encuestas para el futuro *ALEICan*—, en la descripción lingüística de los habitantes de Caleta del Sebo (isla de La Graciosa), que por entonces era un territorio muy poco conocido, con una población de "423 almas" (Alvar, 1965, p. 293) y ausente, casi por completo, en los repertorios lingüísticos canarios. En 1968 publica sus *Estudios Canarios I*, donde recopila y reelabora algunos de sus trabajos previos; en 1972 da a conocer un libro también pionero para la dialectología canaria, los *Niveles socio-culturales en el habla de las Palmas de Gran Canaria*; en 1993 sale a la luz sus *Estudios Canarios II* y en 1998 sus trabajos sobre el habla de los vestigios insulares en la obra titulada *El dialecto canario de la Luisiana* (Alvar, 1998) y unos comentarios espectrográficos sobre el mismo (Alvar, Moreno y Alvar, 1998). Su última aportación, publicada póstumamente, fue sobre las relaciones de Canarias y Venezuela (Alvar, 2003).

En la visión de conjunto que tiene sobre el español canario, Alvar propone tres mecanismos que luego han sido muy reconocidos: el proceso de *adaptación*, *adopción* y *creación* de las hablas insulares en el conjunto de la lengua española[12]. Ha inventariado numerosos rasgos fónicos como la *ch* adherente (con la colaboración de Antonio Quilis), el comportamiento de *-l* y *-r* implosivas; la *h-* en posición inicial, la *-d-* intervocálica; ha tratado la *s* herreña y el yeísmo o la oposición *ll/y*, entre otros. En lo que se refiere a

---

[11] Los materiales pertenecen a las islas de La Palma, Tenerife y Gran Canaria (Alvar, 1960, pp. 593-608).

[12] Estos conceptos se encuentran, por primera vez, en Alvar (1968) y luego varias veces repetidos y reelaborados. En Alvar (1990, p. 285) escribe que la "adaptación, adopción y creación van a ser las esquinas en que tropezamos cada vez que atendamos a la policromía lingüística de las Islas. Como otras tantas sorpresas *adaptación*, *adopción* y *creación* nos sorprenderán una y otra vez y con ellas tendremos que enfrentarnos".

la gramática insular, describe las formas *-emos*, *-amos*; la *-a* de los plurales, las desinencias de los perfectos, e inicia una vía de análisis en la línea de la sociodialectología, al contrastar dos realidades alejadas en lo sociocultural, como es la descripción de un microcosmos lingüístico en el pago de El Roque de las Bodegas, en Tenerife, (Alvar, 1971) y su contraste con el macrocosmos que suponía el análisis del habla de la ciudad de Las Palmas de Gran Canaria (Alvar, 1972). Para ello tuvo en cuenta aspectos poco considerados en aquellos años, como eran la estratificación social de los hablantes y las variables edad y sexo. Alvar durante años recorrió la geografía insular y dio información sobre la toponimia de Lanzarote y Fuerteventura (y los islotes vecinos), vincula las relaciones de ida y vuelta de los canarios con América o se adentra en las crónicas insulares. Además, cuando escribe sobre la historia de la lengua en su expansión americana, reconoce el protagonismo de las Canarias en la propagación de la norma lingüística sevillana, vinculándola con la vieja polémica sobre el andalucismo de las hablas atlánticas. Pero por si esto fuera poco, también dedicó páginas a la poesía y tradiciones populares de las islas, junto con los textos literarios de Pérez Galdós, Perdomo Acedo o de la lengua científica de Viera y Clavijo.

4.2. La geografía lingüística insular: la aparición del ALEICan

La época que marcó un antes y un después en la dialectología insular canaria está determinada por la aplicación de los métodos de la geografía lingüística con la aparición del *ALEICan*. Se trataba de una vieja aspiración de que Canarias contara con un atlas lingüístico, tal y como se había planteado en diferentes foros y momentos. Así lo señala Díaz Alayón (1990, pp. 53-54), cuando relata que en octubre de 1947, con ocasión de la celebración en Madrid del IV *Centenario del nacimiento de Miguel de Cervantes*, en la propia asamblea cervantina, Francisco López Estrada, por entonces vicedecano de la recién creada Facultad de Filosofía y Letras de La Universidad de La Laguna, propone la conveniencia de que se hiciera un atlas canario[13]. En aquella ocasión, Alonso Zamora Vicente habló del *Atlas lingüístico español e ibero-americano* y fue entonces cuando López Estrada defiende —con argumentos muy sólidos—,

---

[13] Cfr. "La Universidad canaria en la Asamblea Cervantina de Madrid. Proposición del Dr. D. Francisco López Estrada sobre el Atlas lingüístico de las Islas Canarias", *Revista de Historia Canaria*, XIII, 1947, pp. 582-583. Nota de Díaz Alayón (1990, p. 54).

la conveniencia de que Canarias estuviera presente en ese hipotético proyecto. Las razones esgrimidas son de variada naturaleza: la singularidad del dialecto canario, el sustrato étnico (guanche), el contacto con el portugués, los vínculos históricos con América desde el siglo XVI y, en general, el desconocimiento que se tenía de las hablas canarias a finales de los años cuarenta. Un atlas para Canarias aportaría, señala López Estrada (*ibidem*), la incorporación de las islas al mundo lingüístico románico, la inclusión de sus datos léxicos en los diccionarios y ser fuente, además, de futuros estudios. De esa manera, prosigue López Estrada, "el dialecto canario posee valor por sí; es necesario ser cauto cuando se hable sin suficiente documentación de la teoría de un habla de transición" (*ibidem*). Para todo ello, se reclama la intervención de los organismos culturales y académicos para que apoyen una iniciativa de esta naturaleza[14].

La idea, sin embargo, no prosperó y habrá que esperar hasta el año 1953, fecha en la que se celebra en Barcelona el VII *Congreso Internacional de Lingüística y Filología Románicas*, donde, de nuevo, se tratará el tema del atlas canario, con la asistencia de los lingüistas Manuel Alvar y Juan Álvarez Delgado, si bien en esta ocasión tampoco se darán las condiciones idóneas. Será en 1963 cuando Manuel Alvar acepte, finalmente, la iniciativa hecha por el insigne historiador Elías Serra Ráfols, a la sazón, director del Instituto de Estudios Canarios de La Laguna (Tenerife)[15].

El atlas insular formaba parte del proyecto que Alvar tenía sobre las hablas meridionales españolas y, por esta razón, la cartografía lingüística[16], como

---

[14] En las conclusiones de dicha reunión científica se hace constar la importancia del futuro atlas canario y que en la Universidad de La Laguna "hay un grupo con voluntad de trabajo y preparación lingüística que está dispuesto a comenzar de manera responsable el estudio preliminar" (*Revista de Historia Canaria*, 1947, p. 583).

[15] Cfr. Alvar (1975), *ALEICan*, "Nota preliminar", t. I, p. 1: "Por eso, cuando en el verano de 1963 el Instituto de Estudios Canarios —a través de don Elías Serra, su director— me invitó a realizar un atlas de las islas, acepté".

[16] Julià Luna (2021) analiza la historia de las prácticas cartográficas desde el siglo XIX hasta la actualidad, en la que los viejos y algunos nuevos corpus se valen de las herramientas informáticas propias de las humanidades digitales. Es lo que se ha dado en llamar, más recientemente, una "geolingüística digital", denominación que se propone frente a otras etiquetas del tipo "lingüística geográfica", "geografía lingüística", "geografía dialectal", "dialectología regional", "dialectología tradicional" o "geolingüística" (García Mouton, 1994b).

he escrito en otra ocasión "se erige como uno de los pilares fundamentales para la ayuda que la dialectología necesita, pues es indudable que de los datos contemplados en los mapas pueden realizarse estudios comparativos de modalidades lingüísticas en contacto, de los límites de un fenómeno determinado, de la extensión de otros, etc." (Medina López, 1996b, p. 113).

Como bien se conoce, la geografía lingüística en España tuvo en el *Atlas Lingüístico de Francia* (Gilliéron y Edont, 1902-1910) su referente más inmediato y como tal se planearon y concibieron las encuestas del *Atlas Lingüístic de Catalunya* (1923-1936) de la mano de Antoni Griera y el *Atlas Lingüístico de la Península Ibérica* (ALPI), preparado por Tomás Navarro Tomás, aunque las consecuencias de la contienda civil española hicieron que solo se dieran a conocer los materiales fonéticos en el t. I (1962)[17].

La mano experta de Manuel Alvar —que seguía para España los métodos que había aplicado Albert Dauzat para el *Nouvel Atlas Linguistique de la France* (García Mouton, 2017, p. 336)— hará que a partir de la década de los años cincuenta se vayan pergeñando atlas lingüísticos regionales[18] que dieran cuenta de lo que él mismo llamó los atlas de las hablas y culturas populares de España, tal y como luego se fue materializando en el *ALEA* (1961-1973)[19], el *ALEICan* (1975-1978), el *Atlas Lingüístico y Etnográfico de Aragón, Navarra y Rioja* (ALEANR, 1979-1983) o el *Léxico de los marineros peninsulares* (LMP, 1985-1989), obras todas que abrirán caminos para otros proyectos de distinto alcance, como son el *Atlas Lingüístico y Etnográfico de Cantabria* (ALECant, 1995), el *Atlas Lingüístico y Etnográfico de Castilla-La Mancha* (ALECMan, en línea), así como otras obras de pequeño y gran dominio, como son el *Atlas Lingüístico y Etnográfico del Bierzo* (ALBI, 2002), el *Atlas Dialectal de Madrid* (ADiM, 2015), el *Atlas Lingüístico y Etnográfico de la provincia de Zaragoza* (ALEPZ, en línea), el *Atlas Lingüístic del Domini Català* (ALDC, en línea), el *Atlas Lingüístic de la Vall d'Aran* (1973), el *Atlas Lingüístico de Cataluña* (desde 1923), el *Atlas Lingüístico Galego* (desde 1990), además del

---

[17] Afortunadamente, hoy en día se cuenta con la edición digital del *ALPI* y otros materiales conexos que han sido preparados por el CSIC. Cfr. González González (1992, pp. 152-156), García Mouton et al. (2016) y Navarro Avilés (2021, pp. 168-170).

[18] Señala García Mouton (1992b, p. 668) que el objetivo era el de realizar atlas regionales que "permitieran profundizar en todos los aspectos de una realidad cercana y abarcable con un cuestionario muy diferente de los de las empresas generales".

[19] Cf. Alvar, Llorente y Salvador (1961).

Atlas Linguistique Roman (*ALIR*, 1996 y 2001) y el *Atlas Lingüístico de España y Portugal*, este como contribución iberorrománica al *Atlas Linguarum Europae* (*ALE*, 1983-1997)[20].

A comienzos de los años sesenta Alvar diseña el cuestionario canario que verá la luz en 1964 (Alvar, 1964), si bien este se materializará en su cartografía insular once años después, con la publicación, en tres volúmenes, del *ALEICan*, con el patrocinio del Cabildo Insular de Gran Canaria. Coincido con Álvarez Martínez (2000, p. 26) en que estamos, sin temor a equivocarnos, en "la obra más ambiciosa y de mayor trascendencia científica que se haya escrito sobre los aspectos lingüísticos y etnográficos del Archipiélago".

En medio de esta aportación, Manuel Alvar, con la colaboración de Antonio Llorente Maldonado y Gregorio Salvador Caja ya habían dado a conocer otra obra excepcional como es el *ALEA*, de manera que quedaban plasmados los métodos de la geografía lingüística en unas zonas claves para la dialectología hispánica, como son las hablas andaluzas y el primer territorio fuera de los límites peninsulares como fueron las Islas Canarias. Alvar, en la "Nota preliminar" del *ALEICan* (t. I, p. 1), ya indicaba que el *ALEA* significaba "la aparición de la cartografía lingüística en el mundo de nuestra lengua" y sin duda su diseño y materialización de los resultados fueron fundamentales para otros enclaves y dominios, de mayor o menor extensión, como acabo de reseñar. Por esta razón, Alvar defiende un cuestionario general para que, con adaptaciones a cada región, pueda permitir una posterior comparación de sus resultados (Alvar, 1973, p. 138). Para inaugurar la geografía lingüística insular, Alvar ya contaba con su experiencia en las encuestas que había llevado a cabo en 1959 en su estudio sobre

---

[20] A todos estos atlas españoles y románicos hay que añadir los correspondientes hispanoamericanos. Así, en 1984 Alvar, en colaboración con Antonio Quilis, dará a conocer el *Atlas Lingüístico de Hispanoamérica. Cuestionario*. Dada la magnitud de tamaña empresa, los resultados fueron publicados por países, con un formato diferente, que incluye las encuestas, estudios y textos. Así, *El español en los Estados Unidos. Estudios, encuestas* (2000), *El español en la República Dominicana. Estudios, encuestas, textos* (2000), *El español en Venezuela. Estudios, mapas, textos. 1. Estudios y textos* (2001), *El español de Paraguay. Estudios, encuestas, textos* (2001), o bien otros como el *Atlas Lingüístico y Etnográfico de Chile. Por regiones* (2012, dir.: Claudio Wagner), *Atlas Lingüístico de México* (1999-2000, dir.: Juan M. Lope Blanch), *Atlas Lingüístico-Etnográfico de Colombia* (dir.: Luis Flórez *et al.*, 1982-1983), etc. Cfr. García Mouton (1992a y 1994a), Contini (2001) y Corrales y Corbella (2002-2004).

el habla tinerfeña, además de otras aplicadas en las localidades de Teror y Las Palmas de Gran Canaria.

La motivación del *ALEICan* reside en la visión amplia de las hablas meridionales con epicentro en Andalucía, continuidad en el Atlántico (Canarias) y proyección americana, ámbitos geográficos que configuran la llamada norma lingüística sevillana y su poder de irradiación. Es más, confiesa el propio autor que el *ALEICan* "exige el conocimiento de la realidad andaluza" (*ALEICan*, "Nota preliminar", t. I, p. 1).

Las encuestas del *ALEICan* (1314 en total) se llevaron a cabo entre 1964, las más antiguas pertenecientes a cuatro puntos de Gran Canaria, y 1969, aunque en 1971 hizo una en La Santa (Lanzarote) y en 1973 otra en La Lajita (Fuerteventura). En el conjunto de esta obra, los materiales estaban dispuestos prácticamente desde 1969, si bien las vicisitudes de publicación de una empresa de estas características, en especial de orden económico, hicieron que la edición se retrasara más de lo debido. El material recogido es inmenso: 65.000 formas léxicas que proceden de la aplicación del cuestionario en 6 puntos de encuesta en la isla de La Palma, 4 en La Gomera, 5 en la de El Hierro, 12 en Tenerife, 10 en Gran Canaria, 6 en Fuerteventura, 7 en Lanzarote y 1 en la Caleta del Sebo (La Graciosa).

Los mapas están organizados teniendo en cuenta la manera en que se formuló la pregunta más la respuesta correspondiente con sus equivalentes en otras lenguas como el alemán, francés, inglés, italiano, portugués y rumano. El total de mapas es de 1212, ocupándose el número 1 del "Nombre oficial de la comunidad" y el último referido a "Una mazorca (piña) muy grande".

La denominación de la lengua, el nombre de la misma, viene recogida en el mapa 3, t. I, *¿Qué se habla aquí?*, siendo esta la primera vez que se hacía una pregunta de este tipo para todo el archipiélago[21]. Se trataba de un asunto importante, en tanto en cuanto entronca con las percepciones que los canarios tenían sobre su propia modalidad de habla, en aquellos lejanos años sesenta, en los que, según varias investigaciones posteriores, parecía percibirse una apreciación negativa y de cierto complejo lingüístico sobre el español en favor del castellano estándar (véase la respuesta dada en el *ALEICan* en La Palma: "el castellano no lo sabemos hablar", o la respuesta

---

[21] Cfr. Saralegui (1983) para esta misma cuestión, en el caso de Navarra.

unánime de la isla de El Hierro: *herreño*, o los casos de *gomero, majorero*, o el genérico *español* en la mayoría de las islas). Las respuestas son muy ilustrativas en este terreno[22].

En cuanto a la tipología en la presentación de los materiales, hallamos tres modelos de mapas. Así, están los que son de carácter eminentemente (1) lingüístico, *onomasiológicos*, según la línea iniciada por Gilliéron y Edmont (1902-1910) para el atlas de Francia, si bien con una destacada renovación metodológica y de cobertura, en función de las técnicas experimentadas en la cartografía lingüística a lo largo del siglo XX. En el mapa 8, t. I (*erial*) puede verse la distribución de las respuestas obtenidas para la cuestión que se plantea: "¿cómo se llama el terreno abandonado?", del que se obtienen voces como *baldío, abandonado, valuto, erial*, etc.[23]. (2) Hay mapas de carácter *etnográfico* (con información variada) sobre las labores y/o utensilios tradicionales de las islas, como se ve en el mapa 84, t. I (MEDIDAS DE SUPERFICIE), y su distribución espacial (*fanega, media fanega, cuartilla, cordel, medio almud, celemín, quintal, braza* …)[24]. En tercer lugar (3) hay mapas que podríamos considerar *mixtos*, en los que aparecen datos lingüísticos y etnográficos, como se observa en el planteamiento del mapa 53, t. I, (*manojo*), correspondiente a la pregunta: "Varias manadas, ¿qué forman?", con resultados como *manojo, gavilla, mollo, manada de gavilla*…[25]

En esta última dimensión, sobresale la voluntad de Alvar de dejar constancia —como ya se observa desde la tradición del atlas italo-suizo, *Sprach- und Sachatlas Italiens und der Südschweiz* (*AIS*) de los romanistas Karl Jaberg y Jakob Jud (1928-1940)— del rico acervo cultural canario, siendo

---

[22] Vid. ALEICan, mapa 3 "Nombre del habla local según los informantes", en https://www.cervantesvirtual.com/obra/atlas-linguistico-y-etnografico-de-las-islas-canarias-tomo-i-1209048/.

[23] Vid. ALEICan, mapa 8 "erial", en https://www.cervantesvirtual.com/obra/atlas-linguistico-y-etnografico-de-las-islas-canarias-tomo-i-1209048/.

[24] Vid. ALEICan, mapa 89 "medidas de superficie (etnográfico)", en https://www.cervantes-virtual.com/obra/atlas-linguistico-y-etnografico-de-las-islas-canarias-tomo-i-1209048/.

[25] Vid. ALEICan, mapa 53 "manojo (lingüístico-etnográfico)", en https://www.cervantes-virtual.com/obra/atlas-linguistico-y-etnografico-de-las-islas-canarias-tomo-i-1209048/.

consciente, desde luego, de que el paso del tiempo y los avances de la vida moderna de la segunda mitad del siglo XX harían mella en no pocas actividades propias del quehacer habitual insular en esas décadas, como así ha sido, casi cincuenta años después: labores, utensilios, muebles, prendas de vestir, formas de vida tradicionales, aperos y herramientas para el cultivo de la tierra y de la vid, el mundo marítimo, el reflejo de la vida religiosa, el folclore, nomenclatura marítima, etc., terrenos todos que, como es de suponer, con el paso del tiempo, han quedado como muestras etnográficas de un pasado que fue y que solo se atesora, en muchas ocasiones, en la memoria de los mayores del lugar o en espacios museísticos dedicados a la cultura e identidad de las Canarias. Y aparecen, en ocasiones, como una extraña simbiosis de tradición y modernidad —en fiestas populares y romerías—, que ensalzan los elementos de lo que se ha dado en llamar los "símbolos de la identidad canaria". Esta misma realidad fue constatada en sus trabajos de campo para las encuestas tanto del *ALEA* como del *ALEANR*:

> En Andalucía pudimos salvar inmensa cantidad de testimonios que no habían sucumbido; al trabajar en Aragón vimos que llegábamos tarde a muchos sitios. Por fortuna, Canarias ha conservado sus tradiciones mejor que en otras partes; quedan aún, Dios sabe si por mucho tiempo, las islas que sólo hace poquísimo se han abierto al tráfico asiduo [...]. (*ALEICan*, "Nota preliminar", t. I, p. 4).

Además de los mapas, el *ALEICan* incluye numerosas láminas que ofrecen un claro testimonio de cómo algunos modos de vida en su momento hoy han desaparecido prácticamente de la geografía de algunas islas, quedando los mismos como meros reclamos turísticos que atraen a miles y miles de personas todos los años. Tal es el caso relacionado con el mundo del camello, constatado, especialmente, en las islas orientales de Fuerteventura y Lanzarote. Así lo vemos en la entrada *angarillas*[26] del t. I, lámina 65:

---

[26] ALEICan, I, lámina 65, en https://www.cervantesvirtual.com/obra/atlas-linguistico-y-etnografico-de-las-islas-canarias-tomo-i-1209048/.

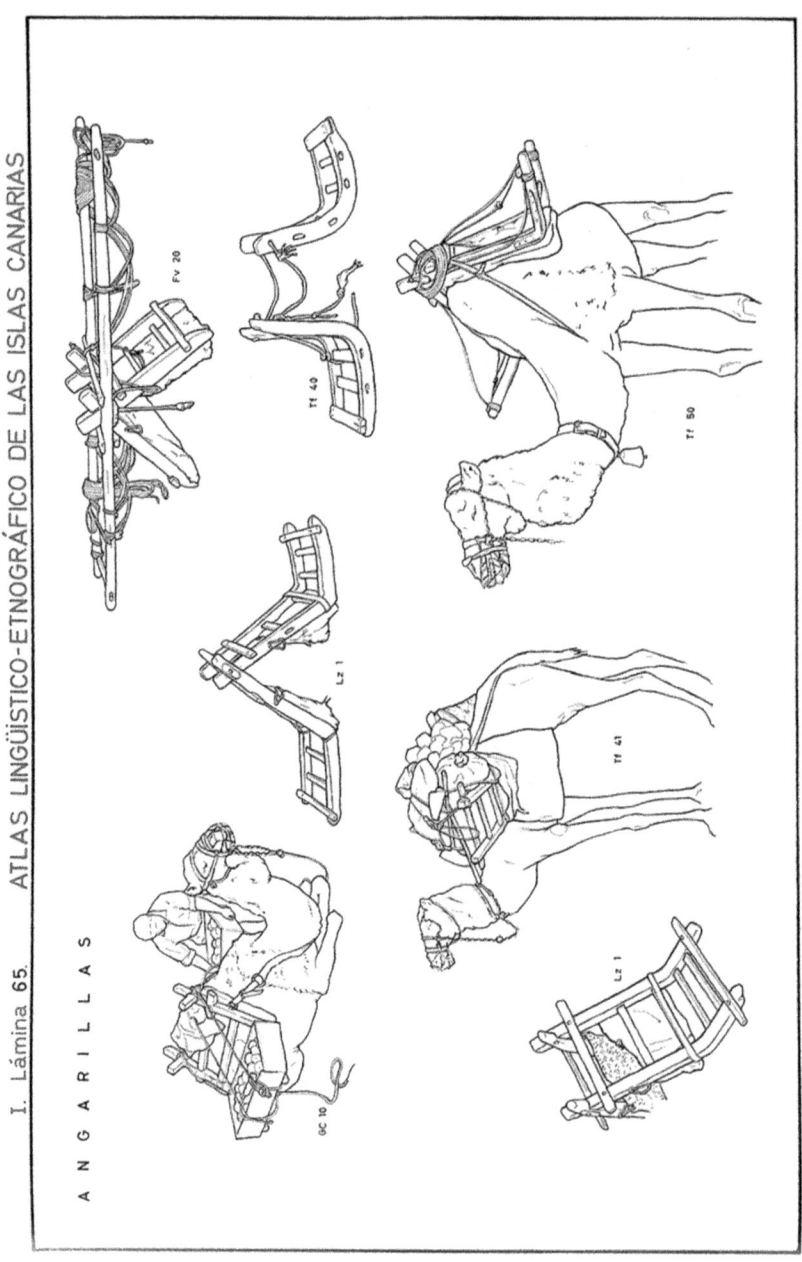

Decía Alvar (*ALEICan*, "Nota preliminar", t. I, p. 1) que el atlas canario tenía que estar estrechamente relacionado con el atlas andaluz (*ALEA*). Por esta razón, su autor lo concibió como una prolongación o proyección de las hablas andaluzas, tan necesaria e imprescindible para entender América; de ahí que haya surgido como una continuidad del *ALEA*. Su objetivo, desde un principio, fue describir las peculiaridades idiomáticas que presentaban las hablas canarias respecto a otras variedades históricas españolas, como el leonés o el aragonés y ver qué lugar ocupaban las Canarias en la historia lingüística. Por ello "llenaríamos esas espaciosas lagunas que nuestros trabajos tienen cuando nos referimos a las islas" (Alvar, 1963, p. 323).

La dimensión de la información recogida por primera vez para las Islas Canarias en su totalidad ofrece una comparación de similares resultados en los atlas conocidos hasta el momento, ya que en numerosos mapas se incluye la constatación en otros dominios tanto nacionales como extranjeros. La visión románica de las hablas canarias estaba, de este modo, asegurada.

La ausencia de Canarias en la cartografía lingüística existente en España[27] hizo que se produjera un cambio de rumbo en los estudios dialectológicos insulares y nacionales. De la misma forma que el *ALEA* y el *ALEANR* contribuyeron al mejor conocimiento de las hablas andaluzas, aragonesas, navarras y riojanas, el *ALEICan* fue un poderoso instrumento que puso la mirada, desde 1975 en adelante —y especialmente con la publicación de los dos tomos siguientes—, en los materiales conocidos y publicados a nivel pancanario. Inmaculada Corrales Zumbado, una de las figuras señeras de la lingüística canaria en aquellos años, así lo constataba en su intervención del primer *Simposio Internacional de Lengua Española (SILE)*, organizado por el propio Alvar en Gran Canaria, celebrado en 1978:

---

[27] Hay que recordar que en el diseño inicial del atlas peninsular (*ALPI*), ya desde 1914, tanto Menéndez Pidal como Tomás Navarro Tomás habían excluido los territorios extra peninsulares; es decir, las Islas Canarias, el español de América, las ciudades del norte de África, así como el área del catalán de Alguer (isla de Cerdeña) y el portugués de las Islas Azores, el de las colonias o de América. Cfr. González González (1992, p. 153). El propio Alvar (1963, p. 323) se lamentaba de esta clamorosa ausencia referida a Canarias, cuando indica que "sin embargo, con una incomprensible limitación, Canarias queda fuera de la obra: ni un solo punto del Archipiélago se ha investigado allí. Y el dolor de esta ausencia es mucho mayor por cuanto ignoramos lingüística y etnográficamente casi todos los aspectos de las islas".

La publicación del *Atlas Lingüístico y Etnográfico de las Islas Canarias* (*ALEICan*) de Manuel Alvar ha supuesto, para la Sección de Filología Hispánica de la Universidad de La Laguna, la aparición de un poderoso fermento que ha despertado y orientado el interés de los alumnos hacia la investigación de su propio dialecto canario (Corrales Zumbado, 1981, p. 181).

Sin duda alguna, y en refrendo de las palabras de la profesora Corrales Zumbado, al margen del interés local que el atlas canario despertó en los interesados por la dialectología insular, hay que observar que, como el *ALEA* y otros dominios peninsulares, la obra se convirtió en un referente internacional, por su propia naturaleza y contraste con otras regiones y aún con sus limitaciones, de las que era consciente el propio Alvar (1963, p. 324). Por ello, este hacía notar que el atlas era un paso más, no el único, y que no se trataba de una "panacea universal", sino de un instrumento de trabajo, con sus limitaciones que están condicionadas por el número de encuestas, por los lugares seleccionados y por el tipo de preguntas. Así, el atlas canario fue determinante en abrir una nueva y fructífera etapa en el conocimiento de la realidad lingüística y etnográfica de las islas.

Hasta entonces, por ejemplo, solo algunos trabajos de ámbito académico-universitario se habían acercado al análisis de algunas parcelas del habla de ciertas islas. Son los casos de Isabel Ascanio Fragoso (*El habla de Agulo (La Gomera)*, 1955 (tesina inédita); Manuel Navarro Correa (*El habla de Valle Gran Rey (La Gomera)*, 1956 (tesina)[28]; Carmen Serrano Camacho (*Estratos varios del español canario. Examen fonético del habla de Santa Cruz y La Laguna*, 1958 (tesina inédita) y *El habla de Santa Cruz de Tenerife y La Laguna*, 1961 (tesis doctoral inédita de la Universidad Complutense). Destaca en estos años la labor del lingüista Juan Régulo, quien había dado a conocer su cuestionario[29]

---

[28] Publicado en 2001 en la serie "Cuadernos de dialectología" de la Academia Canaria de la Lengua, Islas Canarias.

[29] Juan Régulo estuvo en contacto con el profesor de Filología Románica Max Steffen (de la Universidad de Berna), dado que este impartió en la Universidad de La Laguna un monográfico sobre "Geografía Lingüística" en el curso 1943-1944 y con él aprendió el método de trabajo *Wörter und Sachen* 'palabras y cosas', además de familiarizarse con las encuestas y métodos del mencionado atlas italo-suizo (*AIS*). En su *cuestionario* se interesa por las "palabras", pero también por las "cosas" que responden a las palabras. Respecto a su tesis, dice Régulo (1970, p. 11) que "emprendí el trabajo con el fin de contribuir al mejor conocimiento de los dialectos meridionales de España, área a la que pertenece el canario, el cual, cuando inicié el estudio, alrededor de 1950, aún no había sido objeto de ninguna monografía detallada de conjunto, ni tampoco para alguna de las islas que constituyen el Archipiélago".

para analizar el habla de La Palma (su isla de nacimiento) en 1946 y se concretará en su tesis doctoral defendida en 1968 (Régulo, 1946 y 1970).

Con posterioridad, ya con el inicio de la década de los años setenta, Trujillo (1970, 1973 y 1980) publica los primeros trabajos que se centrarán en el análisis de la expresión de un habla local (el pago de Masca, en el municipio tinerfeño de Buenavista del Norte), desde la perspectiva estructural, tan de moda en aquellos años en la Universidad de La Laguna.

También Alvar (1972) fue quien inauguró, por entonces, una corriente de análisis dentro de lo que podría llamarse una sociolingüística o sociodialectología urbana, al afrontar el estudio del habla de la ciudad de Las Palmas de Gran Canaria, alejándose de los métodos estructurales de la década anterior y combinando aspectos y variables propios de una nueva disciplina.

Además de los estudios sobre el habla de Agulo y Valle Gran Rey, ya citados, Carlos Alvar (Alvar, 1975) se centra nuevamente en la isla de La Gomera (zona de Playa Santiago) y para ello parte tanto del cuestionario del *ALEICan*, dedicado, en este caso, al mundo campesino, como del *Atlas Lingüístico del Mediterráneo* (*ALM*), para la información marinera que precisaba según el perfil de sus informantes.

Siguiendo la línea de otras publicaciones españolas que se habían iniciado hacía tiempo[30], Lorenzo Ramos (1976) tiene como objetivo el análisis del habla de una localidad tinerfeña (Los Silos). En esta, su autor, en el ámbito estructural, lleva a cabo un exhaustivo estudio sobre los planos fónico, gramatical y léxico, haciendo hincapié en la influencia portuguesa en la localidad de referencia[31].

---

[30] Las monografías sobre *El habla de...* o *El español de...* cuentan con una larga tradición en el ámbito de la dialectología española, con el fin de registrar los usos —a veces locales y rurales—, frente a las dinámicas que se experimentaban en las ciudades (si bien estas fueron ganando terreno en la medida en que se agotaba el modelo de las hablas rurales). Cabe recordar que el propio Manuel Alvar se doctoró con una tesis sobre el habla del Campo de Jaca (Alvar, 1948), donde ya había aplicado el método *palabras y cosas*, y donde dedica una descripción detallada de los aspectos lingüísticos de la región y su toponimia, a la que acompaña de numerosas fotografías y mapas de la zona en cuestión, algo que recuperará, años después, para los atlas regionales españoles. Cfr. Alvar (1990, p. 284).

[31] Años después aparecerán trabajos que amplían las perspectivas abiertas por el *ALEICan*, como son, entre otros, los estudios de Manuel Almeida Suárez, *El habla rural de Gran Canaria*, 1989, *El habla de Las Palmas de Gran Canaria. Niveles sociolingüísticos*, 1990 y *Diferencias sociales en el habla de Santa Cruz de Tenerife*, 1990; Manuel Torres Stinga, *El español hablado en Lanzarote*, 1995, o Marcial Morera con su *El español tradicional de Fuerteventura. (Aspectos fónicos, gramaticales y léxicos)*, publicado en 1994.

5. El impacto científico del *ALEICan*

Uno de los primeros resultados de transferencia —diríamos hoy en día— de lo que supuso la aparición del *ALEICan* puede verse en los congresos internacionales que el propio Manuel Alvar organizó en la isla de Gran Canaria, bajo la denominación de *Simposio Internacional de Lengua Española* (*SILE*), lo que, sin duda, aumentó también el interés por nuevas aportaciones desde diversos campos. Estos encuentros tuvieron tres ediciones, con la publicación de sus respectivas actas en los dos primeros casos, si bien, lamentablemente, las ponencias y comunicaciones presentadas en el último *III SILE* de 1984 no vieron la luz siguiendo la trayectoria anterior, a pesar de los esfuerzos denodados hechos por M. Alvar. Así, en las tres ediciones de 1978, 1981 y 1984 llegarán a las Canarias reconocidos lingüistas que presentarán, dado el contexto insular, algunos trabajos específicos sobre el español de las islas, además de sus vínculos con otros territorios como Andalucía y el continente americano.

El *ALEICan* dio lugar a numerosas publicaciones, tal y como recogí con ocasión del xx aniversario de su publicación (Medina López, p. 1996b) a partir de la década de los años ochenta del siglo pasado y favoreció también, como consecuencia, que se pusiera el foco de interés en estudios un tanto alejados de las consabidas hablas locales o rurales, terreno este que había sido cultivado por la dialectología de corte tradicional en nuestro país (Catalán, 1974, p. 212)[32]. El objetivo ahora se centrará en la descripción y análisis de comunidades más complejas, muchas de ellas de carácter urbano, con la introducción de nuevas metodologías provenientes, especialmente, de la sociolingüística.

El terreno del léxico ha sido la parcela más ampliamente estudiada de los datos extraídos del *ALEICan*, bien porque suponía una novedad en sí misma ver planteada la distribución espacial por primera vez de una voz en todo el archipiélago, bien porque formaba parte de estudios comparativos con otros atlas y regiones, particularmente españolas. Tal es lo que se plantean algunos estudios en torno a la originalidad interna del vocabulario canario o

---

[32] En este sentido, escribe Catalán (1974: 212) que "en España, el esquema preferido fue el de las monografías dedicadas a la descripción del dialecto de una localidad o de una pequeña comarca (del domino leonés o del dominio aragonés; más tarde, también del domino castellano), combinando las observaciones dialectológicas *stricto sensu* con el estudio de ciertos aspectos de la cultura popular; suelen titularse «El habla de…»".

su relación con los datos del *ALEA*, la presencia de las lenguas prehispánicas en el atlas insular, los occidentalismos, leonesismos y americanismos y, de nuevo, su comparación con el occidente peninsular, estudios concretos en contraste con el *ALEA* como son las bestezuelas, los datos del *DRAE*-1970 y el *ALEICan*, las relaciones léxicas entre Cuba, Colombia, Puerto Rico, Andalucía y Canarias, el léxico de la isla de El Hierro, trabajos sobre determinados campos semánticos o voces específicas que merecieron un tratamiento diferencial, la toponimia, la general influencia portuguesa, aragonesa, los indoamericanismos, el vocabulario de la ganadería, los arcaísmos léxicos canarios y americanos, el tratamiento de los datos del *ALEICan* desde la perspectiva sociolingüística, los actos de habla, el nombre de la lengua, aspectos folclóricos y etnográficos o el léxico de la vid y su pervivencia. En este ámbito que comento de forma panorámica, también los resultados que se iban conociendo del *ALEANR* —aunque no de forma exclusiva— eran objeto de comparación con los datos canarios y que, en su momento, fueron publicados, mayoritariamente, en el *Archivo de Filología Aragonesa* (*AFA*), en especial a lo largo de la década de los años ochenta del siglo xx.

En buena medida, todo este interés por el vocabulario insular, su distribución, génesis y relaciones con otros dominios lingüísticos fueron el caldo de cultivo para que, años después, tuviera lugar el desarrollo espectacular de la lexicografía diferencial e histórica del canario, con conocidos diccionarios, entre otros, el *Diccionario etimológico de los portuguesismos canarios*, de Morera, 1996; el *Diccionario de toponimia canaria* de Trapero Trapero, 1999; el *Diccionario de canarismos* de Lorenzo, Morera y Ortega, 1994, 2.ª ed. corr. 1996; el *Diccionario histórico-etimológico del habla canaria*, de Morera, 2001; el *Diccionario básico de canarismos*[33] de la Academia Canaria de la Lengua, 2010, así como la serie de trabajos de Corrales, Corbella y Álvarez Martínez que se inicia con un "diccionario de diccionarios" como es el *Tesoro Lexicográfico del español de Canarias*, 1992, y 2.ª ed., corr. y aum. 1996, que incluye el vaciado léxico del *ALEICan*; y de los tres autores, también, el *Diccionario diferencial del español de Canarias*, 1996, y luego Corrales y Corbella con sus obras el *Tesoro léxico canario-americano*, 2010, el *Diccionario histórico del español de*

---

[33] Puede consultarse en línea: https://portal.academiacanarialengua.org/

Canarias, 2001 y segunda ed., ampliada en 2013[34], el *Diccionario ejemplificado de Canarismos*, 2009, etc.

De igual forma, también el *ALEICan* ha servido para poner de relieve aspectos de la morfología y la sintaxis insulares que habían ocupado, hasta la fecha, un discreto segundo plano, en lo que podríamos denominar una sintaxis dialectal. Esto supuso un punto de comparación entre los datos canarios, los del *ALEA* o de ciertas zonas de las Antillas. Así, aspectos sobre la pasiva impersonal con "se", el uso de los pretéritos perfectos y las perífrasis, empleos del subjuntivo, los arcaísmos de algunas formas verbales, las analógicas *hamos* por *hemos* o *ha* por *he*, usos de los diminutivos, las variaciones de género, la formación de palabras, la sufijación *-ero/a*, etc.

El *ALEICan* vino, por último, a ampliar el conocimiento de la fonética general del español canario, adelantada ya en otros trabajos parciales, como he señalado, en años anteriores. En este terreno, encontramos interés por cuestiones de fonología diatópica referida a las dentales y palatales, la pronunciación de /-r/ en comparación con lo que sucede en las Antillas, la articulación de la *-d-* intervocálica, las realizaciones sonoras de la serie sorda /p, t, k/, al igual que las oclusivas sonoras tensas grancanarias /b:, d:, g:, y:/, entre otros.

6. Conclusiones

Espero haber demostrado en las páginas precedentes que la figura y la obra de Manuel Alvar contribuyeron, de forma decisiva y determinante, a cambiar el rumbo de lo que se conocía y lo que quedaba por hacer a mediados del siglo xx sobre las hablas canarias. Fue el verdadero impulsor de la dialectología insular y su aportación a través de la geografía lingüística trazó un mapa general de la realidad archipielágica de las islas como nunca antes se había conocido. Alvar también profundizó en los lazos históricos de ese continuo dialectal que surge en las hablas meridionales, con Andalucía a la cabeza, y su dimensión histórico-cultural con proyección americana. Esto era lo que, en palabras del propio Alvar, atesoraba el español de las Islas Canarias, tal y como escribía como colofón a su monografía tinerfeña de 1959:

---

[34] Puede consultarse en línea: https://apps2.rae.es/DHECan.html

La importancia de Canarias en la lingüística española exige una demorada atención. En las islas está ese eslabón que une la Península con América. Cada día se ve más clara la influencia de Canarias en la colonización de ciertas zonas del Nuevo Mundo. El carácter meridional de su dialecto es una buena piedra de toque para completar la visión que tenemos de las hablas del sur de España y de la América hispana. La colonización de Canarias —no muy anterior a la de las Indias— puede explicarnos hechos lingüísticos todavía no aclarados... Todo esto bien merece la pena de ser conocido. (Alvar, 1959, p. 59).

Y en efecto, cumplió con sus vaticinios y con creces. Y hubo un antes y un después gracias a esta ingente obra que todos (re)conocemos para entender la identidad de un pueblo, la idiosincrasia en su manera de expresarse, de concebir el mundo y de mostrarse algo singular dentro del conjunto de las hablas y normas que conforman el español.

Bibliografía

Alvar, C. (1975). *Encuestas en Playa de Santiago. (Isla de La Gomera)*, Las Palmas de Gran Canaria, Cabildo Insular de Gran Canaria.

Alvar, E. (2002-2004). Bibliografía [de Manuel Alvar], *In Memoriam Manuel Alvar (1923-2001)*. Archivo de Filología Aragonesa, LIX-LX, t. 1, 29-97.

Alvar, M. (1948). *El habla del Campo de Jaca*, Salamanca, Universidad de Salamanca.

—— íd. (1955). Las hablas meridionales de España y su interés para la lingüística comparada, *Revista de Filología Española*, vol. XXXIX, 284-313.

—— íd. (1958). Materiales sobre *goro* y *mago*. Dos guanchismos del español de las islas Canarias, en *Omagiu Iordan* (pp. 15-91). Bucarest, Editura Academiei Republicii Populare Romîne.

—— íd. (1959). *El español hablado en Tenerife*, Madrid, CSIC.

—— íd. (1960). *Textos hispánicos dialectales. Antología histórica*, Madrid, CSIC, Anejo LXXIII de la *Revista de Filología Española*, 2 vols.

Alvar, M., A. Llorente y G. Salvador (1961). *Atlas Lingüístico y Etnográfico de Andalucía*, t. I; t. II (1963), t. III (1964), t. IV (1965), t. V (1972) y t. VI (1973), Granada, Universidad de Granada-CSIC. [Hay 2.ª ed., 6 tomos en 3 volúmenes, Madrid, Junta de Andalucía-Arco/Libros, 1991].

Alvar, M. (1963). Proyecto el Atlas Lingüístico y Etnográfico de las Islas Canarias, *Revista de Filología Española*, XLVI, 315-328.

—— íd. (1964). *Atlas Lingüístico y Etnográfico de las Islas Canarias. Cuestionario*, La Laguna, Instituto de Estudios Canarios-CSIC.

—— íd. (1965). Notas sobre el español hablado en isla de La Graciosa (Canarias Orientales), *Revista de Filología Española*, t. XLVIII, 293-319.

—— íd. (1968). Dialectología y cultura popular en las Islas Canarias, en H. Flasche (ed.), *Festrchrift Litterae Hispanae et Lusitanae zun fünzfzigjähringen bestehen des Ibero-Amerikanischen Forschungsinstitus der Universität Hamburg* (pp. 17-32). Munich, Max Hueber.

—— íd. (1971). Sociología de un microcosmos lingüístico. (El Roque de las Bodegas. Tenerife). *Prohemio*, II, 5-24.

—— íd. (1972). *Niveles socio-culturales en el habla de Las Palmas de Gran Canaria*, Las Palmas de Gran Canaria, Cabildo Insular.

—— íd. (1973). *Estructuralismo, geografía lingüística y dialectología actual*, Madrid, Gredos, 2.ª ed., ampliada.

—— íd. (1975). *Atlas Lingüístico y Etnográfico de las Islas Canarias*, t. I; t. II (1976); t. III (1978), Las Palmas de Gran Canaria, Cabildo Insular de Gran Canaria.

—— íd. (1990). Dialectología y cultura popular en las Islas Canarias, en su *Estudios de geografía lingüística* (pp. 284-299). Madrid, Paraninfo. [Apareció por primera vez en 1968].

—— íd. (1998). *El dialecto canario de la Luisiana*, Las Palmas de Gran Canaria, Universidad de Las Palmas de Gran Canaria.

—— íd. (2000). El *Español de Tenerife*, cuarenta años después, en C. Corrales y D. Corbella (coords.), pp. 15-23.

—— íd. (2003). Canarias y Venezuela, en C. Díaz Alayón, M. Morera y G. Ortega (eds.), *Estudios sobre el español de Canarias. Actas del I Congreso Internacional sobre el español de Canarias* (pp. 19-41). Islas Canarias, Academia Canaria de la Lengua-Caja de Canarias, vol. 1.

Alvar, M., F. Moreno y E. Alvar (1998). Comentarios espectrográficos a unos sonidos del dialecto canario de la Luisiana, en *Estudios de Lingüística y Filología Españolas. Homenaje a Germán Colón* (pp. 39-51). Madrid, Gredos.

Álvarez Martínez, M. A. (1993). Las hablas canarias en América del Norte: apuntes históricos y bibliográficos, en C. Díaz Alayón, *Homenaje a José Pérez Vidal* (147-161). La Laguna, Cabildo Insular de La Palma *et al*.

—— íd. (2000). ¿Dialectología y Gramática o Sintaxis Dialectal?, en C. Corrales y D. Corbella (coords.), pp. 25-38.

Álvarez Nazario, M. (1972). *La herencia lingüística de Canarias en Puerto Rico*, San Juan de Puerto Rico, Instituto de Cultura Puertorriqueña.

Álvarez Rixo, J. A. (1991). *Lenguaje de los antiguos isleños*, ed. con estudio y notas de Carmen Díaz Alayón y Antonio Tejera Gaspar, Santa Cruz de Tenerife, Centro de la Cultura Popular Canaria.

—— íd. (1992). *Voces, frases y proverbios provinciales de nuestras islas Canarias con sus derivaciones, significados y aplicaciones*, ed. con estudio introductorio, notas e índice de Carmen Díaz Alayón y Francisco Javier Castillo, La Laguna, Instituto de Estudios Canarios.

Armistead, S. G. (1992). *The Spanish Tradition in Lousiana. I. Isleño Folkliterature* (with musical transcriptions by Israel J. Katz), Newark, Delaware, Juan de la Cuesta Hispanic Monographs.

Aznar Vallejo, E. (1983). *La integración de las Islas Canarias en la Corona de Castilla, 1478-1526: aspectos administrativos, sociales y económicos*, La Laguna, Universidades de La Laguna y Sevilla.

Catalán, D. (1958). Génesis del español atlántico. Ondas varias a través del océano, *Revista de Historia Canaria*, XXIV, núms. 123-124, 233-242.

Catalán, D. (1974). *Lingüística íbero-románcia*, Gredos, Madrid.

Contini, M. (2001). *La Géolinguistique en Amérique latine*, número especial de *Géolinguistique*, Grenoble.

Corbella, D. (2016). Presencia del léxico gallego-portugués en el español atlántico: primeros testimonios, *Estudos de Lingüística Galega* 8, 69-87

Corrales Zumbado, M. I. (1981). Contribución al estudio del léxico canario, *I Simposio Internacional de Lengua Española (SILE)* (pp. 181-191). Las Palmas de Gran Canaria, Cabildo Insular de Gran Canaria.

Corrales, C. y D. Corbella (coords.) (2000). *Estudios de dialectología dedicados a Manuel Alvar, con motivo del XL aniversario de la publicación de El español hablado en Tenerife*, La Laguna, Instituto de Estudios Canarios.

—— íd. (2002-2004). El *ALEICan* en los diccionarios, en R. M. Castañer y J. M. Enguita (eds.), *In Memoriam Manuel Alvar (1923-2001). Archivo de Filología Aragonesa*, LIX-LX, t. 2, 1203-1222.

—— íd. (2004). Primeros testimonios e impresiones sobre el habla canaria, *Anuario de Estudios Atlánticos*, 50, 71-120.

―――― íd. (2010). *Tesoro léxico canario-americano*, Las Palmas de Gran Canaria, La Casa de Colón.

―――― íd. (2012). La aportación del portugués a la formación de la terminología azucarera, *Anuario de Estudios Atlánticos*, 58, 705-754.

―――― íd. (2013). *Diccionario histórico del español de Canarias*, La Laguna, Instituto de Estudios Canarios.

Corrales, C., D. Corbella y A. Viña (2014). *Léxico azucarero atlántico. (Siglos XVI-XVII)*, San Millán de la Cogolla, Instituto Historia de la Lengua (CILENGUA).

Díaz Alayón, C. (1987-88). Los estudios de los occidentalismos léxicos en el español de Canarias. Materiales bibliográficos, *Revista de Filología de la Universidad de La Laguna*, 6 y 7, 151-166.

―――― íd. (1987). *Materiales toponímicos de La Palma*, Santa Cruz de La Palma, Cabildo Insular de La Palma.

―――― íd. (1990). Los estudios del español en Canarias, *Thesaurus*, XLV, 30-62.

―――― íd (2018). La mirada de Álvarez Rixo al universo insular. Ediciones, áreas de estudio y bibliografía comentada, *Anuario de Estudios Atlánticos*, 65, 1-20.

Fortier, A. (1894). The Isleños of Louisiana and Their Dialect, en *Louisiana Studies: Literature, Customs and Dialects, History and Education* (pp. 197-2010). Nueva Orleans, F. P. Hansell.

García Mouton, P. (1992a). Sobre geografía lingüística del español de América, *Revista de Filología Española*, LXXII, 699-713.

―――― íd. (1992b). El *Atlas Lingüístico y Etnográfico de Andalucía*. Hombres y mujeres. Campo y ciudad, *Iker*, 7, 667-685.

―――― íd. (1994a). Los atlas regionales españoles, *Bollettino dell'Atlante Liguistico Italiano*, III Serie, 18, 149-162.

―――― íd. (1994b). *Geolingüística. Trabajos europeos*, Madrid, CSIC.

―――― íd. (2017). El Atlas Lingüístico de la Península Ibérica (*ALPI*) en línea. Geolingüística a la carta, *Estudis Romànics*, vol. 39, 335-343.

García Mouton, P. (coord.), I. Fernández-Ordóñez, D. Heap, M. P. Perea, J. Saramago, X. Sousa (2016). *ALPI*-CSIC [www.alpi.csic.es], edición digital de Navarro Tomás, Tomás (dir.), *Atlas Lingüístico de la Península Ibérica*, Madrid, CSIC.

Gilliéron, J. y E. Edmont (1902-1910). *Atlas linguistique de la France*, Champion, París.

González González, M. (1992). Metodología de los atlas lingüísticos en España, *Iker*, 7, 151-177.

Julià Luna, C. (2012). Del atlas lingüístico tradicional al corpus geolingüístico digital: diseño de un proyecto, *Sriptum digital*, vol. 10, 109-147.

Lipski, J. M. (1990). *The Language of the «Isleños»: Vestigial Spanish in Louisiana*, Baton Rouge, Louisiana State University Press.

Lope Blanch, J. M. (1993). El estudio histórico del español de América, en sus *Ensayos sobre el español de América*, México (pp. 95-107). UNAM.

Lorenzo Ramos, A. (1976). *El habla de Los Silos*, Santa Cruz de Tenerife, Caja General de Ahorros de Santa Cruz de Tenerife.

Lugo, S. de (1946). *Colección de voces y frases provinciales de Canarias*, ed., prólogo y notas de José Pérez Vidal, La Laguna de Tenerife, Facultad de Filosofía y Letras de la Universidad de La Laguna.

Maccurdy, R. R. (1950). *The Spanish Dialect in St. Bernard Parish, Louisiana*, Alburquerque, University of New Mexico Press.

Medina López, J. (1996a). La investigación lingüística sobre el español de Canarias, en J. Medina López y D. Corbella Díaz (eds.), *El español de Canarias hoy: análisis y perspectivas* (pp. 9-48). Madrid/Frankfurt, Iberoamericana/Vervuert.

——— íd. (1996b). Geografía lingüística y Dialectología en Canarias: veinte años del *ALEICan*, *Lingüística Española Actual*, XVIII/1 (1996), 113-136.

——— íd. (1999). *El español de Canarias en su dimensión atlántica. (Aspectos históricos y lingüísticos)*, Universitat de València, Valencia.

——— íd. (2007). Elías Zerolo (1848-1900) y la labor de la Real Academia Española, *Revista de Filología Española*, t. LXXXVII, cuad. 2º, 351-371.

——— íd. (2023). La investigación diacrónica sobre el español de las Islas Canarias, *Lexis*, v. 47, núm. 2, 633-677.

Medina López, J. y D. Corbella (1996). El contacto del portugués y el español en Canarias: estado de la cuestión, en J. M. Carrasco González y A. Viudas Camarasa (eds.), *Actas del Congreso Internacional Luso-Español de Lengua y Cultura en la frontera* (509-518). Cáceres, Universidad de Extremadura, t. I.

Millares Cubas, A. (1932). *Cómo hablan los canarios*, Refundición del *Léxico de Gran Canaria*, Las Palmas, Tip. «Diario de Las Palmas».

Millares Cubas, L. y A. (1924). *Léxico de Gran Canaria*, Las Palmas, Tipografía del Diario.

Morera, M. (1994). *Español y portugués en Canarias. Problemas interlingüísticos*, Puerto del Rosario, Centro de la Cultura Popular Canaria.

—— íd (1996). *Diccionario etimológico de los portuguesismos canarios*, Puerto del Rosario, Cabildo Insular de Fuerteventura.

—— íd. (2001). *Diccionario histórico-etimológico del habla canaria. Con documentación histórica y literaria*, Gobierno de Canarias, Islas Canarias.

Navarro Avilés, J. J. (2021). Sobre el frustrado atlas Lingüístico y Etnográfico de Murcia, *Mvrgetana*, 145, 167-179.

Pérez Vidal, J. (1955). Aportación de Canarias a la población de América. Su influencia en la lengua y en la poesía tradicional, *Anuario de Estudios Atlánticos*, 1, 91-197.

—— íd. (1991). *Los portugueses en Canarias. Portuguesismos*, Las Palmas, Cabildo Insular de Gran Canaria.

Régulo Pérez, J. (1946). *Cuestionario sobre palabras y cosas de la isla de La Palma*, La Laguna, Universidad de La Laguna.

—— íd. (1970). *El habla de La Palma*, La Laguna, Universidad de La Laguna.

Saralegui, C. (1983). Respuestas navarras a la pregunta «nombre del habla local»: comentarios sobre el mapa núm. 5 del *Atlas Lingüístico y Etnográfico de Aragón, Navarra y la Rioja*, Archivo de Filología Aragonesa, XXXIV-XXXV, 537-551.

Trapero Trapero, M. (1995). *Para una teoría lingüística de la toponimia. (Estudios de toponimia canaria)*, Las Palmas de Gran Canaria, Universidad de Las Palmas de Gran Canaria.

—— íd. (1999). *Diccionario de toponimia canaria (léxico de referencia oronímica)*, Las Palmas de Gran Canaria, Gobierno de Canarias.

Trujillo, R. (1970). *Resultados de dos encuestas dialectales en Masca*, La Laguna, Instituto de Estudios Canarios.

—— íd. (1973). Para una dialectología estructural a propósito de un ejemplo canario, en *Homenaje a Elías Serra Ráfols* (pp. 393-401). La Laguna, Universidad de La Laguna, t. IV.

———— íd. (1980). *Lengua y cultura en Masca. Dos estudios*, Santa Cruz de Tenerife, Interinsular Canaria.

Viera y Clavijo, J. de (2014). *Diccionario de Historia Natural de las Islas Canarias*, edición, introducción y notas de Cristóbal Corrales y Dolores Corbella, Santa Cruz de Tenerife, Ediciones Idea, 2 vols.

Zamora Vicente, A. (1974). *Dialectología española*, Madrid, Gredos, 2.ª ed. muy aum.

Zerolo Herrera, E. (1889). *La lengua, la Academia y los académicos*, París, Librería Española de Garnier Hermanos.

El *Atlas Lingüístico-Etnográfico de América Central (ALEAC)* y la herencia andaluza

Miguel Ángel Quesada Pacheco
Universidad de Bergen (Noruega)
Academia Costarricense de la Lengua

RESUMEN
El trabajo tiene dos objetivos principales: Un recorrido por los atlas lingüísticos de América Central y el análisis la elaboración de los atlas por países. Se destacan logros y diferencias con la geolingüística tradicional. En el *Atlas Lingüístico-Etnográfico de América Central* (ALEAC), se aplicó un cuestionario uniforme en 90 localidades, con estudio de rasgos fonéticos, morfosintácticos y léxicos.

En cuanto a la herencia andaluza se examinan rasgos fonéticos compartidos con Andalucía, como la abertura vocálica (Nicaragua y Panamá); el debilitamiento de /d/ (Guatemala y Costa Rica); la aspiración de /s/ (El Salvador, Honduras, Nicaragua y Panamá); la aspiración de /s/ prenuclear (Guatemala, El Salvador, Honduras y Costa Rica); el ceceo (Guatemala, El Salvador, Honduras y Costa Rica); el yeísmo; la fricativización de /tʃ/ (notable en Panamá); la velarización de /n/ final; la neutralización de líquidas (/l/ y /r/) (en zonas rurales); y las variantes de /x/.

Los atlas lingüísticos centroamericanos representan un avance significativo en el estudio dialectal de la región. Los rasgos fonéticos evidencian una fuerte influencia andaluza, aunque su distribución es irregular sin patrones geográficos claros. Se necesitan estudios morfosintácticos y léxicos para una clasificación dialectal más precisa.

Palabras clave: dialectología pluridimensional, América Central, andalucismo, fonética, dialectología, ALEAC

1. Preliminares

El presente trabajo tiene dos objetivos. El primero, dar un somero recorrido por el modo como se confeccionaron los atlas lingüísticos de América Central, por países, dando a conocer algunos de sus logros y sus diferencias respecto de la geolingüística tradicional; el segundo, resaltar la herencia andaluza en dichos atlas. Con lo anterior, se persigue, por una parte, recalcar que el español centroamericano tiene estudios recientes y sólidos en el campo de la dialectología, los cuales lamentablemente al parecer no se han dado a conocer, o se conocen muy poco en el ambiente hispanista; por otra, incentivar a los estudiosos del español americano a profundizar en esta parte del Nuevo Mundo.

En 2006, Pilar García Mouton escribía las siguientes palabras sobre la geografía lingüística en el Istmo Centroamericano:

> Y para Centroamérica existe un proyecto coordinado por Miguel Ángel Quesada Pacheco, también pluridimensional, el del *Atlas Lingüístico de América Central*, de nuevo producto de la colaboración internacional entre una universidad americana, la de Costa Rica, y una universidad europea, la de Bergen (Noruega), más cercano a los atlas regionales que revisan su metodología modernizándola. (García Mouton 2006: 121-122).

En efecto, para inicios del presente milenio, un grupo de investigadores, todos centroamericanos, se propuso, bajo la tutela de quien escribe el presente estudio, la realización del *Atlas Lingüístico-Etnográfico de América Central* (ALEAC, por sus siglas), por países, en donde se diera cuenta de los rasgos fonético-fonológicos, morfosintácticos y sobre todo léxicos de la región, de forma conjunta y con una visión panorámica uniforme para todos los países, de modo que se pudieran cotejar y comparar los datos de manera sistemática y consistente.

En lo que sigue me propongo: a) mostrar, a grandes rasgos, lo que se ha logrado con el proyecto de los atlas lingüísticos de América Central; b) destacar la relación lingüística entre Andalucía y el Istmo Centroamericano a través de los atlas (nivel fonético), y c) incentivar el estudio geolingüístico en América Central desde Andalucía.

1.1. América Central: dominio lingüístico invisible entre el Atlántico y el Pacífico

Los estudios generales sobre el español centroamericano que datan de inicios del siglo XX hasta nuestros días se pueden dividir en dos grandes periodos con características bien perfiladas: a) de 1900 a 1950, y b) de 1950 hasta la fecha de hoy.

El periodo comprendido entre 1900 y 1950 se caracteriza por lo general por el predominio de la prescripción sobre la descripción, y los trabajos que más sobresalen en esta época son los diccionarios de centroamericanismos de S. Salazar (1907/1910) y P. Meza (1910). Tanto uno como otro autor se propusieron reunir datos léxicos del español de la región con fines puramente correctivos: para ellos, el español centroamericano era una manera de hablar que se debía adaptar a un modelo de español más bien ligado al modelo ibérico-madrileño y, por lo tanto, trabajos como los de estos investigadores ayudarían a enmendar y corregir, y a llevar el español por el buen camino.

Es a partir de 1950 cuando se da un giro transversal y por primera vez reina en la mentalidad lingüística del Istmo Centroamericano el interés por la descripción sobre la prescripción. El trabajo que inicia esta época es el de Costales Samaniego (1962), con un estudio del español de la región desde una perspectiva etnolingüística.

A partir de inicios del presente siglo el interés por la investigación acerca del español centroamericano da un giro -algo tardío respecto del resto del mundo hispanohablante- hacia la geografía lingüística. Ya desde fines de la década anterior, se veía venir este interés con las publicaciones de Quesada Pacheco (1992ª, 1992ᵇ), las cuales sirvieron de base y dieron pie para extender dichos estudios al resto de América Central.

Gracias a los fondos suministrados por la Fundación Meltzer de Bergen (Meltzerfondet) y la Facultad de Humanidades de la Universidad de Bergen (Noruega), es que se pudo formar un equipo de colaboradores quienes levantaron encuestas en unas 90 localidades a través de todo el Istmo Centroamericano entre 1995 y 2010, y realizaron los mapas lingüísticos.[1] Se aplicó un solo cuestionario con el fin de obtener datos que se pudieran usar en futuros estudios comparativos.[2]

Como resultado inmediato de estos trabajos de campo se pudieron publicar los siguientes atlas (ordenados por países de norte a sur):

- Belice (siglas: ALEB)
   - Fonética: Cardona (2015)
   - Morfosintaxis y léxico: Rivera (2010a)
- Guatemala (siglas: ALEG)
   - Fonética: Utgård (2006)
   - Morfosintaxis y léxico: Chavarría y Quesada (2025)
- El Salvador (siglas: ALPES)
   - Fonética: Azcúnaga (2012),
   - Morfosintaxis y léxico: Rivera (2010b)
- Honduras (siglas: ALEH)
   - Fonética y morfosintaxis: Hernández (2012)
   - Léxico: Ventura (2013)
- Nicaragua (siglas: ALEN)
   - Fonética: Rosales (2008)
   - Morfosintaxis y léxico: Chavarría (2010)

---

[1] Hasta se obtuvo dinero para la confección de un atlas lingüístico del español centroamericano en línea, pero el proyecto fracasó por falta de personal y de más fondos.
[2] Con esta medida se trató de superar el gran obstáculo que se observa con la publicación de todos los atlas lingüísticos del mundo hispanohablante, los cuales, salvo en algunas cuestiones puntuales, no dan pie para estudios realmente comparativos. Ni siquiera los cuestionarios para los atlas del español americano reúnen la condición de comparativos.

- Costa Rica (siglas: ALECORI)
  - Fonética: Vargas (2000)
  - Morfosintaxis Castillo (2000)
  - Léxico: Quesada Pacheco (coordinador, 2010)
- Panamá (siglas: ALEP)
  - Fonética: Cardona (2015)
  - Morfosintaxis y léxico: Tinoco (2010)

2. Marco teórico y método del ALEAC

Con la confección de los atlas lingüístico-etnográficos de América Central se intentó, por una parte, subsanar el gran vacío que representaba el Istmo Centroamericano en materia de estudios lingüísticos en general, y dialectales en particular. De esta forma, se quiso dar a conocer rasgos fonéticos, morfosintácticos y léxico-semánticos de esta área geográfica, y de contribuir al conocimiento del español centroamericano, al menos desde la perspectiva geolectal.

Los postulados teóricos que sirvieron de base para dicho estudio fueron, en cuanto al nivel léxico, los canónicos para la geografía lingüística tradicional hispánica (Navarro Tomás 1948 [1974]; Alvar 1955, 1961, Flórez y Buesa Oliver 1964), los cuales figuran resumidos en el clásico estudio de E. Coseriu (1956). Sin embargo, respecto de la geolingüística canónica, tal como se aplicó en el mundo hispánico en la segunda mitad del siglo XX, hubo notables divergencias en la confección de los atlas y en el modo de presentar los datos, las cuales se verán a continuación.

Respecto de los niveles fonético-fonológico y morfosintáctico, el enfoque dado al trabajo fue el representado la llamada geolingüística pluridimensional, tal como la han expuesto y aplicado Elizaincín y Thun (1989) en su atlas del Uruguay. Sin embargo, en aras de la rapidez y la cortedad de tiempo, se tuvo que elegir de entre las dimensiones que señalan estos autores, y solamente se utilizaron dos, además de la dimensión geográfica: la dimensión sexual (mujeres, hombres) y la generacional (Gen. I y III, de 20 a 35 años y de 55 años en adelante, respectivamente). Así, en cada localidad se entrevistaron cuatro personas, de modo que en cada una de ellas aparece la siguiente cuadrícula:

HM	MM
HJ	MJ

donde

HM = hombre mayor (Gen. III)
MM = mujer mayor (Gen. III)
HJ = hombre joven (Gen. I)
MJ = mujer joven (Gen. I)

Tanto en fonética como en morfosintaxis se emplearon colores para la designación de las diversas variantes encontradas. Por ejemplo, en la descripción del fonema fricativo /j/ intervocálica en Guatemala, se hallaron cuatro variantes, las cuales se representaron con cuatro colores distintos (Mapa 1).

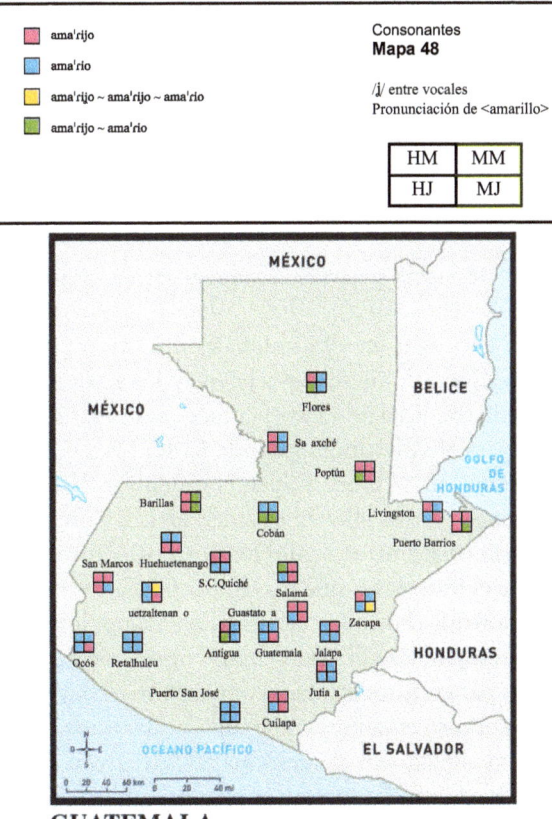

Mapa 1: (48 del ALEG). Tratamiento de /j/ en Guatemala.

Respecto del nivel morfosintáctico, un ejemplo se puede ver en el tratamiento entre amigos en Panamá (mapa 2).

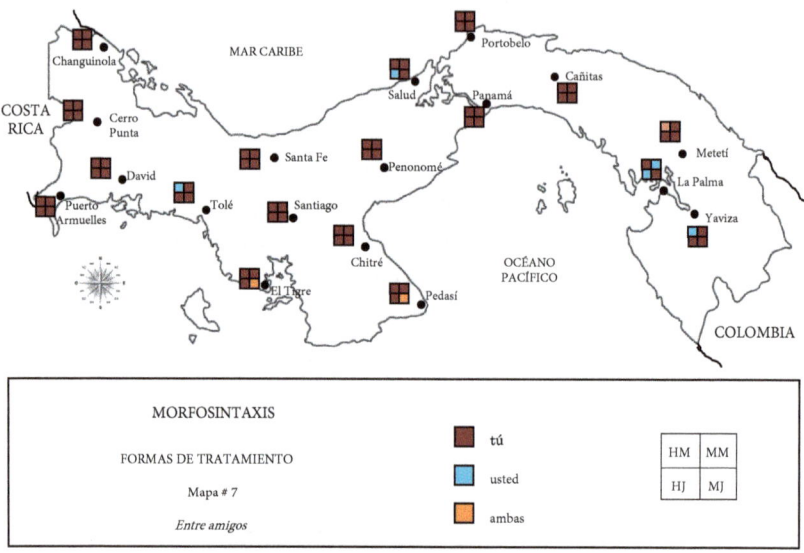

Mapa 2: (7 del ALEP). Formas de tratamiento entre amigos, en Panamá.

El equipo recabó encuestas en 90 localidades del Istmo Centroamericano entre 1995 y 2015, y fuera de algunas excepciones, los autores de los atlas fueron quienes recopilaron los datos. Las encuestas, aplicadas según el formato del *Cuestionario* para el Atlas lingüístico de Costa Rica (Quesada Pacheco 1992b), se dividieron así: 57 preguntas en el orden fonético-fonológico, 90 en el morfosintáctico y unas 1400 en el orden léxico. Como se puede apreciar, el cuestionario básicamente siguió los mismos porcentajes de los atlas hispánicos, donde el léxico es el que más importancia y cabida tuvo.

Se aplicó exactamente el mismo cuestionario en todos los países (fonética-fonología, morfosintaxis, léxico) y siguiendo el mismo orden, de manera que los datos sirvieran para futuros estudios comparativos (cfr. Quesada Pacheco 2010 y 2013b). Si por caso los autores querían estudiar un tema en específico, que no estaba contemplado en el cuestionario, agregaron sus preguntas al final de cada tema, de modo que se conservara la misma numeración en todos los atlas.

Otro punto que marca una diferencia entre los atlas centroamericanos y los demás atlas de la región es que no se entrevistaron las mismas personas en todos los niveles de lengua, sino que fueron distintas y, en el caso del léxico, se buscaron las personas idóneas en el campo en cuestión (por ejemplo, trabajos del campo, del hogar, panadería, carpintería, etc.).

A diferencia del ideal geolingüístico canónico, no hubo equidistancia en la escogencia de los puntos por razones geopolíticas: las localidades o pueblos centroamericanos puede que estén concentrados en ciertas regiones del país, mientras que en otras la población es mucho más escasa o tiene otro idioma materno que no es el español; por ejemplo, la región caribeña de Honduras, Nicaragua y Costa Rica, que es menos densamente poblada que la región pacífica, donde además en ella se concentran poblaciones con idiomas indígenas como lengua materna (garífuna, miskito, bribri, variedades criollas de base inglesa, etc.). También hay zonas boscosas y montañosas en grandes extensiones de terreno, donde no hay asentamientos humanos.

Otro particular que difiere de algunos atlas españoles es que en los atlas centroamericanos se utilizó la transcripción fonética únicamente en el nivel fonético-fonológico;[3] para el resto de los niveles, el alfabeto usual.

Por último, otra diferencia de los atlas tradicionales es que todos los mapas de los atlas centroamericanos vienen en CD-ROM con un folleto, no en formato tradicional, de varios tomos de cierto peso; de manera que hasta se pueden transportar cada uno de ellos, o todos juntos, en una mochila.

En cuanto al nivel léxico, se estudiaron 54 campos léxico-semánticos y se obtuvieron para todo el territorio centroamericano unos 150.000 datos, los cuales no se han trabajado ni en conjunto ni para cada país.[4] En la representación de los datos en los mapas lingüísticos no se utilizaron símbolos, como sucede en todos los atlas revisados, sino letras, como se puede observar en la designación de *ojos* en Nicaragua (Mapa 3).

---

[3] En la transcripción se empleó la escritura fonética del AFI (IPA por sus siglas en inglés).
[4] Se han hecho intentos de estudio por países, así como se hizo en fonética (Quesada Pacheco 2010b) y en morfosintaxis (Quesada Pacheco 2013b), pero han sido infructuosos. Por otra parte, una cantidad de datos tan grande podría dar pie para múltiples estudios, incluida la dialectometría.

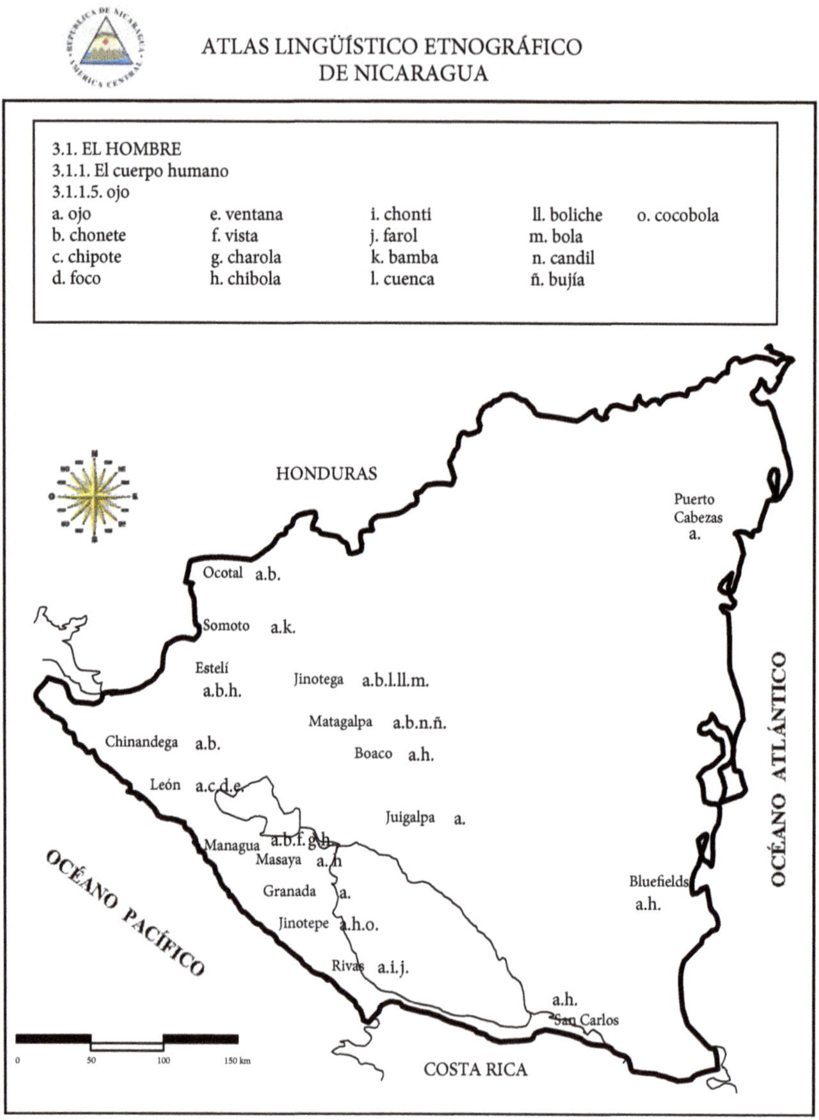
ATLAS LINGÜÍSTICO ETNOGRÁFICO
DE NICARAGUA
3.1. EL HOMBRE
3.1.1. El cuerpo humano
3.1.1.5. ojo
a. ojo
b. chonete
c. chipote
d. foco
e. ventana
f. vista
g. charola
h. chibola
i. chonti
j. farol
k. bamba
l. cuenca
ll. boliche
m. bola
n. candil
ñ. bujía
o. cocobola
HONDURAS
Puerto Cabezas a.
Ocotal a.b.
Somoto a.k.
Estelí a.b.h.
Jinotega a.b.l.ll.m.
Matagalpa a.b.n.ñ.
Chinandega a.b.
Boaco a.h.
León a.c.d.e.
Juigalpa a.
Managua a.b.f.g.h.
Masaya a.h
Granada a.
Jinotepe a.h.o.
Rivas a.i.j.
Bluefields a.h.
a.h. San Carlos
OCÉANO PACÍFICO
OCÉANO ATLÁNTICO
COSTA RICA
0
50
100
150 km

Mapa 3: Palabras para *ojos* en Nicaragua.

3. Andalucía en América Central

Uno de los temas más candentes del español americano es cuán fuerte ha sido el influjo del andaluz sobre las variedades castellanas del Nuevo Mundo,[5] razón por la cual se discute, desde hace décadas, la teoría del andalucismo en el español americano, particularmente en las zonas costeras del continente (Wagner 1927; Henríquez Ureña 1921, 1925; Alonso 1953/1967; Menéndez Pidal 1962; Montes Giraldo 1984; Boyd-Bowman 1956, 1963, 1967, 1974; Quesada Pacheco 2010). Como explicita Tabor (2015, p. 268):

> Entre las hipótesis referentes al origen del español hablado en América destaca la llamada teoría del andalucismo del español americano. Según esta teoría, las variedades lingüísticas meridionales de España y aquellas que se hablan en América comparten una larga serie de características –principalmente fonéticas–, semejanzas que responden al hecho histórico de que la mayor parte de la población española inmigrante que se estableció en los territorios conquistados en América procedía de Andalucía y hablaba la variedad propia de esta región. En otras palabras, el español americano procede históricamente del dialecto andaluz.

Respecto del Istmo Centroamericano, se han hecho algunas observaciones que apuntan en esa dirección (Canfield 1953, Quesada Pacheco 2021), y los atlas por países realizados en el esta área del Nuevo Mundo son, hoy por hoy, el mejor testimonio de que el español centroamericano no escapó del influjo andaluz, cuyos rasgos se pueden observar en Narbona et al. (1998), Jiménez (1999) y otros.[6] O, quizás para ser más correctos, el español centroamericano no se quedó atrás en compartir varios rasgos con el andaluz. Entre dichos rasgos se pueden enumerar algunos del nivel fonético, según se verán a continuación.

3.1. Abertura vocálica

Es un rasgo que se registra de manera esporádica en el español nicaragüense. Tal como explica Rosales (2010: 138):

---

[5] Uno de los temas del "IX Congreso Internacional de la Lengua Española" (Cádiz, 2023) fue precisamente "La influencia de las hablas andaluzas en el español de América: viajes y tornaviajes atlánticos" (https://www.congresolenguacadiz.es/programa-academico-cile-2023/30-de-marzo/#panel-grupo-06).
[6] Ver también El Español hablado en Andalucía. https://grupo.us.es/ehandalucia/index.html.

Generalmente, en Nicaragua las vocales finales /a/, /e/ y /o/ se pronuncian plenas. Sin embargo, aunque no es un fenómeno sistemático, encontramos casos donde algunos informantes realizaron cierto grado de abertura de las vocales finales /a/, /e/ y /o/, sobre todo de la vocal /e/ante /s/ en posición final de palabra.

Casos similares se han registrado para Panamá. Por ejemplo, Robe (1960: 30), afirma que "The open timbre of [o] serves to distinguish the plural inflection from the singular when a following final /s/ is not perceptible, i. e. *zapato* [sapato] but *zapatos* [sapatɔ]."[7] Alvarado (1971: 29) contradice la conclusión de Robe afirmando que "Es precisamente en esa aspiración que no llega a ser pérdida sino relajación, donde se mantiene la marca del plural." A similares conclusiones llega Cardona (2015, p. 115): "En relación con la alternancia de timbre en la /a/, distinguimos que ésta va desde [a] hasta [ɛ] cuando va entre /s/ y /s/: [esˈposas ~ esˈposæs ~ esˈposɛs]." Lo interesante del fenómeno es que la abertura también se da en pronunciación plena de /s/; como en *las rodillas* -> [lahroˈðijɛs]; razón por la cual Cardona (*ubi supra*) afirma: "Por lo tanto, no podemos asegurar que dicho cambio de timbre se deba al reemplazo de la marca de plural."

3.2. Debilitamiento de /d/ en la terminación -*ado*

Es un rasgo que se presenta en Guatemala y en Costa Rica. De acuerdo con Utgård (2010, p. 56), para Guatemala "La extensión geográfica del debilitamiento de este fonema es amplia, principalmente como aproximante, pero también se dan bastantes casos de elisión." Y para Costa Rica, Quesada Pacheco y Vargas Vargas (2010, p. 160) afirman que el fenómeno de elisión está bastante avanzado. Lo anterior es bien llamativo y casi que contradictorio, ya que estos dos países, considerados dialectos conservadores por la retención de /s/ como fricativa alveolar en posición posnuclear (Quesada Pacheco 2010), se acercan más al andaluz en este rasgo (Jiménez 1999, p. 70). Los demás países (El Salvador, Honduras, Nicaragua y Panamá), salvo algunas excepciones, mantienen con bastante vigor la renuencia a su elisión (Azcúnaga 2010, pp. 93-94; Hernández 2010, p. 121; Rosales 2010, p. 142; Cardona 2015, p. 130).

---

[7] Se ha sustituido la <o> con un rabito abajo, tal como representa Robe la abertura de /o/ en su texto, por [ɔ], en vista de que no se puede representar con el teclado actual.

Mapa 4: Debilitamiento de /d/ en la terminación /-ado/.

3.3. El fonema /s/ y su alofonía

Como es sabido, el Istmo Centroamericano forma parte de la gran área del mundo hispánico que no conoce el fonema fricativo interdental sordo / θ / dentro de su inventario fonológico. Lo que quizás no se sepa muy bien es la variación que /s/ tiene en esta área del Nuevo Mundo, ya que muestra una gran variedad de articulaciones, condicionadas por dialectos o sociolectos; entre las cuales tenemos la aspiración (y oclusión glotal) posnuclear, la aspiración prenuclear (o *heheo*), así como el ceceo.

3.4. Aspiración posnuclear

Un rasgo bastante extendido por América Central es la aspiración de /s/ en posición posnuclear. Los grados de aspiración varían de región a región y según condicionamientos estructurales y sociales. Con el fin de ver los alcances estructurales de la aspiración, en el ALEAC estudió la pronunciación de /s/ en los siguientes entornos: tras vocal, ante oclusivas sordas y sonoras, ante /n/, /r/ y /l/, y en posición final de palabra. Los resultados muestran que el debilitamiento posnuclear de /s/ se encuentra presente en El Salvador, Honduras, Nicaragua, las regiones noroeste y sureste de Costa Rica, y Panamá.

En El Salvador, Azcúnaga (2010, p. 96), además de /s/ plena, registra aspiraciones, relajamientos y elisiones; sin embargo, la aspiración "tiene mayor productividad en la diferenciación dialectal, tanto vertical como horizontal. La aspiración es un rasgo marcado en la pronunciación salvadoreña y alcanza los niveles más altos ante nasales, lateral y oclusivas sordas." (Azcúnaga 2010, p. 128). Algo similar había encontrado Canfield a mediados del siglo XX: "La s y la z se articulan como dorso-dentoalveolares tan cerca de los dientes que se hace muy a menudo corono-interdental, semejante, pero no tan fuerte como la z de España: *ϑi, ϑeñor, caϑa*" (1953, p. 32).

Como señalan Brandon y Ventura (2023), cuyo estudio sobre /s/ se centra en Tegucigalpa, el debilitamiento de /s/ ha sido bastante estudiado en Honduras desde mediados del siglo XX y desde las perspectivas sociolingüística y dialectológica. En el ALEH (nivel fonético), Hernández (2010, pp. 124-128) registra porcentajes de aspiración en distintas realizaciones del fonema, tales como relajamiento, aspiración y elisión, que van desde 5% hasta 34%, con lo cual esta realización se sitúa en segundo lugar después de /s/ plena. Hernández observa que la aspiración de /s/ está regionalmente condicionada, ya que se da más en los departamentos norteños de Yoro, Atlántida, Colón, además de los departamentos sureños de Choluteca y Valle (Hernández 2010, pp. 127-128).

Según el ALEN, Rosales Solís (2010, p. 145), registra los mayores porcentajes de aspiración y elisión ante consonantes sonoras. Dialectalmente, la aspiración se registra en todo el país, pero con menores porcentajes en la región centro-norte. Un alófono no registrado antes en Nicaragua, que consigna Rosales Solís, es el corte glotal [ʔ] ante vocal acentuada: *los ojos* [loʔohoʰ] (Rosales Solís 2010, p. 146).

En Costa Rica, la aspiración se registra en las regiones fronterizas, tales como la zona noroeste del país; concretamente en la provincia de Guanacaste, colindante con Nicaragua, en la región caribeña y en la región sur, frontera con Panamá. Además, y al igual que en Nicaragua, el ALECORI registra el corte glotal [ʔ] y en las mismas posiciones que en el ALEN. Y así como en Nicaragua, la aspiración se motiva más ante consonante sonora que ante sorda (Quesada Pacheco y Vargas Vargas 2010, pp. 163-164; véase también Quesada Pacheco 1984, p. 37). Según los resultados de Quesada Pacheco y Vargas Vargas (2010, p. 164): "el fonema /s/ en posición postnuclear marca una decidida frontera en el español de Costa Rica", ya que el altiplano y sus zonas periféricas muestran altos índices de retención de /s/, no así en las zonas bajas antes mencionadas. Otro dato digno de mencionar, según Quesada Pacheco (1996, p. 546), es que la aspiración de /s/ en posición final absoluta solo se da en la provincia de Guanacaste; mientras que en las demás regiones donde se ha registrado el fenómeno, la aspiración ocurre dentro de la palabra pero no en posición final: *doscientas manzanas* [do'sjentahman'sanas].

En lo referente a Panamá, el ALEP registra muchos alófonos producto de la aspiración de /s/, pero Cardona (2010, p. 189) concentra su atención en dos, cuales son la aspiración sorda, canónica, y la aspiración sonora o murmullo, condicionadas estructuralmente: la aspiración sorda se da ante consonantes sordas, y la segunda, ante consonantes sonoras.

Mapa 5: Aspiración de /s/ implosiva en América Central (visión aproximativa).

3.5. El heheo

Por *heheo*, también escrito *jejeo*, se entiende la pronunciación aspirada de /s/ en posición prenuclear: *la santa* [la'hanta].[8] Dicha pronunciación, poco estudiada hasta la fecha, se registra en Guatemala (esporádicamente), El Salvador, Honduras y Costa Rica.

Respecto de Guatemala, Utgård la detectó en un informante de Ocós, frontera con México, y aduce lo siguiente: "Lo anterior da pie para pensar

---

[8] Rodríguez Prieto (2014: 80) aplica el concepto de heheo no solo al fonema /s/, sino también al fonema /f/: "El jejeo es la sustitución esporádica y condicionada léxicamente de las consonantes fricativas por [h] a principio de palabra o de sílaba, como en los siguientes ejemplos: ['hwis.te] para fuiste, [he.'ma.na] para semana."

que el *heheo* puede ser un tema de interés para futuras investigaciones en Guatemala" (2010, p. 62).

En El Salvador, Canfield registra el fenómeno en 1953 y lo describe con las siguientes palabras: "Siendo tan débil la tensión articulatoria de este sonido [es decir, el debilitamiento de /s/], a veces se oye como mera aspiración, no sólo a fin de sílaba, sino ante vocal: *ehplicar, loh dos, hanta ana, ehoh ombreh*." (Canfield 1953, p. 33). Para el ALPES, Azcúnaga (2010, p. 97) se refiere a este rasgo y aduce los siguientes ejemplos *salud* [ha'lu], *entonces* [en'tonhe], *de Santa Ana* [dehan'tana] y otros; pero sus datos no dan una visión general del rasgo en el país.

Respecto de Honduras, el ALEN no registra el heheo, pero por datos de estudios anteriores se tiene suficiente documentación del fenómeno en todo el país, tal como lo describe Herranz: "La aspiración en posición final prevocálica es menos generalizada, lo cual indica un proceso intermedio de evolución. Por otra parte, la aspiración de /s/ inicial de palabra y entre vocales representa una innovación dentro del ámbito centroamericano que nada tiene que ver con el estado menos evolucionado de la fonología hondureña."

En cuanto a Costa Rica, el ALECORI tampoco registra el dato, pero por estudios anteriores se sabe que se da, particularmente en el altiplano central: "en posición prenuclear en el Valle Central, en algunos casos de habla poco esmerada: [no'hotɾos] *nosotros*, [nehesi'ða] *necesidad*, ['estahe'mana] *esta semana*." (Quesada Pacheco 1996, p. 548).

Mapa 6: Zonas de heheo en América Central (visión aproximativa).

3.6. Ceceo

El ceceo; esto es, la pronunciación dentalizada de /s/, se registra con mayor frecuencia en cuatro países centroamericanos; cuales son Guatemala, El Salvador, Honduras y Costa Rica.

Para Guatemala, Utgård (2010, p. 62) registra casos de ceceo solamente en las partes bajas del país; concretamente en las regiones norte, occidente y sur.

Respecto de El Salvador, es Canfield (1953) quien primero escucha en personas de estatus sociales bajos una /s/ dorsodentoalveolar en posición inicial, la cual se acerca a una fricativa interdental sorda, como en España. En el ALPES, Azcúnaga (2010, p. 96) afirma: "El fonema /s/ en esta posición [prenuclear] se mostró claramente como dorsodental, dentalizado y como alternancia de ambos." Además, registra la pronunciación ceceada de /s/ en prácticamente todo el país, pero en menor frecuencia que [s], y aduce: "Los alcances del ALPES permiten identificar que los entornos de mayor productividad de [θ] son ante nasal bilabial y ante líquidas, sin que se pueda llegar por el momento a un planteamiento concluyente al respecto" (2010, p. 98).

En un estudio sociolingüístico en la comunidad de Tecapán, en la región oriental de El Salvador, Iraheta (2016, p. 162) establece que el ceceo se da más frecuentemente en personas de más de 55 años que en jóvenes; además, las personas de altos cargos sociales mostraron menor propensión al ceceo que las personas de cargos u ocupaciones más bajos. El estilo, aduce Iraheta, tiene significación estadística, ya que se dio menos ceceo en la conversación formal que en la informal. Respecto de las actitudes hacia el ceceo, Iraheta afirma que los informantes eran conscientes de su estigmatización; sin embargo, no estaban dispuestos a dejar dicha pronunciación porque la consideraban un elemento de identidad propio (Iraheta 2016, p. 163).

En cuanto a Honduras, Hernández (2010, pp. 124-126) registra el ceceo de forma bastante moderada; sin embargo, en un estudio anterior, Herranz (1990, p. 26) lo registra en varias regiones del país. Al respecto afirma:

> En Honduras hay zonas de *ceceo* que abarcan ciudades importantes desde la época colonial española, como Trujillo. Son ceceantes incluso personas cultas universitarias y políticos nacidos en esas áreas que desde jóvenes emigraron a Tegucigalpa. Tengo registros de ceceo en casi todo el departamento de Colón, incluyendo su capital, Trujillo; la franja limítrofe de los departamentos de Francisco Morazán y El Paraíso, pueblos de La Venta, Maraita y Liure y puntos aislados del occidente de Honduras como Guajiquiro en el departamento de La Paz.

Mapa 7: Ceceo en América Central (visión aproximativa).

En Costa Rica, el ceceo no figura en el ALECORI, pero está registrado a fines del siglo XX, cuando Quesada Pacheco (1996, p. 546) estableció una zona ceceante en la región noroeste del país; concretamente en la banda oriental del golfo de Nicoya. Recientemente se hizo un estudio sobre dicho fenómeno en la ciudad de Bagaces, de la misma zona, donde se midieron los porcentajes de su uso y las actitudes hacia el fenómeno (Grønnevik 2021). Faltan estudios ulteriores a nivel nacional que den cuenta del fenómeno en otras regiones del país.

Un común denominador a todas las regiones del área centroamericana donde se ha registrado el ceceo es que no es un rasgo constante y sistemático, sino que más bien se da siempre en alternancia con otras realizaciones de /s/. Además, así como en algunas zonas de Andalucía, carece de prestigio. Al respecto acota Alvar, respecto de Sevilla: "Se cumple así -una vez más- el prestigio social que el seseo tiene frente al ceceo. Aquel, normal en las clases instruidas, incluso en zonas ceceantes; éste, relegado a los estratos más bajos de la población" (1990, p. 50).

3.7. El yeísmo y sus realizaciones

Otro rasgo conocido, general y estandarizado del español centroamericano es el yeísmo (Quesada Pacheco 2010b; Quesada Pacheco 2013b). Lo particular de este rasgo son las distintas maneras como se manifiesta en el Istmo en general y en cada uno de los países que lo conforman en particular. Las realizaciones que se han registrado en el ALEAC van de la africación al debilitamiento y a la vocalización.

En Guatemala, el ALEG registra una realización aproximante palatal [j] tanto en posición inicial (*yegua* ['jegwa] como intervocálica (*amarillo* [ama'rio]) (Utgård 2010, pp. 76-77).

Para El Salvador, el ALPES detectó realizaciones que van desde la fricativa palatal sonora [j] hasta la vocalización [i], así como ultracorrecciones (*día* [dija]) (Azcúnaga 2010, pp. 100-101).

En el caso de Honduras, el ALEH registra como realización mayoritaria la aproximante palatal [j] (Hernández 2010, p. 128). Herranz (1990, p. 25) había notado los mismos resultados, y afirma: "Tiene poca fricción y nunca se produce un rehilamiento; al contrario, puede desaparecer en muchos contextos intervocálicos." Sin embargo, Hernández apunta: "Sin embargo, no se puede hablar de una zona dialectal propiamente dicha respecto de la pronunciación del fonema fricativo palatal." (Hernández 2010, p. 129).

El ALEN registra prácticamente los mismos resultados de los países anteriores, de acuerdo con los cuales se dan realizaciones que van de la fricativa palatal sonora a la lenición, junto con sus correspondientes ultracorrecciones (*tostaduría* [tostadu'rija], *batea* [ba'teja]) (Rosales 2010, p. 167). No obstante, a diferencia de Honduras, Rosales detectó tres zonas dialectales en Nicaragua cuando /j/ está en posición inicial tras pausa: "la zona del Atlántico, básicamente apegada a la norma; la zona del Pacífico, la cual presenta casos de confusión o de usos polifónicos junto con la articulación de [j - j̟], y la zona central, con predominio de la semiconsonante." (2010, p. 149).

En Costa Rica, el ALECORI presenta, a diferencia de los países antes mencionados, porcentajes bastante altos de la realización fricativa palatal [j]. Al respecto, Quesada Pacheco y Vargas Vargas acotan:

> Proporcionalmente, se observa un claro predominio de realizaciones fricativas sobre las aproximantes, debilitadas. Estructuralmente, la posición que favorece la realización fricativa es en el interior de palabra, tal como sucede en el español general (Quilis 1997, p. 59) y como lo describiera O. Chavarría (1951, p. 253) para el español costarricense (2010, p. 165).

Los investigadores mencionados agregan que se observa una clara distinción dialectal en el país, ya que las realizaciones aproximantes y débiles se observan en la región noroeste, colindante con Nicaragua (provincia de Guanacaste).

En lo concerniente a Panamá, el ALEP anota realizaciones que van desde la africada palatal [dʒ] hasta la elisión, pero la pronunciación más frecuente es la fricativa palatal sonora [j] (Cardona 2010, p. 195). El autor mencionado registra asimismo una división dialectal, de acuerdo con la cual donde más se realiza la fricativa palatal sonora es la región central del país, tanto en posición inicial después de pausa, como en interior de palabra (Cardona 2010, p. 196).

Mapa 8: Debilitamiento de /j/ en América Central (visión aproximativa).

3.8. Pronunciación de la africada /tʃ/

El español centroamericano presenta dos realizaciones de la africada palatal /tʃ/: con africación [tʃ] y sin africación [ʃ].

Respecto de Guatemala, el ALEG detecta prácticamente la pronunciación con africación en todo el país. De acuerdo Utgård (2010, p. 68), "En toda la red de localidades entrevistadas de Guatemala solamente se detectó el africado linguopalatal sordo [tʃ]."

En cuanto a El Salvador, el ALPES se detecta variación libre entre la realización africada y la fricativa; desde la perspectiva dialectal, Azcúnaga (2010, p. 104) detecta que "el alófono [ʃ] y la alternancia se da en mayor proporción del centro al oriente, con un claro predominio de esta realización en la franja norte del país limítrofe con Honduras hasta llegar al oriental puerto de La Unión." Azcúnaga agrega que el fenómeno debe de ser reciente, ya que Canfield no lo registró a mediados del siglo xx. (Azcúnaga 2010, p. 103).

Por lo que concierne a Honduras, en el ALEH se registra con gran mayoría la realización canónica. De acuerdo con Hernández (2010, p. 130), "En el fonema africado no existe ningún cambio, ya que se mantiene con un 94,04% en la pronunciación de los informantes. Solamente el 5,96% pronunciaron el alófono fricativo [ʃ]." De los datos suministrados por Hernández no se puede inferir que este último porcentaje esté condicionado geográficamente.

Respecto del ALEN, Rosales (2010, p. 149) registra un predominio de la realización africada en el centro y norte de Nicaragua; en el resto del país alternan una y otra realizaciones, pero más a lo largo del sector pacífico central.

En lo concerniente a Costa Rica, el ALECORI registra una gran mayoría de realizaciones africadas (Quesada Pacheco y Vargas Vargas 2010, p. 167). Los investigadores mencionados hacen notar que el cambio de africada a fricativa es algo reciente, documentado a finales del siglo XX, y donde más frecuencia de fricativización han registrado fue en la región noroeste del país, a lo largo del sector pacífico. Aun así, advierten: "Consideramos, no obstante, que en el presente estudio es demasiado temprano afirmar que estamos ante un cambio en marcha." (*ibidem*, 168).

En cuanto a Panamá, el ALEP es donde se registra la mayor concentración de realizaciones fricativas de /tʃ/. Cardona (2010, p. 199) aduce: "ciertamente el alófono [ʃ] parece estar en expansión. Anotamos también que en Ciudad de Panamá hay bastante alternancia entre los dos alófonos."

Mapa 9: Fricativización de /tʃ/ en América Central (visión aproximativa).

3.9. El fonema nasal alveolar /n/

En el ALEAC se estudió el tratamiento del fonema nasal alveolar en posición final, y se encontraron dos articulaciones: la articulación alveolar [n] y la velar [ŋ].

En Guatemala, Utgård (2010, p. 68) registra una gran mayoría de informantes con la realización velar, además de informantes que alternan entre una y otra variante. Además, acota: "Si bien se detectan casos de polifonía prácticamente en todo el país (14,7% del total de entrevistados), las zonas oriental y caribeña son las más firmes en el empleo de la variante velar [ŋ] (Jutiapa, Jalapa, Zacapa, Puerto Barrios y Livingston). En consecuencia, se puede trazar una isoglosa entre la zona occidental y la oriental."

Respecto de El Salvador, en el ALPES se registra prácticamente el empleo de la articulación nasal velar en todo el país, además de casos de lenición y de elisión (Azcúnaga 2010, p. 104).

En cuanto a Honduras, la mayor parte de las realizaciones encontradas en el ALEH son de nasal velar. Al respecto agrega Hernández:

> Esto trae como consecuencia que el alófono velar [n] se pronuncie muy poco y quede reducido a pequeños enclaves en la geografía hondureña: dos localidades del departamento de Yoro, El Progreso (100%) y Yoro (87%), mantienen la pronunciación de la nasal alveolar en la zona norte, pero no en la costera, y dos ciudades del departamento de El Paraíso, Yuscarán (87%) y Danlí (62,5%), en el oriente del país, además del departamento de Lempira, frontera con El Salvador (Hernández 2020, p. 131).

Para Nicaragua, en el ALEN se registraron casos mayoritarios de nasal velar; o bien, de nasalización de la vocal precedente y su consiguiente elisión (Rosales 2010, pp. 149-150).

En cuanto a Costa Rica, el ALECORI registra prácticamente todo el panorama nacional como practicante de la nasal velar; algunos casos esporádicos de nasal alveolar se registraron en el altiplano central, pero no son significativos (Quesada Pacheco y Vargas Vargas 2010, pp. 168).

Respecto de Panamá, Cardona afirma: "La realización velar [ŋ] para el fonema nasal /n/ cubre todo el territorio panameño." (2010, p. 200). Cardona agrega que los pocos informantes que realizaron la variante alveolar [n] se ubican hacia la frontera con Costa Rica; para el resto del país, se da tanto la velarización como la elisión y nasalización de la vocal precedente (2010, pp. 200-202).

En resumen, fuera de algunos focos de retención de la articulación alveolar de /n/ en Honduras, se podría afirmar que todo el territorio centroamericano se ha decantado por la velarización y, en algunas zonas como Nicaragua y Panamá, por la elisión y nasalización de la vocal precedente.

Mapa 10: Velarización de /n/ implosiva (visión aproximativa).

3.10. Neutralización de líquidas

Con excepción de los datos sobre Panamá, los atlas lingüísticos centroamericanos no suministran tantos datos sobre la neutralización de líquidas en el español centroamericano. Para ver su trayectoria, habrá que consultar otras fuentes.

Canfield (1953, 1988) no menciona la neutralización en sus observaciones sobre el español guatemalteco ni salvadoreño. Para El Salvador, afirma: "Sustitución de *r* intervocálica por *l*.- Además de *celebro* por *cerebro* y de los anglicismos *pichel* y *brasiel*, no se nota confusión de éstas." (Canfield 1960, p. 49).

En lo que concierne a Honduras, Herranz (1990: 22) señala: "Un buen número de palabras muestran alternancias y modificaciones en la pronunciación de ciertas consonantes: *l* >*r* en *chirca* 'colilla', *arcancía, arquila, delantar* y *gradiolo; r*>*l* en *santulón*."

En cuanto al fenómeno en Costa Rica, Agüero (2009, p. 53) lo registra en zonas rurales y aduce:

> Además, los campesinos conservan —desde luego que no todos- disimilaciones de /r/ en /l/, como *pelegrino* (peregrino), *celebro* (cerebro), *solpresa* (sorpresa), *álbitro* (árbitro), *almario* (armario), *Alturo* (Arturo), y todas las personas, incultas y cultas, dicen *alverja* (arveja) [...] Se cambia /r/ por /l/ en *espelma* (esperma), *almatroste*, *peltrechos* (pertrechos), *almario* (armario), y al contrario, /l/ por /r/, en *arquilar*, *arquiler*, *cárculo*, *carcular*, *arfil*, *arfiler*. [...] Todas las alteraciones indicadas son vulgarismos.

Respecto de Panamá, Robe (1948, pp. 272-273) detecta en las zonas rurales la aspiración (*bañahlo*, *tenehlo*, etc.); la asimilación (*puetta* 'puerta', *recueddo* 'recuerdo', *vedde* 'verde', *fadda* 'falda') y la realización de ambos fonemas juntos o «pronunciación mixta», como él la llama (*revue[rl]ta*, *a[rl]ta*, *espa[rl]da*, *a[rl]tivo*, *vue[rl]ta*). Después, Robe propone un archifonema líquido «in that it possesses the onset of the flap and the continuant quality of the lateral» (Robe (1960, p. 49).

Alvarado (1971, pp. 106-107) afirma:

> Esta tendencia general a realizar la -r implosiva como fricativa [ɹ] llega a veces entre analfabetos a la confusión con el fonema /l/. Tal neutralización se da en muchas otras zonas de habla española pero en Panamá sólo en el habla rústica. Se escucha en zonas rurales muy abandonadas, y no siempre, sino en ciertos casos.

Al respecto, Cardona (2015, p. 201) detectó el fenómeno en los datos del ALEP: "La neutralización entre /l/ y /r/ también estuvo presente en nuestras observaciones aunque con gran escasez. Sólo observamos tres casos de lambdacismo (cambio de /r/ por /l/) en posición final (*cocinar* [kosiˈnal]) en Pedasí, Penonomé y Yaviza." Además, observó un fenómeno de alargamiento compensatorio: "Cuando hay pérdida total de la lateral, notamos una prolongación de la vocal (*pulga* [ˈpuːga])." (Cardona 2015, p. 132). A juzgar por los datos recientes de Cardona, al parecer la neutralización de líquidas es un rasgo en retroceso en Panamá.

Como se puede observar, en las regiones centroamericanas donde se registra, el rasgo está relegado hoy a las zonas rurales y se presenta de manera esporádica, casi que fosilizado en palabras como *Malgarita* por *Margarita*, *delantar* por *delantal*, *Alturo* por *Arturo*, y otras. Por lo menos parece ser un rasgo que fue muy productivo en etapas anteriores (Quesada Pacheco 2009, Robe 1960).

Mapa 11: Neutralización de líquidas en América Central (zonas rurales).

3.11. La fricativa velar /x/

En el ALEAC se estudió el comportamiento de /x/ en los siguientes entornos: ante vocal y ante diptongo /we/.

En Guatemala, Utgård (2010, p. 67) registra los alófonos [h] y [x] indistintamente en todos los entornos; pero aduce: "Sin embargo, la manera más común de realizar el fonema es a través de un fricativo velar sordo [x] (una media de 90%), siendo en general lenis o muy lenis."

Para el Salvador, Azcúnaga registra [x], [h] y lenis [ʰ] y acota: "La realización faríngea es la que predomina de manera muy notoria, con un promedio general que sobrepasa el 80% de todas las emisiones." Azcúnaga agrega que Canfield (1960, p. 49) ya lo había observado: "En El Salvador este sonido ya no es [x] sino [h]."

En cuanto a Honduras, Hernández (2010, pp. 129-130) registra tres alófonos: velar [x], velar aspirado [xʰ] y glotal [h], con distribución complementaria: [x] ante vocal posterior, y [xʰ] ante vocal anterior; la presencia de [h] es poco significativa, agrega. Geolectalmente, sin embargo, Hernández observa una distribución de acuerdo con la cual, las regiones donde predomina la velar [x] es en los departamentos de El Paraíso, Lempira y Ocotepeque. Por su parte, el departamento de Colón es donde se concentra la glotalización.

Respecto de Nicaragua, Rosales (2010, pp. 148-149) registra [x], [h], [ˣ] y Ø y aduce: "La velar es una solución que se presenta esporádicamente. Predomina la realización muy parecida a la aspiración de la /s/, como fricativa laríngea o glotal sorda [h], muy relajada."

En Costa Rica, el ALECORI registra, al igual que en Guatemala, solamente dos alófonos: el velar [x] y el faríngeo o laríngeo [h]. Al respecto, Quesada Pacheco y Vargas Vargas (2010, pp. 166) afirman: "Los datos revelan que la pronunciación dominante en todo el país es el alófono velar [x], aunque se observa un aumento del alófono faríngeo [h] ante vocales posteriores. Geolectalmente, los investigadores mencionados detectan más frecuencia de [x] en el interior del país, en Valle Central y sus zonas de influencia (al norte y al suroeste del país).

Para Panamá, el ALEP registra dos alófonos: el faríngeo [h] y el murmullo [ɦ]. Al respecto, Cardona afirma: "Por lo tanto, podemos confirmar que Panamá se encuentra entre los dialectos donde predominan los alófonos suborales (faríngeo y glotal-laríngeo) para este fonema. Un dato que anota Cardona es que Robe (1960, p. 47) registra un solo alófono [x] para el fonema velar [x]: "[x] is the class of voiceless velar aspirants. It occurs initially and medially and has only the allophone [x]." ¿Se habrá dado un cambio en poco más de medio siglo? Lo extraño es que Alvarado (1971, pp. 141-145), ya registrara el alófono laríngeo [h] en su investigación, solo 10 años tras la publicación del estudio de Robe.

Mapa 12: Realización de /x/ como glotal [h].

4. Para concluir

El presente recorrido permite llegar a dos conclusiones fundamentales respecto de la dialectología del español centroamericano.

La primera tiene que ver con los avances que se han dado en materia de dialectología en general, y geografía lingüística en particular, con la puesta en marcha y concretización del ALEAC por países. En este sentido, revisten de gran importancia las palabras de Rodríguez Muñoz (2012, p. 25) respecto de la dialectología actual:

> Es cierto que la dialectología ha tenido que adaptarse a los tiempos que corren, por ejemplo, en los procedimientos de recogida de datos; aun así, su objeto de estudio sigue siendo significativo en la actualidad: la caracterización de las lenguas, los dialectos o las hablas de acuerdo con sus peculiaridades fónicas, léxicas o morfosintácticas.

Si bien, como en toda empresa de este tipo, hay muchas limitaciones, lo cierto es que la confección de los atlas de los países centroamericanos, incluido Belice, ha significado un hito -si bien tardío-[9] en el conocimiento de las variedades de habla que componen el Istmo Centroamericano.

La segunda conclusión es que, a raíz de la investigación geolingüística centroamericana es que se pone mucho más en claro el conjunto de rasgos que comparte dicha región del Nuevo Mundo con Andalucía. Si bien ya se habían dado pasos en esa dirección (Canfield 1953, 1960, Quesada Pacheco 2021), es con la publicación de los atlas centroamericanos como se puede

---

[9] Pienso en todos los atlas que se han publicado en Hispanoamérica desde la confección del atlas lingüístico de Puerto Rico, de Tomás Navarro (1948) hasta finales del siglo XX. En este sentido, y tomando en cuenta el surgimiento de otros métodos de investigación en lingüística, la dialectología tradicional ha perdido un buen tramo en el campo de la investigación de campo, y en la actualidad se prefiere abordar la lengua desde otras perspectivas. Al respecto, Rodríguez (2012: 24) acota: "A pesar de que la dialectología es una de las disciplinas más tradicionales de la filología europea, introducida en el ámbito hispánico por Menéndez Pidal a principios del siglo XX y consolidada por la escuela que se creó en torno a su figura; en pleno siglo XXI son varias las voces que desacreditan la vigencia de sus planteamientos. Resuenan con mayor fuerza, para muchos lingüistas, enfoques disciplinares como, por ejemplo, los que ofrecen la sociolingüística y la geolingüística." Por eso, la puesta en marcha de los atlas centroamericanos parece haber llegado algo tarde en relación con sus homólogos de otras regiones americanas.

abordar de manera más eficaz la polémica discusión del influjo andaluz en esta parte del continente americano.

Por la manera como están distribuidos los rasgos estudiados en el presente análisis, es muy probable que Andalucía haya tenido que ver en sus procesos de surgimiento y expansión (cfr. Quesada Pacheco 2021). Sin embargo, a diferencia de la distribución dialectal que se aprecia en los mapas lingüísticos andaluces, donde a grandes rasgos se puede hablar de haces de isoglosas, de áreas lingüísticas relativamente bien delimitadas (cfr. Jiménez 1999), el panorama centroamericano se muestra bien distinto, de manera que, quizás salvo algunas excepciones -como la aspiración de /s/ implosiva, se puede perfectamente hablar, no de un continuum dialectal, sino más bien de un *discontinuum dialectal*, donde los rasgos vistos no solo no muestran uniformidad en su distribución, sino que a veces se solapan; o bien, unos cubren zonas que otros no cubre, de modo que se hace casi imposible reunir haces consistentes de isofonas para referirse a subzonas dialectales del español de América Central.

Por supuesto, el nivel fonético no es el único componente lingüístico que se deberá tener presente a la hora de una subdivisión dialectal de una cierta área; hay otros componentes, tales como el morfológico, el sintáctico, el pragmático y el léxico-semántico, que a lo mejor sirvan de guía segura en la consecución de dicho fin. Sin embargo, por ahora nos mantenemos en el concepto fehaciente del *discontinuum dialectal* que representa el español centroamericano.

Bibliografía

Alonso, A. (1953/1967). La base lingüística del español americano. *Estudios lingüísticos. Temas hispanoamericanos* (pp. 7-60). Madrid: Gredos.

Alvar, M. (1955). Las encuestas del Atlas lingüístico de Andalucía. *Revista de Dialectología y Tradiciones populares* 11: 3, 231-274.

——— (1961). *Atlas Lingüístico y Etnográfico de Andalucía*. Tomos I-IV. Granada: Universidad de Granada.

——— (1990). *Norma lingüística sevillana y español de América*. Madrid: Ediciones de Cultura Hispánica.

Alvarado de Ricord, E. (1971). *El español de Panamá. Estudio fonético y fonológico*. Panamá: Editorial Universitaria.

Azcúnaga López, R. E. (2010). Fonética del español salvadoreño. En M. A. Quesada Pacheco, *El español hablado en América Central*. Madrid-Frankfurt: Iberoamericana-Vervuert, 83-113.

―――― (2012). Atlas lingüístico-etnográfico pluridimensional de El Salvador (ALPES). Nivel fonético. *Bergen Language and Linguistic Studies* 2, 27-47.

Baird, B.; Ventura, J. (2023). Variation of absolute-final /s/ in Tegucigalpa Spanish, B. Baird, O. Balam, & M. C. Parafita Couto (eds.). *Linguistic Advances in Central American Spanish* (pp. 72-93). Brill Press.

Berta, T. (2006). Sobre las variantes geográficas del español americano. *Iberoamericana Quinceecclesiensis* 4, 557-568.

―――― (2015). Teorías y creencias relacionadas con el origen del español americano. *Öt Kontinens, az Újés Jelenkori Egyetemes Történeti Tanszék tudományos közleményei* (Elte, Budapest), Vol. 2013 (2), 267-276.

Boyd-Bowman, P. (1956). Regional origins of the earliest Spanish colonists of America. *PMLA*. 71, 152-172.

―――― (1963). La emigración peninsular a América: 1520-1539. *Historia Mexicana*. 13/2, 165-192.

―――― (1967). La procedencia de los españoles de América: 1540-1559. *Historia Mexicana*. 17/1, 37-71.

―――― (1974). La emigración española a América: 1560-1579. *Studia Hispanica in honorem Rafael Lapesa*. Vol. II., (pp. 123-147). Madrid: Gredos.

Canfield, Delos L. (1953). Andalucismos en la pronunciación salvadoreña. *Hispania* 36, 1, 32-33.

―――― (1960). Observaciones sobre el español salvadoreño. *Filología* 6, 29-76.

―――― (1988). *El español de América*. Barcelona: Editorial Crítica.

Cardona Ramírez, M. A. (2010). Fonética del español de Panamá., en M. A. Quesada (ed.). *El español hablado en América Central: Nivel Fonético*, (pp. 177-210), Frankfurt am Main: Vervuert Verlagsgesellschaft.

―――― (2010). La fonética del español en Belice. En M. A. Quesada Pacheco, (ed.). *El español hablado en América Central: Nivel fonético*. Frankfurt am Main: Vervuert Verlagsgesellschaft.

———— (2015). *Fonética del español en Belice y del español en Panamá. Análisis lingüístico pluridimensional y comparativo*. Universidad de Bergen: Tesis doctoral.

Castillo Venegas, M. A. (2000). *Aspectos morfosintácticos del español de Costa Rica : análisis pluridimensional*. Universidad de Bergen. Tesina de Máster.

Chavarría Úbeda, C.; Rosales Solís, M. A. (2010). *Atlas lingüístico-etnográfico de Nicaragua (ALEN)*. Managua: PAVSA.

Chavarría Úbeda, C.; Quesada Pacheco, M. Á. (2025). *Atlas lingüístico-etnográfico de Guatemala: niveles morfosintáctico y léxico*. Managua: Editorial UNAN-Managua.

Coseriu, E. (1956). *La geografía lingüística*. Montevideo: Publicaciones del Departamento de Lingüística de la Universidad de Montevideo, 11.

Costales Samaniego, A. (1962). *Diccionario de modismos y regionalismos centroamericanos*. San José: Universidad de Costa Rica, Instituto Universitario Centroamericano de Investigaciones Sociales y Económicas.

Flórez, L.; Buesa Oliver, T. (1964). Principios y métodos del Atlas Lingüístico-Etnográfico de Colombia (ALEC). *Thesaurus, Boletín del Instituto Caro y Cuervo* XIX, 2, 201-209.

Grønnevik, Synnøve (2021). *El ceceo en Bagaces, Costa Rica: actitudes y conciencia lingüística*. Universidad de Bergen. Tesina de Máster.

Henríquez Ureña, P. (1921). Observaciones sobre el español de América. *Revista de Filología Española*. 8, 357-390.

———— (1925). *El supuesto andalucismo del español de América*. Buenos Aires: Imprenta de la Universidad.

Hernández Torres, R. A. (2010). Fonética del español de Honduras. En M. A. Quesada Pacheco (ed.). *El español hablado en América Central: Nivel fonético* (115-136). Frankfurt am Main: Vervuert Verlagsgesellschaft.

Hernández Torres, R. A. (2012). Atlas lingüístico pluridimensional de Honduras (ALPH). Nivel fonético. *Bergen Language and Linguistic Studies* 2, 48-55.

Herranz, A. (1990). El español de Honduras a través de su bibliografía. *Nueva Revista de Filología Hispánica* XXXVIII, 1, 15-61.

Iraheta, A. C. (2016). *Interdental /s/ in Salvadoran Spanish: Finding Linguistic Patterns and Social Meaning*. University of Minnesota. Tesis doctoral.

Jiménez Fernández, R. (1999). *El andaluz*. Madrid: Arco/Libros.

Menéndez Pidal, R. (1962). Sevilla frente a Madrid: Algunas precisiones sobre el español de América. *Miscelánea homenaje a André Martinet: Estructuralismo e historia*. III, (pp. 99-165). La Laguna.

Mesa, P. (1905). *Pequeño diccionario de provincialismos y barbarismos centroamericanos*. La Ceiba [Honduras] (sin editorial).

Montes Giraldo, J. J. (1984). Para una teoría dialectal del español americano. *Homenaje a Luis Flórez* (pp. 72-89). Bogotá: Instituto Caro y Cuervo.

Narbona, A.; Cano, R., Morillo, R. (1998). *El español hablado en Andalucía*. Barcelona: Ariel.

Navarro Tomás, T. (1948/1974). *El español en Puerto Rico*. Río Piedras: Universidad de Puerto Rico.

Quesada Pacheco, J. A. (1984). *La variación de /s/ en el Área Metropolitana de San José: análisis cuantitativo*. Universidad de Costa Rica: Tesis de Maestría.

Quesada Pacheco, M. Á. (1992a). Pequeño atlas lingüístico de Costa Rica. *Revista de Filología y Lingüística de la Universidad de Costa Rica* XVIII, 2, 85-189.

——— (1992b). *Atlas lingüístico-etnográfico de Costa Rica. Cuestionario*. San José: Nueva Década.

——— (1996). "Los fonemas del español de Costa Rica. Aproximación dialectológica." *Lexis* 20, 1-2, 535-562.

——— (2009). *Historia de la lengua española en Costa Rica*. San José: Universidad de Costa Rica.

——— (2010). *Atlas lingüístico-etnográfico de Costa Rica (ALECORI)*. San José: Universidad de Costa Rica.

——— (2010^3). *El español de América*. Cartago. Editorial Tecnológica de Costa Rica.

——— (2013a). Situación del español en América Central. Instituto Cervantes, *El español en el mundo. Anuario del Instituto Cervantes*, 83-100.

——— (2013b). *El español de América Central. Nivel morfosintáctico*. Frankfurt am Main: Vervuert Verlagsgesellschaft.

Quesada Pacheco, M. A.; Vargas Vargas, L. (2010). Rasgos fonéticos del español de Costa Rica. En M. A. Quesada Pacheco (ed.). *El español hablado en América Central: Nivel fonético* (pp. 155-175). Frankfurt am Main: Vervuert Verlagsgesellschaft.

Rivera Orellana, Erick (2010a). *Atlas lingüístico-etnográfico de Belice: niveles morfosintáctico y léxico*. San Salvador: Editorial de la Universidad Centroamericana.

―― (2010b). *Atlas lingüístico-etnográfico de El Salvador: niveles morfosintáctico y léxico*. San Salvador: Editorial de la Universidad Centroamericana.

Robe, Stanley (1960). *The Spanish of rural Panama. Major Dialectal Features*. Los Ángeles: University of California Press.

―― (1969). *The Spanish of Rural Panama. Major Dialectal Features*. Los Ángeles: University of California Press.

Rodríguez Muñoz, F. J. (2012). El español atlántico: revitalización de un concepto metodológico desde la dialectología. *Sintagma*, 24, 23-32.

Rodríguez Prieto, J. P. (2014). Ejemplos de jejeo salvadoreño en Cuentos de barro de Salarrué. *Onomázein* 29, 78-89.

Rosales Solís, M. A. (2008). *Atlas lingüístico pluridimensional de Nicaragua. Nivel fonético*. Managua: PAVSA.

―― (2010). El español de Nicaragua. En M. A. Quesada Pacheco (ed.). *El español hablado en América Central: Nivel fonético*, (pp. 137-154). Frankfurt am Main: Vervuert Verlagsgesellschaft.

Salazar García, S. (1907/1910). *Diccionario de provincialismos y barbarismos centroamericanos*. San Salvador: Tipografía La Unión.

Thun, H., Forte C. y Elizaincín, A. (1989). El Atlas Lingüístico Diatópico y Diastrático del Uruguay (ADDU). Presentación de un proyecto. *Iberorromania* 30, 26-62.

Tinoco Rodríguez, T. (2010). *Atlas lingüístico-etnográfico de Panamá: niveles morfosintáctico y léxico*. Panamá: Editorial de la Universidad de Panamá.

Utgård, K. (2006). *Fonética del español de Guatemala. Análisis geolingüístico pluridimensional*. Universidad de Bergen. Tesina de Máster.

―― (2010). El español de Guatemala. En M. A. Quesada Pacheco (ed.). *El español hablado en América Central: Nivel fonético* (pp. 49-81). Frankfurt am Main: Vervuert Verlagsgesellschaft.

Vargas Vargas, L. A. (2000). *Fonética del español de Costa Rica: análisis geolingüístico pluridimensional*. Universidad de Bergen. Tesina de Máster.

Ventura, J. (2013). *Atlas lingüístico-etnográfico de Honduras (ALEH). Nivel léxico*. Tegucigalpa: Universidad Nacional Autónoma de Honduras.

Wagner, M. L. (1927). El supuesto andalucismo del español de América y la teoría climatológica. *Revista de Filología Española*, 14, 20-32.

Segunda Parte

Las denominaciones de *cierva* y *cerbatana* para la *Mantis religiosa* en los atlas lingüísticos

Itahisa Afonso
Universidad de Málaga

RESUMEN
Esta investigación se inserta dentro de los estudios dialectales en el campo semántico de los insectos, específicamente en denominaciones populares de la *Mantis religiosa* tales como *cierva* y *cerbatana* (y sus respectivas variantes). Así pues, se pretende ahondar en las principales dificultades que plantean estas palabras desde un punto de vista fonético y etimológico. De esta manera, se aborda el discutido origen de *cerbatana*, la problemática que plantea la voz *cierva* según los fenómenos del seseo y ceceo, y la confusión para delimitar algunas variantes fonéticas en una u otra familia léxica: *cervata* < (de 'cervatilla, cierva menor de seis meses') o *cerbata* < (de *cerbata(na)* 'canuto en que se introducen bodoques'). Para ello, se han consultado los atlas lingüístico-etnográficos de las distintas zonas del mundo hispánico y, así mismo, diccionarios generales y etimológicos.

Palabras clave: Geografía lingüística, *Mantis religiosa*, atlas lingüístico-etnográficos, lexicografía

1. Introducción y justificación del trabajo

Estas páginas se ocuparán de algunas denominaciones, de las casi infinitas, que se le aplican a una "bestezuela" o criatura inquietante muy conocida en el ámbito rural, como es la *Mantis religiosa*. La escolarización de nuestro tiempo ha reducido la variedad tradicional de nombres y la forma *Mantis religiosa*, que es el nombre científico, cada vez se usa más en todo el mundo hispánico (Fraile Gil, 2014: 4) y aspira a imponerse como el nombre popular por antonomasia (Machado Carrillo, 2002: 11).

Es bien sabido que este insecto también recibe una buena cantidad de denominaciones en otras regiones, por ejemplo, en Portugal, en Galicia y en otras lenguas románicas (Leão, 1935; Bouza Brey, 1948; García Mouton, 2002). Si atendemos solo a los datos del español y consideramos la clasificación de estas designaciones que propuso García Mouton (1987: 196), se pueden establecer los siguientes grupos: 1) Términos que se relacionan con la muerte o expresan creencias negativas[1]: *viuda, caballito* (*del demonio / diablo*), etc.; 2) Términos con carácter religioso: *santateresa, cantamisa, rezandera*, etc.; 3) Términos que reflejan la condición imaginaria de sirviente[2]: *plantamesas, plegamanos*, etc.; y 4) Términos que corresponden a otros animales con los que el hablante los asocia: *cierva, caballo, mulita, vaquita*, etc. A esta lista se puede añadir un último grupo en el que insertamos términos en los que se ha producido una metáfora por semejanza del insecto a otros referentes: *yerbasita, cerbatana*, etc.

Los mapas que en este capítulo se han utilizado para rastrear esta terminología enraizada en la cultura popular ponen de manifiesto las vinculaciones de la lengua con el entorno material y espiritual de la sociedad que la habla (García Mouton, 1987: 189). De las numerosas formas con las que se conoce la *Mantis religiosa*, este trabajo estudiará solamente dos formas dialectales, bien documentadas en la geografía hispánica, desde las Islas Canarias hasta Aragón y La Rioja, pasando por Andalucía y La Mancha; y, así mismo, por Hispanoamérica: *cierva* y *cerbatana*.

Para el *Diccionario de la lengua española* (*DLE*) de la Real Academia Española, *cierva* tiene el valor de 'ciervo volante, coleóptero' (2ª acepción) y *cerbatana* ('*Mantis religiosa*', 4ª acepción, con la marca diatópica de venezolanismo), pero este término se emplea también como nombre popular del insecto en Andalucía (*ALEA*, II 382), en las islas Canarias (*ALEICan*, I 289) y hasta en Aragón (*ALEARN*, IV 418). Según el *Diccionario histórico de la lengua española* (*DHLE*), la voz *cerbatana* se halla más extendida de lo que indica el *DLE*, pues incluye las hablas canarias[3].

---

[1] En el caso de los animales, en ocasiones, los nombres responden a una relación de producción, es decir, se les atribuyen características reales o imaginarias que muchas veces son heredadas de supersticiones o miedos antiguos, que traslucen creencias en los nombres que reciben. *Vid*. García Mouton (1987: 189).

[2] Estas denominaciones se documentan en las canciones infantiles cuando los niños le piden que "ponga la mesa" (García Mouton, 1987: 196).

[3] *DHLE*, s.v. *cerbatana*: 4. s. f. (Venezuela y subárea meridional del español: Islas Canarias) Insecto de hasta 8 centímetros de largo, de color verdoso o amarillento, cuerpo alargado, antenas delgadas y patas delanteras largas y fuertes, que mantiene dobladas y juntas bajo la cabeza, por lo que parece que está en actitud de oración: la hembra, de mayor tamaño, devora en ocasiones al macho después de la cópula. Nombre científico: *Mantis religiosa*. (https://www.rae.es/dhle/cerbatana).

Por su parte, del análisis de *cierva*, como denominación de la 'Mantis religiosa', nos preocupa en primer lugar la etimología. Como es sabido, el seseo-ceceo de las hablas andaluzas y el seseo de las hablas canarias nos hacen pensar en dos etimologías distintas, *cierva y sierva*[4]: a) *cierva* del latín CĔRVUS (*DCECH, s. v.* «DERIV. Cierva [J. Ruiz]. *Cerval* [1251, calila, 1959] *Cervario. Cervato* [1555, Laguna; como nombre propio en 1105, Oelschl.]; *cervatillo* [2.º libro del Amadís; Nebr.] *cervatico, cervatica* [Guevara, Epístolas I, p. 200 (Nougué, *BHisp.* LXVI)] [...]»; b) *sierva* del latín SĔRVUS 'esclavo' (*DCECH, s.v.* «*servir* [h. 950, glosas Emilianenses; *Cid*, etc.; general en todas las épocas y común a todos los romances de Occidente] de SERVIRE 'ser esclavo', 'hacer de esclavo', 'servir'; *servible; servidero, servidor* [Berceo], *sirviente* [*serv-*, Berceo] [...]». En segundo lugar, nos preocupa la dificultad para delimitar la variante fonética *cervata* en la familia léxica de *cierva* (< de '*cervatilla*, cierva menor de seis meses') o de *cerbata(na)* (< de 'canuto en el que se introducen bodoques'). Aunque en este trabajo se ha optado por incluirla dentro de la etimología de *cierva*, hay estudios que determinan que es una variante de *cerbatana*[5].

2. Estudio de las voces *cierva y cerbatana* '*Mantis religiosa*' en los atlas lingüístico-etnográficos

Entre las grandes virtudes que siempre se ponderan en la geografía lingüística está la de la localización geográfica de los términos. En este contexto, los mapas correspondientes a la *santateresa* (*Mantis religiosa*) que se abordan son, desde un punto de vista cronológico, el *Atlas Lingüístico y Etnográfico de Andalucía* (*ALEA*, 1961), el *Atlas Lingüístico y Etnográfico de las Islas Canarias* (*ALEICan*, 1975), el *Atlas Lingüístico y Etnográfico de Aragón, Navarra y La Rioja* (*ALEANR*, 1979) y el *Atlas Lingüístico y Etnográfico de Castilla la Mancha* (*ALECMAN*, 2003). No se incluye el *Atlas Lingüístico y*

---

[4] La confusión entre *sierva* y *cierva* sería fácil, porque en el imaginario popular también se hace referencia a la *Mantis religiosa* con el nombre de otro animal de patas largas, el caballo (García Mouton, 2002: 251). En esta investigación nos inclinamos por la etimología de *cierva* 'animal'.

[5] *Vid.* Alvar Ezquerra, 2000; Corriente Córdoba, 2003.

Etnográfico de Cantabria (*ALECant*, 1995), puesto que no se registran las voces de *cerbatana* y *cierva* para la *Mantis religiosa* ni el *Atlas Lingüístico de Castilla y León* (1999), aunque este último se menciona posteriormente. Tampoco nos hemos ocupado del *Atlas Lingüístico de la Península Ibérica* (*ALPI*, 1961) porque no se tuvo en consideración para el cuestionario los nombres populares de la *Mantis religiosa*.

En el mapa 382 del *ALEA*[6] —*santateresa* (*Mantis religiosa*)— se recoge la voz *cierva*: [θjér̩bɐ] en J 100 (Aldeaquemada); y bajo la forma seseante y con derivación diminutiva [sjer̩bəsí:tɐ] en Se 200 (Navas de la Concepción). Se documentan, además, *cervata* [θer̩bátɐ] en Se 306 (Olivares), Se 501 (Villafranca y los Palacios) y Ma 400 (Valle de Abdalajís); [θelbátɐ] con el fenómeno del lambdacismo en Ma 401 (Riogordo); [θir̩ɪbátɐ] con el cierre de un grado vocálico y epéntesis vocálica en Se 400 (La Campana); [ser̩bátɐ] con seseo en Co 403 (Cañete de las Torres) y, por último, *zarvantica* [θalbɐn̩tíkɐ] en Gr 504 (El Padul) representada con asimilación vocálica, con el fenómeno del lambdacismo, con *n* epentética y con sufijo diminutivo *-ico/-ica* < *cervatica*. Se debe tener en cuenta también que, desde el *Diccionario manual de la lengua castellana* (1803) de la Real Academia hasta el actual *Diccionario de la lengua española* (*DLE*), se recoge como entrada *cervatica*, en femenino, 'lo mismo que langostón', *DLE s.v.* «*langostón*. 'Insecto ortóptero semejante a la langosta, pero de mayor tamaño, de color verde esmeralda, que tiene las antenas muy largas y vive comúnmente en los árboles'». Por otra parte, con relación a la voz *cerbatana*, se registra [θerbɐtánɐ] en Se 500 (Puebla del Río).

---

[6] *Vid.* https://www.cervantesvirtual.com/obra/atlas-linguistico-y-etnografico-de-andalucia-tomo-ii-vegetales-animales-silvestres-ganaderia-industrias-pecuarias-animales-domesticos-apicultura-1212708/

Ilustración 1: Elaboración propia del mapa 382 del *ALEA* 'Santateresa'.

En el *Tesoro léxico de las hablas andaluzas* (Alvar Ezquerra, 2000: 847) se transliteró con /s-/ la respuesta del *ALEA* (*cierva*) en una localidad, J 100 (Aldeaquemada), donde no se registran casos ni de seseo ni de ceceo. Seguramente se inclinó por relacionar el término con el significado de 'servidora, sirviente':

> **sierva** (f.) Santateresa, insecto dictióptero muy voraz, de coloración verde, pajiza o achocolatada, según donde se posa. El fémur y la tibia del primer par de patas están provistos de fuertes espolones y espinas, entre los cuales quedan cogidas las víctimas (*Mantis religiosa*) [*ALEA*, II 382: J100].

Y dada la selección de que la etimología es *sierva*, los casos de "cervata" son incluidos en la voz *cerbatana*:

> **cerbatana** (f.) Santateresa, insecto dictióptero muy voraz, de coloración verde, pajiza o achocolatada, según donde se posa. El fémur y la tibia del primer par de patas están provistos de fuertes espolones y espinas, entre los cuales quedan cogidas las víctimas (*Mantis religiosa*). [*ALEA*, II, 382: Co403; Ma400, Ma401; Se306, Se500; Se501] (p. 222).

Para García Mouton (2002: 249), esta confusión se debe a los fenómenos del seseo-ceceo propios de la modalidad dialectal andaluza: «Parmi les désignations d'autres animaux nous signalons le cast., and. [θj'erßa] «biche», l' and. [θelb'ata] —que l'on doit peut-être rapprocher de *sierva*, étant donné le seseo-ceceo de larges zones andalouses—, et l' and. [bak'ita] «petite vache» [...]⁷».

No obstante, consideramos que en el imaginario de los informantes —cuando se les preguntan por la 'santateresa'— la relacionan con la denominación popular de *cierva* 'animal' y no *sierva* 'servidora, sirviente', puesto que los únicos casos de seseo documentados en el mapa pertenecen a Se 200 (Navas de la Concepción) y Co 403 (Cañete de las Torres), es decir, zonas ampliamente seseantes:

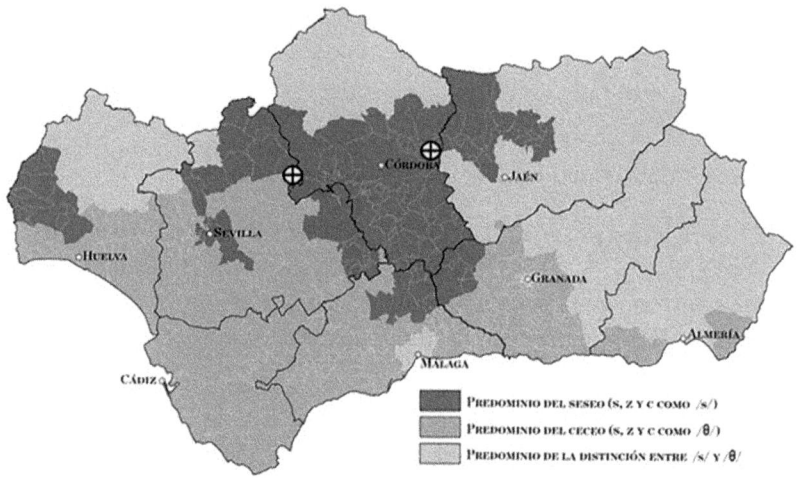

Ilustración 2: Elaboración propia del mapa de seseo, ceceo y distinción en Andalucía. A través de: https://commons.wikimedia.org/wiki/File:Seseo-Ceceo-Andalucia.jpg.

En segundo lugar, en el mapa 289 del *ALEICan*⁸ —*santateresa (Mantis religiosa)*— las realizaciones que se registran de la voz *cierva* son [sjɛ́rbʊ] en Tf 30 (Icod) y Tf 31 (Guía de Isora) y [sjɛ́rbo] en Tf 3 (Los Silos), todas con el fenómeno del seseo. De nuevo, en los repertorios lexicográficos canarios

---

⁷ «Entre las designaciones de otros animales destacamos el cast., and. [θj'erßa] "cierva", el and. [θelb'ata] —que quizás tengamos que acercarnos a *sierva*, dado el seseo-ceceo de amplias zonas andaluzas—, y el and. [bak'ita] «vaquita» [...]».

⁸ Vid. https://www.cervantesvirtual.com/obra/atlas-linguistico-y-etnografico-de-las-islas-canarias-tomo-i-1209048/

se genera confusión en relación con la ortografía de esta voz. Así pues, el *Tesoro lexicográfico del español de Canarias* la da como «**sierva o siervo.** I. 289 «Santateresa *(Mantis religiosa)*», *sierba* en Tf 30, 31; *sierbo* en Tf 3 (ALEICan)» (Corrales Zumbado y Corbella Díaz, 2002: 2457), mientras que el *Diccionario diferencial del español de Canarias*[9] y el *Diccionario histórico-etimológico del habla canaria*[10] la recogen como *cierva* 'Mantis religiosa'.

Así mismo, en Fv 1 (Betancuria), Fv 3 (Tuineje) y Fv 30 (Morro Jable) se documenta [sɛrbəɲtiːkɐ]. Llorente Maldonado (1987: 49) las considera variantes de *zarvantica* registrada en Gr 504 (El Padul) y señala que «hay que tener en cuenta que Gr 504 es un punto enclavado en el área de ceceo, luego se trata realmente de *sarvantica*: el paso de *sarvantica* a *serventica* es perfectamente explicable». Por su parte, García Mouton (2002: 251) considera que el can. [serʝent'ika], con suf. *-ica*, procede de una forma lat. SERVIENTE. Morera Pérez (2002: 256), por el contrario, la incluye dentro de la etimología de *cerbatana*: «**cerbentica.** f. *Fv.* (*Mantis religiosa*). Santateresa, insecto ortóptero muy voraz. Del and. *zarbantica* (De *cerbatana*) 'ídem', por cierre de la vocal de las dos primeras sílabas». En cambio, proponemos la inclusión de *serventica*, con seseo, en la etimología popular de *cierva* o, más concretamente, de *cervata*. Es decir, el diminutivo *cervatica*, con epéntesis de *n*, puede dar lugar a *zarvantica* y *cerventica*, con asimilación vocálica en ambos casos; la primera por asimilación de la segunda vocal a la primera (*cervantica* < *zarvantica*) y, la segunda, por asimilación de la primera vocal a la segunda (*cervantica* < *cerventica*).

En la isla de Gran Canaria se registra [saɾpɛtíːkɐ] en GC 10 (Agaete), GC 12 (San Nicolás); [sapɛtríːkɐ] en GC 3 (Mogán) y [salpɛtríkɐ] en GC 11 (Artenara). Estas realizaciones generan grandes confusiones para los estudiosos. Por un lado, Corriente Córdoba (2003: 282) establece el étimo a partir de *cerbatana* «cerbatana.

---

[9] Vid. *s.v. ciervo, va*. m. y f. Santateresa, insecto ortóptero muy voraz, de tórax largo y antenas delgadas, y patas anteriores dotadas de fuertes espolones y espinas para sujetar las presas de las que se alimenta (*Mantis religiosa*). U. mucho el dim. *ciervita*. SIN.: *alcaraván, caballito, ciervito, diablito, guindacanto, santarrita, sepulturero, serventica, teresa, zarpatana* y *zarpatica* (Corrales Zumbado, Corbella Díaz y Álvarez Martínez, 1996: 376).

[10] Vid. *s.v. cierva*. f. *Tf.* (*Mantis religiosa*). Santateresa, insecto ortóptero muy voraz. Deriv. regr. de *cervatica* (De *cierva*.) 'langostón, insecto ortóptero', por etimología popular con *siervo* (Del lat. *servus*.) 'persona que profesa en orden o comunidad religiosa'. *ciervo*. m. *Tf.* (*Mantis religiosa*). Santateresa, insecto ortóptero muy voraz. Del can. *cierva* 'ídem', por cambio de género (Morera Pérez, 2002: 289).

s.v. 'canuto para disparar dardos' [...]. Del mismo étimo son *sarpatana, sarpatica* y *serventica* '*Mantis religiosa*' (can.)». A su vez, Llorente Maldonado (1987: 76-77) piensa en un posible cruce entre *sarpatana* (< de *cerbatana*) y *serventica*:

> Creo que estas variantes están relacionadas con las formas *sarpatana, sapatana*. Todas ellas tienen un elemento común, *salpa /sarpa*, o incluso *salpat /sarpat*. Pero ¿de dónde procede el segundo elemento de las formas *salpatrica, sarpatrica, sapatrica*, es decir el elemento *trica* (o quizá *rica*)?; ¿será resultado de un cruce entre *sarpatana* y *serventica*, forma, esta última, sinónima de las anteriores, registrada en Fuerteventura, y con correspondencia, como sabemos, en las hablas andaluzas?; ¿es el segundo elemento (*atrica* o —*rica*) un elemento procedente de las lenguas prehispánicas?

Por otro lado, Morera Pérez (2002: 850) considera que es una variante de *cervatica* con ensordecimiento de la oclusiva bilabial:

> *zarpatica* f. GC. (*Mantis religiosa*). Santateresa, insecto ortóptero muy voraz. De *cervatica* (De *cierva*.) 'langostón, insecto ortóptero', por ensordecimiento de la consonante /b/ (**cerpatica*) y abertura de la vocal de la primera sílaba y desplazamiento semántico, acaso por influencia de. can. *zarpatana* 'ídem'. Con el mismo sentido se emplea en Andalucía la forma *zarbantica*, con la consonante labial conservada (2002: 850).

Coincidimos con Morera Pérez en que la voz *zarpatica* (y sus respectivas variantes) procede del étimo *cervatica*, es decir, con seseo, con ensordecimiento de la consonante bilabial [b] (> *cerpatica*) y con asimilación de la segunda vocal a la primera (*cerpatica* > *zarpatica*).

En relación con la voz *cerbatana*, en la isla de Gran Canaria, se documentan [saɾpɐtá:nɐ] en GC 2 (Las Palmas) y 20 (Teror); y [sapɐtánɐ] en GC 4 (San Bartolomé de Tirajana) y GC 40 (Agüimes).

La principal dificultad que plantean las realizaciones de *sarpatana* se origina, nuevamente, en el ensordecimiento de la oclusiva bilabial. Aunque en el *DHLE* se muestra el polimorfismo de este étimo: *cerbatana, cebratana, cebretana, cervatana, cervetana, serbatana, serbetana, zarabatana, zarbatana, zebratana, zebretana, zerbatana, zervatana, çebratana*, no se recogen las variantes con *p* que se registran en Canarias y en Aragón en Te 601 (Olba) (*ALEANR*, mapa 418). También hemos encontrado documentación de [b] ensordecida en Perú: «*cerpatana*. 'la bodoquera (cañón de madera en que se introducen bodoques para despedirlos soplando con violencia)'» (Tauzin Castellanos, *et al.*, 1835: 403).

En cuanto a las realizaciones canarias, para Llorente Maldonado (1987: 79) no es posible el ensordecimiento de la labial oclusiva, lo que le hace pensar en un cruce entre dos unidades (*serpa/ sierpe* y *cervatana*):

> Hay una dificultad para relacionar *sarpatana, sapatana* con *cervatana, servatana*, que es la aparición de la labial oclusiva sorda, *p*, en lugar de la *b* sonora fricativa que ofrecen las formas andaluzas; como no es plausible pensar en un ensordecimiento de la *b*, lo que parece lícito imaginar es un cruce entre *cervata/ cervatana* y *serpa* 'sarmiento largo, bajo y estéril' (*vid*. DRAE pág. 1196) o *sierpe* 'culebra; vástago que brota de las raíces leñosas' (*Vid*. DRAE pág. 1201).

Sin embargo, Corriente Córdoba (1998: 117) justifica la [b] ensordecida por considerarlo un arabismo románico:

> [se] piensa en una forma andaluza *zarbatáni* "forajido", que conecta léxica y semánticamente con *cerbatana*, instrumento específico del cazador de mala ley. La *mantis* podría designarse por un arabismo románico *cerbatán* o *cebratán* "desleal", lo que explicaría las formas *sarpatana, sarpatica, zarapatana*, etc[11].

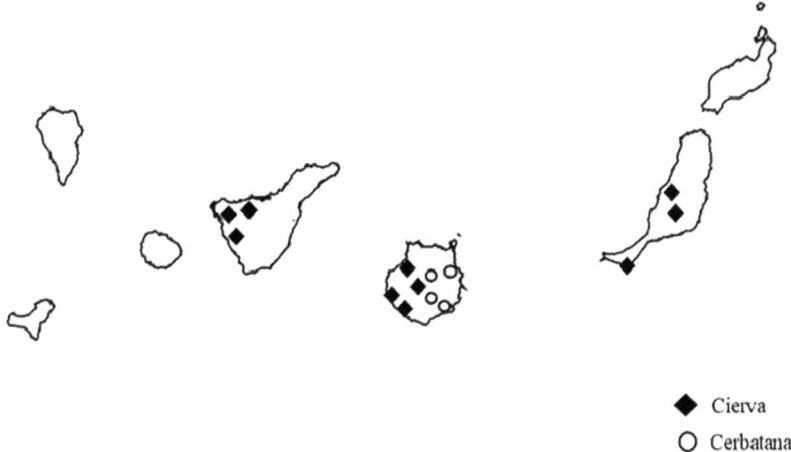

♦ Cierva
○ Cerbatana

Ilustración 3: Elaboración propia del mapa 289 del *ALEICan* 'Santateresa'.

---

[11] *Apud:* García Mouton (2002). Les désignations romanes de la *Mantis religiosa. Commentaire*, p. 251.

En el mapa 418 del *ALEANR*[12] —*santateresa* (*Mantis religiosa*)— se recoge [sję́ɾbɐ] con seseo en Cs 301 (Segorbe). Aunque se podría pensar que esta realización pertenece a la etimología de *sierva* 'servidora, sirviente', se ha comprobado en el *Atlas lingüístico de la Península Ibérica* (*ALPI*, 1961), con el vocablo "cereza", que los informantes de las localidades de la provincia de Castellón de La Pobla de Benifassà, Peñíscola, Vistabella del Maestrat, Alcora, Oropesa del Mar, Azuébar, Aín y Moncofa tienden al seseo:

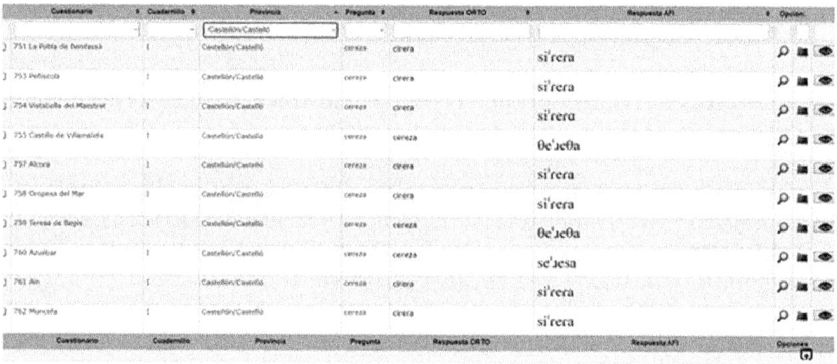

Cuestionario	Cuadernillo	Provincia	Pregunta	Respuesta ORTO	Respuesta AFI	Opciones
751 La Pobla de Benifassà	1	Castellón/Castelló	cereza	cirera	si'rera	
753 Peñíscola	1	Castellón/Castelló	cereza	cirera	si'rera	
754 Vistabella del Maestrat	1	Castellón/Castelló	cereza	cirera	si'rera	
755 Castillo de Villamalefa	1	Castellón/Castelló	cereza	cereza	θe'ɹeθa	
757 Alcora	1	Castellón/Castelló	cereza	cirera	si'rera	
758 Oropesa del Mar	1	Castellón/Castelló	cereza	cirera	si'rera	
759 Teresa de Begís	1	Castellón/Castelló	cereza	cereza	θe'ɹeθa	
760 Azuébar	1	Castellón/Castelló	cereza	cereza	se'ɹesa	
761 Aín	1	Castellón/Castelló	cereza	cirera	si'rera	
762 Moncofa	1	Castellón/Castelló	cereza	cirera	si'rera	

Ilustración 4: *ALPI* fonética de "cereza" en localidades de Castellón. A través de: http://www.alpi.csic.es/es/consulta103#.

Así mismo, según el estudio realizado por Nebot Calpe (1984: 411), Cs 301 (Segorbe) es una localidad en la que no se halla la dualidad etimológica de sibilantes. Como señala esta investigadora, la propiedad más relevante del fonema /θ/ «es la confusión con /s/ en los pueblos donde es habitual el seseo». Y aclara en nota las zonas en las que se produce ese fenómeno: Alto Palancia (Alcudia de Veo, Almedíjar, Altura, Azuébar, Castellnovo, Chóvar, Geldo,

[12] *Vid.* https://www.cervantesvirtual.com/obra/atlas-linguistico-y-etnografico-de-aragon-navarra-y-rioja-tomo-iv-1208093/

Navajas, Segorbe, Soneja, Sot de Ferrer); Alto Mijares (Fanzara) y Serranía de Chelva (Villar del Arzobispo, Chelva, Alcublas, etc.).

Por otra parte, la voz *cerbatana* se registra como [θaɾɐpɐtánɐ] con asimilación vocálica, epéntesis vocálica y ensordecimiento de la oclusiva bilabial en Te 601 (Olba). Si nos centramos en la etimología de esta voz, su origen es discutido. Para el *Diccionario de Autoridades* (1726), la voz *cerbatana*[13] procede del étimo latino *terebra* 'barrena'. Corominas y Pascual, en su *Diccionario crítico etimológico castellano e hispánico* (1991), piensan en un origen persa[14], mientras que Corriente Córdoba (2003) considera que es una voz originaria de una lengua sudarábiga: «*cerbatana* y *cebratana* (cs.), *sarbatana* (ct.) y *zarab/vatana* (pt.) del and. *zarbatána* [...] y no de origen persa como se viene afirmando sin fundamento, puesto que carece de raíz en dicha lengua, mientras que está bien documentada en sudarábigo» (p. 282).

---

[13] *Vid. s.v. cerbatana.* f. cañón de madera, hoja de lata u otro metal, de un dedo hueco, y media vara de largo, que sirve para despedir, o tirar con ímpetu, por una punta o extremo los bodoques [...]. Viene del Latino *Terebra*, que significa barrena, por estar hueca o barrenada, por lo que se dijo *Terebratana*, de aquí corrompido *Cebratana*, y últimamente *Cerbatana*, por ser más fácil su pronunciación (*NTLLE*, 2001).

[14] *Vid. s.v. cerbatana.* del ár. vg. *zarbatána* id., ár. *zabatána*, de origen persa. 1.ª doc.: *zebratana*, 1493 (Nebr.; Pulgar; Exped. Legazpi a Filipinas en 1565, impr. Barcelona 1566, p. 3); *cerbatana*, 1535, Fz. de Oviedo. Cej. IX, 209. En árabe designaba un tubo para matar pájaros, y también para otros menesteres; en el S. XVI y posteriormente, se aplicó, como en español, a una culebrina y a otras armas de fuego. Dozy, *Gloss.*, 251; *Suppl.* II, 584b; Eguílaz, 367. La adición de una *r* quizá se debe a influjo del nombre de otro juguete: *zarbut* 'peonza', pero V. un caso comparable *s.v. toroba.* del mismo origen port. *sarabatana*, cat. *sarbatana* (sin documentación antigua), it. *cerbottana*; de origen iberorromance: fr. *sarbacane* [*sarbetene: BhZRPh.* LIV, 138.9; luego alterado por influjo de oc. *cano* 'caña'] (*DECH*, 1991: 40).

Ilustración 5: Elaboración propia del mapa 418 del *ALEANR* 'Santateresa'.

En el mapa 102 del *ALECMAN*[15] —*santateresa* (*Mantis religiosa*)— se registra la voz *cierva* [θjérbɐ] en CR 101 (Anchuras), CR 102 (Retuerta de Bullaque), CR 504 (Villamayor de Calatrava) y To 610 (Camuñas); [θjeɾbɐkíka][16] en CR 103 (Navalpino); [θjeɾbátɐ] con el diminutivo -*ato/-ata* a partir del sustantivo "cierva" en Gu 112 (Matillas) y [θeɾbíka] con diminutivo -*ico/-ica* en Cu 105 (Castejón). También, se recoge [θeɾbátɐ] en diversos puntos: Gu 113 (La Toba), Gu 311 (Valdepeñas de la Sierra), Gu 315 (Casar de Talamanca), Gu 317 (Azuqueca de Henares), Gu 509 (Pastrana), To 507 (Los Navalucillos) y CR 310 (Pozuelo de Calatrava). A su vez, se documenta [θjeɹbɐtánɐ] en CR 104 (Malagón), lo que nos hace pensar en un cruce entre *cierva* y *cerbatana*.

---

[15] *Vid.* https://alecman.web.uah.es/contenido/Acceso%20a%20mapas.htm
[16] Nos presenta serias dudas la realización [θjeɾbɐkíka], tal vez pueda ser un error de transcripción por *ciervatica*.

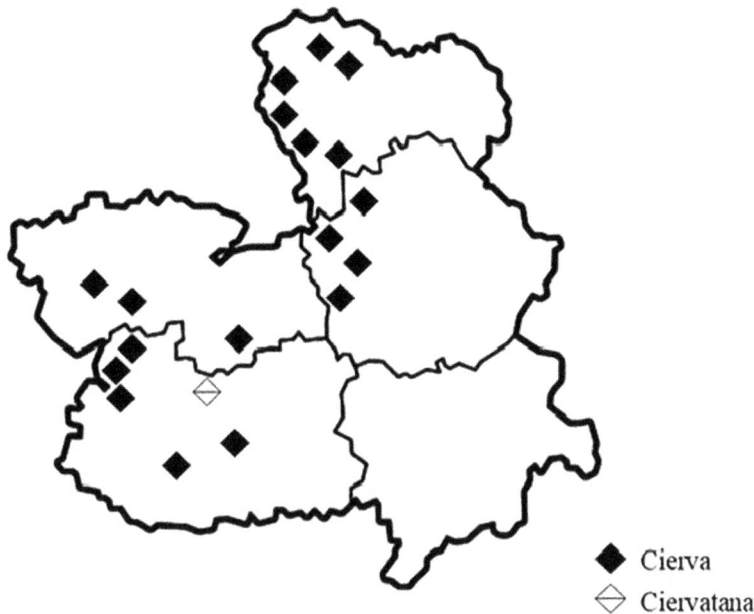

Ilustración 6: Elaboración propia del mapa 102 del *ALECMAN* 'Santateresa'.

Como se puede ver en el mapa —en esta zona distinguidora—, todas las realizaciones son con /θ/ y no con /s/. Se podría pensar que la etimología de *sierva* 'servidora, sirviente' no es la tendencia en el español como sí lo es en otras lenguas romances: por ejemplo, en el italorromance abundan las formas que responden a un sintagma lexicalizado cuya base es *serva*, itc. [*sérva de lupréte*] "sierva del sacerdote", pero en español —en zonas no ceceantes— encontramos *cierva* y *cervata* con muchas variaciones[17]. También es extraño que ninguno de los casos registrados del esp. "sierva" no tengan un determinante alusivo a su relación con Dios, con el demonio o con un cura, como se ve en otras zonas románicas (García Mouton, 2002: 251).

---

[17] Dentro de esta variación, García Mouton (2002: 252) también recoge "cervatana". La hemos excluido porque consideramos que son dos etimologías diferentes. Por un lado, *cierva*, *cervata* y *cervatica* 'animal' y, por otro, *cerbatana* 'canuto en que se introducen bodoques'.

En el *Atlas Dialectal de Madrid*[18] (*ADiM*, 2015), ningún informante da como respuesta para la *santateresa* "cierva" ni "cerbatana", pero un estudio recopilado por Fraile Gil (2014) sobre los nombres populares de la *Mantis religiosa* en Madrid documenta *cierva* en Guadalix de la Sierra, *cervatilla* en Algete y *cervata* en El Atazar, en Valdelaguna y en Puebla de la Sierra. En este último pueblo se recoge, además, una rima en forma de doble pareado:

Cervatita, pon tus manos,
que se han muerto tus hermanos,
y si no las pones bien
te morirás tú también.

Por otra parte, en el *Atlas lingüístico de Castilla y León* hay una serie de palabras no cartografiadas al final de la obra y se anotaron las respuestas obtenidas para la *santateresa* en las que dos informantes de la provincia de Ávila registran *servata*[19] en Av 400 (Aveinte) y *cervata* en Av 600 (San Juan de la Nava).

Por último, en Hispanoamérica, la voz *cerbatana* 'Mantis religiosa' se registra solamente en Venezuela, tal y como indica el *Diccionario de americanismos: s.v. cerbatana. Ve.* matacaballos, insecto[20] y el *Diccionario del habla actual de Venezuela* (1994). En cuanto al nombre popular *cierva* 'Mantis religiosa', no hemos podido documentarla en ninguna región de Hispanoamérica.

3. Consideraciones finales

En definitiva, con esta breve investigación se ha profundizado en dos denominaciones populares de la *Mantis religiosa* que ocasionaban grandes confusiones para los estudiosos. Después de abordar las principales dificultades, consideramos que la etimología popular *cierva* es la que predomina en español frente a *sierva*, a pesar de que esta última denominación se vincula con términos que reflejan la condición imaginaria de sirviente. Así mismo, incluimos las variantes de *cervata, cervatica* y *zarpatica* dentro de la familia léxica de *cierva*

---

[18] *Vid.* http://adim.cchs.csic.es/es/mapas
[19] Esta realización nos presenta confusión.
[20] *DAA, s.v. matacaballos.* m. *Co, Bo.* Insecto de hasta 10 cm de longitud, de tórax largo, antenas delgadas, con patas traseras muy desarrolladas y largas, patas anteriores provistas de fuertes espinas, color verde intenso o pardo. (Mantidae; *Mantis religiosa*). Sinónimos: *abracapalo; cerbatana; chimpilicoco; mula del diablo; ponmesa; tara.*

y no de *cerbatana* como se documenta en algunos repertorios léxicos. Por último, pensamos que las realizaciones de *sarpatana* (ALEICan, mapa 289) y *zarapatana* (ALEANR, mapa 419) son variantes ensordecidas de *cerbatana*.

En resumen, podemos decir que los datos recogidos en los atlas lingüístico-etnográficos y en los repertorios léxicos particulares nos permiten observar las localizaciones de estas lexías y las variaciones o coincidencias léxicas que se producen dentro de cada espacio geográfico en el mundo hispánico, y determinar con exactitud la extensión y pervivencia de las distintas formas empleadas para designar a una realidad concreta, como en esta ocasión se ha llevado a cabo con algunas denominaciones de la *Mantis religiosa*.

Bibliografía

Academia Canaria de la Lengua (2010). *Diccionario básico de canarismos*. Tenerife: ACL.

Alvar Ezquerra, Manuel (2000). *Tesoro léxico de las hablas andaluzas*. Madrid: Arco Libros.

Alvar López, Manuel (1990). *Estudios de geografía lingüística*. Madrid: Paraninfo.

Alvar López, Manuel (1975). *Atlas Lingüístico y Etnográfico de las Islas Canarias*. Las Palmas de Gran Canaria: Publicaciones del Excmo. Cabildo Insular.

Alvar López, Manuel (1979). *Atlas Lingüístico y Etnográfico de Aragón, Navarra y La Rioja*. Zaragoza: Diputación Provincial de Zaragoza, Institución "Fernando el Católico".

Alvar López, Manuel (1999). *Atlas Lingüístico y Etnográfico de Castilla y León*. Salamanca: Junta de Castilla y León.

Alvar López, Manuel *et al.* (1961). *Atlas Lingüístico y Etnográfico de Andalucía*. Madrid: Arco Libro.

Alvar López, Manuel, *et al.* (1995). *Atlas Lingüístico y Etnográfico de Cantabria*. Madrid: Arco Libro.

Atlas Lingüístico-Etnográfico de Colombia (ALEC), Instituto Caro y Cuervo (2017-2022). *Corpus del Atlas Lingüístico-Etnográfico de Colombia (ALEC)*. [en línea]. En Corpus Lingüísticos del Instituto Caro y Cuervo (CLICC).

Carrillo Machado, Antonio (2002). *Los nombres de los bichos en Canarias*. La Laguna: Academia Canaria de la Lengua.

Corominas, Joan y José Antonio Pascual (1991). *Diccionario crítico etimológico castellano e hispánico*. Madrid: Gredos.

Corrales Zumbado, Cristóbal y Dolores Corbella Díaz (1997). Zoonimia y botánica en el diccionario diferencial del español (Índice). *Estudios canarios: Anuario del Instituto de Estudios Canarios*, 42, pp. 73-112.

Corrales Zumbado, Cristóbal y Dolores Corbella Díaz (2002-2004). El ALEICan y los diccionarios. *Archivo de filología aragonesa*, 59-60, pp. 1203-1222.

Corrales Zumbado, Cristóbal y Dolores Corbella Díaz (2009). *Diccionario ejemplificado de canarismos*. Tenerife: Instituto de Estudios Canarios.

Corrales Zumbado, Cristóbal y Dolores Corbella Díaz (2013). *Diccionario histórico del español de Canarias (DHECan)*. [En línea] http://web.frl.es/DHECan.html [Consultado el: 10-03-2023].

Corrales Zumbado, Cristóbal, Dolores Corbella Díaz y M.ª Ángeles Álvarez Domínguez (1996). *Diccionario diferencial del español de Canarias*. Madrid: Arco Libros.

Corriente Córdoba, Federico (1998). Arabismos dialectales del iberorromance. *Estudios de dialectología norteafricana y andalusí*, 3, pp. 65-124.

Corriente Córdoba, Federico (2003). *Diccionario de arabismos y voces afines*. Madrid: Gredos.

Corriente Córdoba, Federico (2008). *Dictionary of Arabic and allied loanwords: Spanish, Portuguese, Catalan, Galician and kindred dialects*. Países Bajos: Brill.

Dorta Brito, Juan José (1989). *Palabras de ayer y de hoy*. Tenerife: Centro de Cultura Popular Canaria.

Fraile Gil, Joaquín (2014). La mantis verde en Madrid: la magia del *simbuscarle*. *Revista de Folklore*, 394, pp. 4-10.

García Mouton, Pilar (1987). Motivación en nombres de animales. *Lingüística Española Actual*, 9(2), pp. 189-198.

García Mouton, Pilar (2001). Les désignations romanes de la *Mantis religiosa*. *Commentaire*, pp. 239-280.

García Mouton, Pilar e Isabel Molina Martos (2015). *Atlas Dialectal de Madrid (ADiM)*. Madrid: CSIC [http://adim.cchs.csic.es/es].

González Salgado, J. Antonio (2000). *Cartografía lingüística de Extremadura: Origen y distribución del léxico extremeño*. Madrid: Universidad Complutense de Madrid.

Guerra Navarro, Francisco (1948). *Los cuentos famosos de Pepe Monagas*. Las Palmas: Cabildo Insular de Gran Canaria.

Guerra Navarro, Francisco (1977). *Léxico de Gran Canaria*. Las Palmas: Cabildo Insular de Gran Canaria.

Hernández Hernández, M.ª Esther e Isabel Molina Martos (1999). Los nombres de la luciérnaga en la geografía lingüística de España y América. *Géolinguistique*, 8, pp. 83-117.

Llorente Maldonado, Antonio (1987). *El léxico del tomo I del «Atlas Lingüístico y Etnográfico de las Islas Canarias»*. Cáceres: Universidad de Extremadura.

Luzón, M.ª Angustias (1987). Índices léxicos de los Atlas Lingüísticos Españoles. *Español Actual: Revista de español vivo*, 47, pp. 1-181.

Menéndez Pidal, Ramón (1961). *Atlas Lingüístico de la Península Ibérica*. Madrid: CSIC.

Moreno Fernández, Francisco (2020). *La lengua española en su geografía. Manual de dialectología hispánica*. Madrid: Arco Libros.

Moreno Fernández, Francisco y Pilar García Mouton (2003). *Atlas lingüístico (y etnográfico) de Castilla la Mancha*. Madrid: Universidad de Alcalá de Henares.

Morera Pérez, Marcial (2002). *Diccionario histórico etimológico del habla canaria*. Fuerteventura: Cabildo Insular de Fuerteventura.

Nebot Calpe, Natividad (1984). El castellano-aragonés en tierras valencianas (Alto Mijares, Alto Palancia, Serranía de Chelva, Enguera y la Canal de Navarrés). *Archivo de Filología Aragonesa*, 34-35, pp. 395-535.

Núñez, Rocío y Francisco Pérez (1994). *Diccionario del habla actual de Venezuela*. Caracas: Universidad Católica Andrés Bello.

Real Academia Española (2001). *Nuevo tesoro lexicográfico de la lengua española*. Madrid: Espasa Calpe.

Real Academia Española (2013). *Diccionario histórico de la lengua española (DHLE)* [en línea]. [Consultado el: 10-03-2023].

Real Academia Española y Asociación de Academias de la Lengua Española (2010). *Diccionario de americanismos*. Madrid: Santillana.

Real Academia Española y Asociación de Academias de la Lengua Española (2014). *Diccionario de la lengua española (DLE)*. Madrid: Espasa Libros. (23ª ed.).

Real Academia Española. Banco de datos (CDH) [en línea]. *Corpus del diccionario histórico de la lengua española*. <http://www.rae.es> [Consultado el: 10-03-2023].

Real Academia Española. Banco de datos (CORDE) [en línea]. *Corpus diacrónico del español*. <http://www.rae.es> [Consultado el: 10-03-2023].

Real Academia Española. Banco de datos (CORPES XXI) [en línea]. *Corpus del español del siglo XXI*. <http://www.rae.es> [Consultado el: 10-03-2023].

Real Academia Española. Banco de datos (CREA) [en línea]. *Corpus de referencia del español actual*. <http://www.rae.es> [Consultado el: 10-03-2023].

Real Academia Española. Banco de datos [en línea]. *Fichero general de la Real Academia Española*. <http://www.rae.es> [Consultado el: 10-03-2023].

Tauzin-Castellanos, Isabelle, *et al*. (1835). *Diario del viaje del presidente Orbegoso al sur del Perú*. Lima: Instituto Riva Agüero.

Nuevas perspectivas sobre el verdadero alcance de la influencia andaluza en el léxico canario

Narés García Rivero
Universidad de La Laguna
Instituto Universitario de Lingüística Andrés Bello

RESUMEN
El español de Canarias es una variedad hispánica que se clasifica, junto al español andaluz y al americano, bajo el marbete de «español meridional» o «español atlántico». En este sentido, resulta evidente la relevancia de Andalucía en el proceso de formación del habla canaria, dado que el occidente de esta región fue el punto de partida de la mayoría de las expediciones encargadas de la conquista y colonización del archipiélago.

Esta influencia ha sido un tema especialmente relevante en la bibliografía, hasta el punto de que la variedad canaria del español se ha considerado como una proyección del que se hablaba en el siglo XV en Andalucía occidental, especialmente en Sevilla. De este modo, puede rastrearse la huella andaluza en todos los órdenes lingüísticos, si bien suele apostillarse que en el plano léxico no es tan intensa.

Esta contribución pretende demostrar que el componente léxico de raigambre andaluza se ha visto minimizado debido a que, en muchos casos, se trata de voces compartidas con el occidente peninsular hispánico y con el portugués, por lo que la procedencia lusa remota se ha considerado tradicionalmente como su punto de partida más probable. No obstante, queda claro que la convergencia de orígenes parece ser la hipótesis etimológica más plausible en un número importante de casos.

Palabras clave: español, dialectología, lexicografía, occidentalismos, léxico, Canarias

1. Introducción

El acervo léxico canario constituye un reflejo de la multitud de contingentes humanos (castellanos, portugueses, normandos, etc.) que, dado el interés que despertaron las islas por su situación estratégica entre Europa, África[1] y América, llegaron a sus costas con la intención de obtener las ventajas geopolíticas que implicaba su control. En este sentido, investigadores como Morera (2016, 9-62) han demostrado que, en el archipiélago, se instauró un

---

[1] Véanse Morera (2021) y Cáceres Lorenzo (2011) para una visión más profunda sobre la influencia lingüística entre Canarias y África.

rico mosaico lingüístico cuyo reflejo perdura en el habla canaria actual y que es especialmente palpable en su vocabulario[2].

La variedad canaria se enmarca en lo que los tratadistas han denominado «español meridional» o, siguiendo la propuesta terminológica que Catalán (1958) planteó a finales de los años cincuenta del siglo pasado y que ha gozado de gran predicamento en la bibliografía, «español atlántico». Se trata de un marbete que alude a las características lingüísticas comunes a tres áreas dialectales que han sostenido durante siglos una intensa relación histórica, socioeconómica y lingüística: Andalucía, fundamentalmente la zona occidental, Canarias y América. La influencia andaluza en el español de Canarias es una de las características que han generado un importante consenso entre los investigadores de esta variedad hispánica, dado que este influjo se siente en todos los órdenes lingüísticos (fónico, gramatical y léxico-fraseológico). Tanto es así que Almeida y Díaz Alayón (1989, 13) afirmaban, a finales de la década de los ochenta, que «el español que se trae al Archipiélago es, en esencia, una proyección del que entonces se habla en Andalucía occidental, y la influencia metropolitana de Sevilla resulta manifiesta».

Ahondan también en esta idea Echenique Elizondo y Sánchez Méndez (2005, 328 y 329) cuando señalan que «las hablas canarias presentan muchos rasgos propios de las hablas meridionales del castellano que llegó a estas islas a finales del siglo XV, y, de hecho, pueden considerarse una extensión del andaluz occidental, pues fueron repobladas con inmigrantes venidos en su mayoría de esta región».

No obstante, es importante subrayar que los rasgos andaluces que se establecen en el español canario tienen una raigambre claramente occidental, pues los puertos de Sevilla y Sanlúcar de Barrameda fueron el punto de partida de la inmensa mayoría de las expediciones encargadas de los procesos de conquista y colonización del archipiélago. De esta circunstancia se infiere que la mayor parte de los grupos humanos que llegaron a las costas insulares durante los siglos XV y XVI eran oriundos del oeste andaluz, si bien, al contrario de lo que ocurre en el caso de América, no contamos para

---

[2] Véase Medina López (2023) para una visión de conjunto de la investigación diacrónica sobre la variedad canaria.

Canarias con estudios demográficos tan detallados y precisos como los de Boyd-Bowman que nos permitan determinar con seguridad la procedencia de los conquistadores y colonos. Es por lo que tratadistas como Medina López consideran esta indeterminación del origen de los primeros colonos como uno de los mayores escollos para los estudios diacrónicos del español de Canarias. Este último investigador señalaba hace tres décadas que «sería deseable contar con los datos que, al igual que hicieran Henríquez Ureña (1932) o Boyd-Bowman (1964) para toda América, determinaran la procedencia de los colonizadores de las islas y qué incidencia real tuvo en la formación de la lengua» (1994-95, 227).

Aun con estas limitaciones, parece haber indicios (tanto lingüísticos como históricos y demográficos) suficientemente sólidos como para afirmar que el contingente andaluz fue el más relevante. Así lo consideran Lorenzo Ramos y Ortega Ojeda (1998, 26), quienes afirmaban que «el grupo más numeroso procede de Andalucía occidental, pero también abundan los extremeños. Junto a ellos son muy numerosos los de lengua portuguesa, en su mayoría artesanos, marineros y campesinos».

Así, la variedad que se impuso en las islas, como ya se ha señalado anteriormente, presentaba una clara influencia del habla sevillana. Algunos de los rasgos del occidente andaluz que pueden observarse en el español del archipiélago son el seseo, el uso de la /s/ predorsal —si bien esta no es la única realización que puede encontrarse en el habla canaria (véase Almeida y Díaz Alayón, 1989, 52-53)—, la aspiración de [-s] en posición implosiva —a excepción de lo que ocurre en la isla de El Hierro, donde se conserva, sobre todo entre las generaciones mayores—, la realización aspirada faríngea del fonema /h/ en lugar del fricativo velar sordo castellano /x/, el uso de *ustedes* por *vosotros* —aunque se registra el uso de *vosotros* y sus formas asociadas en zonas conservadoras de Tenerife, La Palma y, especialmente, en toda la isla de La Gomera—, el uso etimológico de los pronombres átonos de tercera persona, la presencia de andalucismos léxicos (como, por ejemplo, *embelesar, telera* o *bocinegro*) en el acervo léxico canario, etc. Todas estas características constituyen una prueba fehaciente del papel tan relevante que desempeñó Andalucía, en especial su área occidental, en la conquista y colonización de las islas, así como en la configuración de su variedad lingüística.

2. El léxico canario y la influencia andaluza

Cuando se ahonda en el plano léxico, pueden distinguirse numerosos aportes al acervo léxico canario, que constituyen un reflejo de los distintos pueblos y lenguas que se establecieron en el archipiélago —o que tuvieron algún contacto con las islas— y que, durante los siglos XV y XVI, modelaron un panorama multilingüe que desembocó en la situación de monolingüismo actual[3].

Con el objetivo de analizar esta variedad de influencias, numerosos investigadores han establecido clasificaciones en las que se ahonda en los distintos componentes genéticos que constituyen el vocabulario canario. Así, en su «Introducción» al *Diccionario histórico-etimológico del habla canaria*, Morera (2006, 23) señala que su objetivo es «proporcionar una idea general de la naturaleza lingüística y cultural de las unidades que encontraremos en él».

La configuración del léxico canario es fruto de dos tendencias principales. Por un lado, la creación interna y, por otro, el contacto con otros pueblos y lenguas. De este modo, en el modelo de Morera (2006), se establecen, atendiendo a su lengua de origen, dos tipos principales de canarismos: i) los canarismos de raíz propiamente española y ii) los canarismos de raigambre extranjera o canarismos de préstamo.

El primer grupo está formado por dos subgrupos: a) unidades que tienen su origen en voces generales del idioma y que son fruto de los procesos de formación de palabras propios del español (composición, derivación, etc.), y también por b) aquellas palabras que proceden de voces hispánicas dialectales (andalucismos, americanismos, arcaísmos, etc.). Por su parte, el segundo grupo está constituido por palabras de origen foráneo o extranjero que se han adaptado al español. Entre los diferentes orígenes que se registran, podemos destacar guanchismos[4], galicismos, arabismos, portuguesismos y anglicismos.

Centrándonos en el tema que nos ocupa, los canarismos de procedencia andaluza se han considerado tradicionalmente como un reducido grupo de voces que fueron introducidas en el archipiélago desde el mediodía peninsular y que fueron traídas e implantadas en el español de Canarias desde principios del siglo XV. Además, cabe destacar, tal y como apunta Morera (2006, 27), que la mayor parte de estas voces pueden incluirse en tres grandes ámbitos

---

[3] Esta cuestión ha sido ampliamente estudiada por Morera (2016) en su libro *La españolización de las islas Canarias: lengua y cultura*.

[4] Véase Morera (2014).

designativos: las actividades agrícolas y ganaderas, las actividades marineras y las actividades domésticas y familiares.

Sin embargo, resulta llamativo que la intensa influencia andaluza que puede rastrearse en el español de Canarias se sienta con mucha menor intensidad en el plano léxico que en el resto de los planos lingüísticos. Esto puede explicarse teniendo en cuenta que Andalucía fue un territorio que funcionó como puente «entre Canarias y el norte y occidente peninsulares, al adaptar ciertas voces originarias de estas regiones» (Morera, 2006, 27), por lo que muchas palabras que llegaron a Canarias desde Andalucía se han etiquetado en la bibliografía especializada principalmente como portuguesismos. Esto es algo que ya señalaban Echenique y Sánchez Méndez en su caracterización sobre el canario: «en el léxico se pueden rastrear las distintas influencias históricas: guanchismos, portuguesismos, occidentalismos (venidos con el andaluz) y americanismos» (2005, 329).

Para poder explicar esta minimización de la influencia andaluza en el léxico canario, hay que poner el foco en el concepto de *occidentalismo*, un término de base geográfica que propone una división dialectal vertical[5], frente a la clásica división horizontal que se ha empleado en la tradición dialectológica, y que acoge voces de muy variada procedencia. No obstante, se trata de un marbete que no se ha utilizado en la literatura científica de una forma unívoca, por lo que no siempre queda claro qué unidades se incluyen bajo esta etiqueta. En este sentido, si se hace un repaso de las principales investigaciones que se han realizado sobre este tema en el español de Canarias[6], se observa que la mayor parte de los trabajos se enfocan en los occidentalismos de raigambre portuguesa, relegando a un plano secundario al resto de territorios del poniente peninsular. Así, puede concluirse que el término «occidentalismo» se ha empleado en la bibliografía de dos formas diferentes: i) en sentido amplio, es decir, abarcando todas las voces procedentes del occidente peninsular —incluidos los portuguesismos—, y ii) en sentido estricto, considerando solo

---

[5] Fernández-Ordóñez (2015: 387) hace alusión a una doble división dialectal (vertical y horizontal) del español en la península Ibérica.

[6] Díaz Alayón (1987-1988) lleva a cabo un análisis bibliográfico que abarca todos los estudios sobre occidentalismos léxicos en el español canario desde las primeras fuentes documentales que los registran ya desde los siglos XVI y XVII hasta los publicados en la década de los años 80, que es precisamente cuando ve la luz su artículo.

las voces de raigambre occidental hispánica. En otras palabras, excluyendo las voces procedentes directamente de la lengua lusa.

Es interesante la afirmación de Cáceres-Lorenzo (2015, 182), que pone de manifiesto este problema terminológico cuando señala que

> Otra cuestión que oscurece la transmisión de los conocimientos que tenemos sobre estos préstamos léxicos se refiere a la designación conceptual. En la fundamentación de la utilización del concepto de portuguesismo (más restrictivo) u occidentalismo léxico (más general) no contamos con datos que avalen una posible elección entre ambos. La finalidad de la denominación occidentalismo es doble; por un lado, permite adjudicar un origen (occidente peninsular) a palabras que suponen un problema de clasificación; y, por otro, ratifica el convencimiento general de que muchas voces tenidas en el canario como portuguesismos están presentes en otros enclaves geográficos peninsulares: Andalucía, Extremadura y en el área de influencia del leonés (Asturias, León, Salamanca y Zamora).

Para Llorente (1981, 193-194), la forma de determinar qué voces son propiamente portuguesas y diferenciarlas del resto de voces occidentales implicaba «confrontar el léxico canario de probable origen luso con el léxico andaluz» y añadía: «no considero portuguesismos, a no ser algún caso aislado con características especiales que aconsejan un tratamiento diferente, las voces que, presentando inequívoco carácter occidental, y al mismo tiempo, de uso corriente en portugués, están hoy documentadas y vivas en toda la Andalucía occidental o gran parte de ella» (1981, 193-194).

Además, hay que puntualizar, tal y como indicaba Ariza (1995, 87-88), que el término «occidentalismo no se opone a leonesismo o lusismo, sino que es más bien un concepto geográfico, pues en general el origen de su propagación se deberá a leoneses o a portugueses».

Esto es lógico, por otra parte, si se tiene en cuenta que, como ya manifestaba López de Aberasturi, «en nuestras hablas [andaluzas] se registran extremeñismos (voces privativas de Cáceres y/o Badajoz), palabras comunes también al gallego y/o portugués, términos que aparecen formando un *continuum* dialectal desde Asturias hasta Huelva y Sevilla, voces que, siendo propias del norte y centro del reino leonés, "vuelven a aparecer" en el occidente andaluz, etc.» (1992, 180).

Esta relación del occidente peninsular, Andalucía y Canarias, que, como hemos visto, tiene un claro reflejo en el plano lingüístico, puede explicarse también por cuestiones histórico-demográficas. En esta línea, y sin ánimo de exhaustividad, hay que destacar dos factores fundamentales. Por un lado, la repoblación de Andalucía la Bética durante el siglo XIII con colonos cristianos procedentes del occidente peninsular, concretamente del reino castellano-leonés, que trajeron consigo sus particularidades lingüísticas. Y, por otro lado, el hecho de que precisamente esta zona de la Andalucía occidental haya sido el origen de la mayor parte de los colonizadores que viajaron al archipiélago. Esta última circunstancia queda demostrada, como ya se ha apuntado más arriba, gracias a los rasgos característicos del andaluz occidental que pueden todavía hoy rastrearse en la variedad canaria y también a la onomástica de los conquistadores que tomaron como apellido su lugar de origen. Así, encontramos apellidos como Avilés, Oviedo, Astorga, Sahagún, León, Cáceres, Trujillo, Plasencia, Alcántara, Mérida, Zamora, Sevilla, Málaga, etc., que apuntan a una procedencia occidental hispánica y andaluza.

Teniendo en cuenta lo anterior, en este trabajo emplearemos *occidentalismo* en su sentido más restrictivo, es decir, excluyendo los portuguesismos, si bien queda clara la dificultad para determinar qué voces son portuguesismos propiamente dichos en el marco del léxico de raigambre occidental[7]. Esto provoca que, en muchas ocasiones, la hipótesis más plausible sea la convergencia de orígenes portugués y occidental hispánico.

En suma, los occidentalismos pueden definirse como voces originarias del occidente peninsular hispánico —desde Asturias hasta Andalucía occidental, pasando por León, Zamora, Salamanca y Extremadura— que se incorporaron al caudal léxico del archipiélago canario traídas por los conquistadores y colonizadores llegados principalmente desde las tierras occidentales de Andalucía y desde Extremadura.

3. Objetivos y metodología

Una vez establecido el marco teórico de la investigación, podemos determinar los objetivos principales de este estudio. En primer lugar, el análisis de la relación del español de Canarias con el poniente peninsular hispánico,

---

[7] Sobre esta cuestión señalaba Llorente (1981, 193) que «es obligado reconocer lo difícil que resulta dentro del léxico de carácter occidental aislar los portuguesismos propiamente dichos, es decir, las palabras que han llegado a las Islas Canarias directamente del portugués y no de las hablas leonesas ni del habla de la franja occidental extrema de la provincia de Huelva, plagada de préstamos léxicos lusos».

especialmente la zona de Andalucía occidental. Asimismo, con este trabajo se pretende alcanzar una determinación más precisa de la relevancia del componente léxico de procedencia andaluza en el archipiélago y explicitar algunas de las causas por las que el peso de este grupo de voces se ha visto minimizado y subestimado en la tradición dialectológica.

Considerando estos objetivos y desde el punto de vista metodológico, se ha llevado a cabo una revisión de un conjunto seleccionado de repertorios léxicos y diccionarios del occidente peninsular, que ha permitido recopilar un amplio listado de voces (más de 1200 unidades léxicas[8]) coincidentes con el material allegado en las principales obras lexicográficas del español de Canarias, si bien, dadas las limitaciones de este trabajo, solo podremos ofrecer el análisis de algunos ejemplos.

Los materiales lexicográficos seleccionados para el occidente peninsular han sido el *Diccionariu de la Llingua Asturiana* (DALLA) y el *Diccionario General de la Lengua Asturiana* (DGLA), ambos para Asturias; el *Léxico Leonés Actual* (LLA) y el *Diccionario de las Hablas Leonesas* (DHL), para León, Zamora y Salamanca; el *Diccionario Extremeño* (DE), para Extremadura; y el *Tesoro Léxico de las Hablas Andaluzas* (TLHA), para la zona andaluza. Por su parte, las obras escogidas para la variedad canaria han sido el *Diccionario de canarismos* (DC), el *Tesoro Lexicográfico del Español de Canarias* (TLEC), el *Diccionario Histórico-Etimológico del Habla Canaria* (DHEHC) y el *Diccionario Histórico del Español de Canarias* (DHECan).

Una vez reunido este material común a las zonas dialectales que nos ocupan, se han seleccionado algunos ejemplos para llevar a cabo un análisis en el que se contrastan las informaciones extraídas de los distintos diccionarios y repertorios y se pone el énfasis en cuestiones de carácter semántico, etimológico, de ámbito de uso, de distribución geográfica, etc. Esta fase es fundamental, pues permite demostrar cómo algunas voces que se han incorporado al acervo léxico canario llegadas muy probablemente desde Andalucía han sido etiquetadas en la tradición lexicográfica como portuguesismos debido a su presencia en la lengua lusa y al hecho de estar presentes también en zonas del occidente peninsular hispánico, lo que ha contribuido, como ya

---

[8] Algunas de estas unidades léxicas son voces que también se registran en la toponimia, mientras que otras solo se utilizan ya como topónimos. Véase García Rivero (2021).

se ha apuntado anteriormente, a la minusvaloración de la influencia léxica andaluza en Canarias.

4. Análisis de algunas voces de influencia andaluza en el español canario

Como se ha señalado en el apartado anterior, en este punto abordaremos el análisis de un pequeño grupo de voces que comparten el occidente peninsular, Andalucía y Canarias y cuya vía de entrada más probable en el archipiélago, dados los indicios lingüísticos e histórico-demográficos, es la zona occidental andaluza: *bago, canga, carozo, fechadura, hace/jace* y *lamber*.

4.1. *bago*

Se trata de una voz con una amplia documentación en los diccionarios y repertorios canarios. El *DC* la registra como 'cada uno de los frutos que con otros iguales forman un racimo, como el de la uva, el plátano, etc.'. También recoge numerosas documentaciones extraídas de otras fuentes el *TLEC*, la mayoría de ellas en el sentido de 'grano de uva'. En el caso del *ALEICan*, se incluyen tres usos: 'gajo del racimo, racimito de unos cuantos granos' (I, 138), 'grano de uva' (I, 140) y 'orujo' (I, 156). Por su parte, el *DHEHC* la define como 'cada uno de los frutos que con otros iguales forman un racimo' (Occ.) y 'gajo del racimo de uvas' (Lz, GC, Tf, Go), y señala que, desde el punto de vista etimológico, esta voz puede proceder bien del occidente español y andaluz, donde se emplea la forma *bago* en el mismo sentido, o bien del portugués *bago* 'qualquer pequeno fruto redondo e carnudo, semelhante ao da uva', 'grão de qualquer coisa, parecido àquele fruto'. Para terminar con la documentación lexicográfica canaria, el *DHECan* ofrece dos usos: 'grano de uva. Tb. gajo o grupo de uvas que constituye un racimo' y 'plátano [= fruto de la platanera]'.

En lo que respecta a la zona occidental peninsular, puede constatarse la presencia de este vocablo en Asturias, León, Salamanca, Zamora, Extremadura y Andalucía. Así, el *DALLA* (s.v. *bagu*) registra el uso de 'bagazu, restos [que queden dempués de mayar la uva, de mayar la mazana]', que coincide con el 'residuo de exprimir o machar una fruta' que documenta el *DGLA* (s.v. *bagu*), si bien este último repertorio añade el sentido de 'grano de uva'. El *LLA* la da como 'grano de uva' para León, siguiendo la línea del *DHL*, que sitúa ese mismo uso en Salamanca, Zamora y León. En relación con la zona extremeña, el *DE* ofrece el uso 'grano de uva, de cereal, etc.', concretamente para Mérida y Las Hurdes. Por último, y centrándonos ya en el territorio andaluz, el *TLHA* define esta voz como 'grano de uva' (*ALEA*: Huelva).

Puede apreciarse, por tanto, que los usos canarios coinciden con los que se registran en las obras lexicográficas dedicadas al occidente peninsular, por lo que la hipótesis de que se trate de un occidentalismo hispánico puede defenderse con una base sólida. Tanto es así que Alvar (1959, 130), ya a finales de la década de los cincuenta del siglo pasado, aseguraba que «se registra en el Bierzo, en salmantino y en extremeño» y concluía que «de ser cierta la hipótesis, se trataría de un nuevo leonesismo en el ámbito insular». Sin embargo, otros autores como Llorente (1987, *apud TLEC*, s.v.) consideraban que, si bien se trata de una voz común a toda la franja occidental peninsular desde León hasta Huelva, el hecho de que sea una palabra común en portugués hace que considere más probable la posibilidad de que se trate de un portuguesismo en Canarias. Teniendo en consideración estas opiniones y dadas las relaciones lingüísticas e histórico-demográficas del archipiélago tanto con Portugal como con el poniente peninsular hispánico, no parece fácil decantarse por ninguna de las dos hipótesis, por lo que la convergencia de orígenes se postula como la posibilidad más sensata en este caso.

4.2. *canga*

La palabra *canga* goza de una presencia nada desdeñable en la lexicografía canaria consultada. El *DC* incluye en sus páginas dos usos similares, pero con matices semánticos diferenciales y con una distribución geográfica distinta: 'especie de yugo para uncir por el cuello los bueyes' (LP, Go, Hi) y 'especie de yugo para las bestias de tiro' (Lz, Fv, Tf, Go). Además, estos mismos sentidos son iguales o muy similares a los que están presentes en las diecisiete documentaciones que referencia el *TLEC* en la entrada *canga*. Por su parte, el *DHEHC* define esta voz como 'yugo para bueyes' (LP, Go, Hi), 'yugo para dos bestias de tiro' (Lz, Fv, GC, Tf, Go) y 'palo un poco curvo, con una cuerda o cadena terminada en gancho en cada uno de los extremos que llevaban los aguadores atravesado en el cuello, para transportar las latas de agua'.

En el dominio occidental, se ha podido atestiguar la presencia de esta voz en Asturias, en León, en Salamanca, en Extremadura y en varias zonas de Andalucía. En la zona de influencia asturleonesa destacan usos relacionados como 'yugo especial que introduce la bestia por el cuello' (*DGLA*), 'yugo'

(Murias de Paredes, La Vecilla y Riaño) (*LLA*), 'conjunto de ganchos de madera que sirven de sostén a los asnales, para que los lleven las caballerías' (Salamanca) y 'arado dispuesto para una sola caballería' (Salamanca) (*DHL*). En lo que respecta a Extremadura, el *DE* documenta dos acepciones: 'yugo de dos caballerías' y 'la yunta de dos caballerías' (Badajoz). Por último, el mayor volumen de registros se sitúa en Andalucía, donde el *TLHA* la da como 'yunta de cualesquiera animales, excepto bueyes' (*DRAE*, *VOX*), 'yugo' (*ALEA*: Huelva), 'yugo de bestias' (*ALEA*: Huelva, Sevilla), 'ubio de arado' (*VAV*), 'arado para una sola bestia empleado en el cultivo del maíz' (*ALEA*: Cádiz, Sevilla; *DRAE*: Sal.), 'conjunto de aradillo y escalera' (*ALEA*: Sevilla), 'horcate para labrar con la candileta' (*ALEA*: Sevilla) y 'conjunto del animal con la escalera (armazón de hierro) a la que se une la garganta del arado' (*HL*: Lepe, Huelva).

Si se tiene en cuenta toda la documentación aducida, queda claro que se trata de una voz presente en toda la zona occidental peninsular, incluido el dominio portugués, por lo que no puede tratarse privativamente de un portuguesismo, un occidentalismo o un andalucismo. En esta línea, Llorente (1987, *apud TLEC*, s.v.) la incluía en el apartado de «Portuguesismos / occidentalismo o andalucismos». No obstante, dada la abundantísima documentación andaluza, la vía de entrada más probable en el archipiélago sería Andalucía occidental.

4.3. *carozo*

Esta voz solo aparece registrada por tres de las obras lexicográficas canarias consultadas, si bien se trata de una forma bastante extendida en las islas, sobre todo en las zonas rurales. El *TLEC* incluye diecinueve referencias documentales cuyos autores registran usos como 'carozo, palo que queda al desgranar una mazorca de maíz' (*ALEICan*, I, 46), 'corazón (de la pera)' (I, 265) y 'pedazo de pan duro, principalmente de corteza' (LP) (Pérez Vidal, 1991). También la recoge el *DHEHC* en los sentidos de 'piña de maíz poco desarrollada. Se suele usar como alimento para el ganado' (LP) y 'tallo de la planta de maíz'. El *DHECan*, por su parte, incluye los lemas *carozo*, *caroso* y *tarozo*, todos ellos en el sentido de 'zuro [= raspa de la mazorca de maíz después de desgranada]'.

Se trata nuevamente de una palabra localizada en prácticamente la totalidad del territorio occidental hispánico. En el dominio asturleonés, el *DALLA* (s.v. *caruezu*) la documenta como 'mazana [montés]', 'tarabucu [de la panoya de maíz]' y 'pebida [del piescu, de la ciruela], y el *DGLA* (s.v. *caruezu, caruozu, carruezu, carruozu, carozo* y *corozo*) como 'corazón de la mazorca, raspa de la panoja de maíz' y 'desperdicio de la fruta después de haberla comido con los dientes', además de otros usos que no tienen relación con las acepciones canarias, en ambos casos para Asturias. Además, el *LLA* la registra para León como 'hueso de algunas frutas, como del melocotón, la ciruela, etc.', 'corazón de la manzana' y 'corazón de la mazorca'. En la misma línea, el *DHL* la da como 'hueso del melocotón, ciruela, etc.' (León), 'corazón de la mazorca' (León) y 'residuo de la aceituna con que se ceba a los cerdos' (Salamanca).

Por otra parte, también se atestigua su uso en Extremadura, concretamente en Las Hurdes, donde se emplea en el sentido de 'orujo, residuo de la aceituna', y en Badajoz, como 'hueso de la fruta'. Asimismo, en Andalucía occidental, el *TLHA* incluye los usos siguientes: 'corazón de la pera' (*ALEA*: Huelva; *DRAE*), 'hueso del melocotón' (*ALEA*: Huelva; *DRAE*). Además, registra la forma *carrozo* como 'carozo' (*ALEA*: Cádiz) y 'corazón de la pera' (*ALEA*: Cádiz).

Si se tiene en cuenta toda la documentación, parece claro que estamos nuevamente ante una voz común a todo el occidente peninsular hispánico, desde Asturias hasta Andalucía. Tal y como afirmaba Llorente (1987, *apud TLEC*, s.v. *carozo*), «en la Baja Andalucía hemos recogido *carozo* en la mayor parte de la provincia de Sevilla y en la mitad norte de la provincia de Cádiz, precisamente con el significado de 'zuro, corazón de la mazorca' que tiene en Canarias», por lo que la hipótesis más probable es que se trate de una forma llegada al archipiélago en boca de los conquistadores y colonizadores andaluces.

4.4. fechadura

Se trata de una palabra considerada tradicionalmente como un portuguesismo claro, si bien la documentación que aporta la lexicografía regional sugiere un nuevo caso de convergencia de orígenes. No cabe duda de que su punto de partida es luso, pero puede haber llegado a las islas tanto desde Andalucía como desde Portugal.

Así, el *DC* la recoge como 'cierre de una puerta al que se le puede echar la llave' (Or.) y 'seriedad, formalidad, sensatez' (GC). Nuevamente, las dieciséis fuentes que referencia el *TLEC* incluyen sentidos afines a los que ofrece el *DC* y la mayoría de ellas, como es el caso de Llorente (1987) o Pérez Vidal (1991), la identifican como portuguesismo. Por otra parte, el *DHEHC* registra cuatro sentidos: 'acción o efecto de *fechar*' (GC, Tf, LP), 'cerradura' (Fv, GC, Go), 'aspecto de la cara, semblante. Se emplea generalmente en la expresión negativa *tener mala fechadura*' y 'seriedad, formalidad, sensatez' (GC). Por último, el *DHECan* ofrece solo una acepción: 'cerradura [= mecanismo con llave que sirve para cerrar]'.

En el dominio occidental, se ha podido atestiguar su uso en Salamanca, Extremadura y Andalucía. El *DHL* y el *DE* la documentan para Salamanca y Extremadura respectivamente en el sentido de 'cerradura'. Asimismo, el *TLHA* la registra en el mismo sentido para varias zonas de Huelva.

4.5. *hace/jace*

En la lexicografía regional canaria, el *TLEC* (s.v. *jace*) reúne cinco fuentes que la documentan en el sentido de 'haz'. Asimismo, el *DHEHC* (s.v. *hace*) la registra como 'porción atada de mieses, que se suele llevar al costado' y 'cada una de las dos partes laterales del cuerpo humano' (Go). También la documenta el *DHECan* (s.v. *hace* y *jace*) como 'haz [= porción atada de mieses, lino, hierbas, leña u otras cosas semejantes]'.

En lo tocante al occidente peninsular hispánico, el *DHL* (s.v. *hace*) la define como 'haz' para Salamanca. El *DE* (s.v. *haci*) atestigua su uso en Extremadura, concretamente en Las Hurdes, Coria y Torrejoncillo, en el mismo sentido. Por último, en Andalucía, el *TLHA* la recoge como 'haz' (*VAV*, Huelva; *HJ*: Jerez de la Frontera, Cádiz).

4.6. *lamber*

Lamber (así como sus derivados *lambear, lambuciar, lambido*, etc.) es una voz que presenta un rasgo formal característico de las hablas leonesas como es el mantenimiento del grupo latino -*mb*-, si bien es una forma que también está presente en portugués y en el español antiguo. No obstante, dada la documentación que se presenta a continuación parece muy probable que haya llegado a Canarias desde el occidente peninsular hispánico.

En la lexicografía insular, el *DC* la registra como 'lamer', al igual que hace el *TLEC*, que incluye once documentaciones de autores como Alvar (1959). Del mismo modo, el *DHEHC* la recoge como 'pasar repetidas veces la lengua por una cosa' y el *DHECan* como 'lamer'.

En el dominio occidental peninsular, puede atestiguarse su uso en Asturias, León, Salamanca, Extremadura y Andalucía. Así, el *DALLA* (s.v. *llamber*) la da como 'pasar la llingua per [daqué o daquién] t. prnl.' y el *DGLA* (s.v. *llamber*) como 'lamer'. Por su parte, el *LLA* la define como 'lamer' (Bierzo, Murias de Paredes, La Vecilla, Riaño, León, Sahagún, Valencia de Don Juan, La Bañeza, Cabrera y Astorga) y el *DHL* en el mismo sentido para León y Salamanca. En la zona extremeña, el *DE* la registra como 'lamer, chupar' (Mérida, Las Hurdes). Para terminar, el *TLHA* la recoge para varios territorios andaluces como 'lamer' (*ALEA*: Cádiz, Huelva, Málaga, Sevilla).

5. Conclusiones

Las principales conclusiones que pueden extraerse de este estudio tienen que ver con la relevancia e influencia del occidente peninsular hispánico, especialmente de Andalucía, en el archipiélago canario y con cómo estas circunstancias históricas y demográficas se han reflejado en el habla de este territorio.

En este sentido, es evidente que Canarias fue una región a la que llegaron gentes procedentes de todo el occidente peninsular. Los dos contingentes principales estaban compuestos por andaluces y extremeños —cuyos territorios habían sido repoblados durante el siglo XIII por castellanos, leoneses, asturianos, etc.— y por portugueses, principalmente agricultores, pescadores, comerciantes, ganaderos y artesanos.

Es precisamente esta doble vertiente la que dificulta la determinación de la vía de entrada de gran parte del material léxico que comparten estas zonas, lo que, en muchos casos, revela la convergencia de orígenes luso y occidental hispánico como la hipótesis más plausible. En la tradición lexicográfica, como se ha comentado a lo largo de este trabajo, se ha privilegiado de manera clara la procedencia lusa como la vía más probable. No obstante, parece más sensato y riguroso acudir a las exhaustivas obras que estudian el léxico del poniente peninsular hispánico, cuyo contraste con los repertorios canarios demuestra —si bien en estas páginas solo hemos podido ver algunos ejemplos debido a las limitaciones de extensión— que un grupo nada desdeñable de este vocabulario es compartido no solo con Portugal, sino con la franja que se extiende desde Asturias hasta Andalucía, lugar desde donde es probable que haya podido llegar este material a las costas canarias.

Puede, por tanto, afirmarse que una porción del léxico que se ha tenido tradicionalmente por luso puede haber llegado a las islas por la vía andaluza o incluso por ambos caminos —como ocurre en los casos de convergencia—, lo que demuestra que el remoto origen luso de muchas voces ha contribuido a la minimización del peso del componente andaluz en el acervo léxico insular. En cualquier caso, debe evaluarse cada voz de forma individual y teniendo en cuenta las actividades que desarrollaron estos grupos humanos en el archipiélago, pues puede ser un indicio relevante a la hora de decantarse por un origen u otro.

Una parte considerable del léxico que nos ocupa pertenece a ámbitos designativos ya declinantes y que están ligados a actividades tradicionales como la agricultura, la ganadería o la pesca, que están perdiendo peso en un marco económico insular cuyo eje es el sector servicios. Esto determina que se trate, en algunos casos, de un vocabulario próximo a la desaparición y ajeno a las nuevas generaciones (mayoritariamente urbanas). Sin embargo, también hay palabras de raigambre occidental que demuestran una exuberante vitalidad.

También son muy interesantes los casos de occidentalismos que exhiben algunas características formales —como puede ser, por ejemplo, el mantenimiento del grupo latino -mb- en *lamber*— que las identifican, en el criterio de los hablantes comunes, como «deformaciones» de voces normativas. Así, este tipo de unidades llevan aparejada una consideración sociolingüística muy negativa, que incita a los usuarios de la variedad canaria a evitar su uso. Esto no es algo novedoso, pues es famosa la obra publicada a principios del siglo XX *Serie de barbarismos, solecismos, aldeanismos y provincialismos que se refieren especialmente al vulgo tinerfeño* de Reyes Martín. En ella, el autor realiza, imitando la fórmula del *Appendix Probi*, una serie de consideraciones normativas del tipo: «(No digáis) *Lamber*. (Decid) *Lamer*».

En definitiva, el occidente peninsular es una región que contribuye de manera fundamental a explicar buena parte los fenómenos lingüísticos que caracterizan la variedad canaria y arroja luz sobre la proveniencia de su acervo léxico.

Bibliografía

Academia De La Llingua Asturiana (s.a.). *Diccionariu de la Llingua Asturiana* (*DALLA*). Disponible en http://www.academiadelallingua.com/diccionariu/

Alcalá Venceslada, Antonio (1998) [1934]. *Vocabulario andaluz* (*VAV*), Jaén: Universidad de Jaén y Caja Sur.

Almeida Suárez, Manuel y Carmen Díaz Alayón (1989). *El español de Canarias*, Santa Cruz de Tenerife: Litografía A. Romero S. A.

Alvar Ezquerra, Manuel (2000). *Tesoro léxico de las hablas andaluzas*, Madrid: Arco Libros S.L.

Alvar López, Manuel (1959). *El español hablado en Tenerife*, Madrid: CSIC.

—— (1975-1978). *Atlas Lingüístico y Etnográfico de las Islas Canarias* (*ALEICan*) (3 vols.), Las Palmas de Gran Canaria: Cabildo Insular de Gran Canaria.

—— (1991) [1961-1973]. *Atlas Lingüístico y Etnográfico de Andalucía* (*ALEA*), con la colaboración de Antonio Llorente y Gregorio Salvador (3 vols.), 2.ª edición, Madrid: Arco Libros.

Ariza Viguera, Manuel (1995). «Leonesismos y occidentalismos en las lenguas y dialectos de España», en *Philologia hispalensis*, 10, pp. 77-88.

Cáceres-Lorenzo, María Teresa (2011). «Claves para entender la influencia de las lenguas africanas en el vocabulario español atlántico durante la colonización europea de Canarias», en *Itinerarios*, 13, pp. 53-61.

—— (2015). «Portuguesismos y occidentalismos en las hablas canarias. Aportaciones desde el léxico dialectal sincrónico», en *Studium Grammaticae: homenaje al profesor José A. Martínez*, pp. 181-195.

Catalán, Diego (1989) [1958]. «Génesis del español atlántico (ondas varias a través del océano)», en *El español. Orígenes de su diversidad*, Madrid: Paraninfo, pp. 119-126.

Corrales Zumbado, Cristóbal y Dolores Corbella Díaz (s. a.). *Diccionario Histórico del Español de Canarias* (*DHECan*). Disponible en https://apps2.rae.es/DHECan.html

Corrales Zumbado, Cristóbal; Dolores Corbella Díaz y M.ª Ángeles Álvarez Martínez (1996) [1992]. *Tesoro lexicográfico del español de Canarias* (*TLEC*) (3 tomos), Madrid: Real Academia Española y Gobierno de Canarias.

Díaz Alayón, Carmen (1987-88). «Los estudios de los occidentalismos léxicos en el español de Canarias. Materiales bibliográficos», en *Revista de Filología, Universidad de La Laguna*, n.º 6 y 7, pp. 151-166.

Echenique Elizondo, M.ª Teresa y Juan Sánchez Méndez (2005). *Las lenguas de un reino. Historia lingüística hispánica*. Madrid: Gredos.

Fernández-Ordóñez, Inés (2015). «Dialectos del español peninsular», en Javier Gutiérrez Rexach (coord.) *Enciclopedia de Lingüística Hispánica*, vol. 2, Londres: Routledge, pp. 387-404.

García Arias, Xose Lluis (s.a.). *Diccionario General de la Lengua Asturiana (DGLA)*. Disponible en https://mas.lne.es/diccionario/

García Rivero, Narés (2021). «Occidentalismos toponímicos del español de Canarias», en Juana Herrera Santana y Ana Díaz Galán (coords.) *Aportaciones al estudio de las lenguas: perspectivas teóricas y aplicadas*, Berlín: Peter Lang, pp. 189-202.

Le Men, Janick (2002-2012). *Léxico del leonés actual*, 6 volúmenes, León: Centro de Estudios e Investigación "San Isidoro". Disponible también su edición digital en https://lla.unileon.es/

Llorente Maldonado De Guevara, Antonio (1981). «Comentario de algunos aspectos del léxico del tomo II del *ALEICan*», en Manuel Alvar (coord.), *Actas del I Simposio Internacional de Lengua Española (1978)*, Las Palmas de Gran Canaria: Excmo. Cabildo Insular de Gran Canaria, pp. 181-189.

—— (1987). *El léxico del tomo I del «Atlas Lingüístico y Etnográfico de las Islas Canarias»*. Extremadura: Universidad de Extremadura.

López De Aberasturi Arregui, Ignacio (1992). «Leonesismos léxicos de carácter migratorio en Andalucía», en *Actas del II Congreso Internacional de Historia de la Lengua Española*, tomo II, Madrid: Pabellón de España, pp. 179-186.

Lorenzo, Antonio, Marcial Morera y Gonzalo Ortega (1994). *Diccionario de canarismos (DC)*, La Laguna: Francisco Lemus.

Lorenzo Ramos, Antonio y Gonzalo Ortega Ojeda (1998). «El español en Canarias», en *El español en Canarias. Desarrollo del currículo*, Arucas: Consejería de Educación, Cultura y Deportes del Gobierno de Canarias y Gráficas Guiniguada S.L., pp. 17-81.

Medina López, Javier (1994-95). «Dialectología y diacronía en el español de Canarias: perspectivas futuras», en *Revista de Filología Románica*, n.º 11-12. Madrid: Servicio de Publicaciones de la Universidad Complutense de Madrid.

—— (2023). «La investigación diacrónica sobre el español de Canarias: una visión historiográfica», en *Lexis*, XLVII (2), pp. 633-677.

Mendoza Abréu, Josefa M. (1985). «Léxico», en *Contribución al estudio del habla rural y marinera de Lepe (Huelva) (HL)*. Huelva: Excma. Diputación Provincial de Huelva, pp. 141-229.

Miguélez, Eugenio (1998). *Diccionario de las hablas leonesas: León, Salamanca y Zamora (DHL)*, Zamora: Ediciones Monte Casino.

Morera, Marcial (2006). *Diccionario histórico-etimológico del habla canaria: con documentación histórica y literaria (DHEHC)*, Fuerteventura: Cabildo de Fuerteventura, Servicio de Publicaciones.

—— (2014). «Clasificación de los restos de la lengua guanche según su grado de integración en español», en *Revista de Filología Española*, xcix, pp. 279-302.

—— (2016). *La españolización de las Islas Canarias: lengua y cultura*. Puerto del Rosario: Cabildo de Fuerteventura y Archivo General Insular.

—— (2021). «Saharianización lingüística de Canarias / canarización lingüística del Sáhara», en *Anuario de Estudios Atlánticos*, 67, pp. 1-27.

Pérez Vidal, José (1991). *Los portugueses en Canarias. Portuguesismos*. Las Palmas de Gran Canaria: Cabildo Insular de Gran Canaria.

Plata, Juan de la (1991). *Vocabulario jerezano (HJ)*, 2.ª ed. Cádiz: Diario de Cádiz-Ingrasa.

Real Academia Española (1992). *Diccionario de la Lengua Española (DRAE)*, 21.ª edición. Madrid: Espasa Calpe.

Reyes Martín, Juan (s.a.) [¿1918?]. *Serie de barbarismos, solecismos, aldeanismos y provincialismos que se refieren especialmente al vulgo tinerfeño, coleccionados y traducidos al lenguaje corriente con notas explicativas y comprobativas*, Santa Cruz de Tenerife.

Viudas Camarasa, Antonio (1980). *Diccionario Extremeño (DE)*. Cáceres: Servicio de Publicaciones de la Universidad de Extremadura.

VOX (1987). *Diccionario General Ilustrado de la Lengua Española (VOX)*. Barcelona: Biblograf, s.a.

El *Atlas Lingüístico y Etnográfico de Andalucía* en contraste con los otros atlas regionales del español de España[1]

Carolina Julià Luna
Universidad Nacional de Educación a Distancia

RESUMEN
La presente investigación tiene como objetivo principal la comparación del *ALEA* con los atlas regionales que se publicaron posteriormente. Para llevar a cabo este estudio se parte del análisis y del contraste de los datos de los índices de siete atlas lingüísticos regionales (el *ALEA*, el *ALEICan*, el *ALEANR*, el *ALECant*, el *ALCyL*, el *ALeCMan* y el *ADiM*). Los resultados del examen permiten comprobar que, a pesar de que el *ALEA* sirve de modelo para los atlas posteriores, la evolución de los atlas regionales lleva a una simplificación del esquema onomasiológico en el que se estructuran los datos léxicos y a un aumento del interés por los datos morfosintácticos. Asimismo, el cotejo también muestra que el número de mapas compartidos entre todos los atlas es relativamente bajo.

Palabras clave: atlas lingüístico, geolingüística regional, semántica, Andalucía

1. Introducción

El *Atlas Lingüístico y Etnográfico de Andalucía* (ALEA) es una pieza clave en la geografía lingüística española y románica, ya que constituye el primer resultado completo del método lingüístico-cartográfico aplicado al estudio del español en la península ibérica. Cuando Alvar empieza a trabajar en la redacción del cuestionario y en el diseño del atlas andaluz (Alvar 1953) todavía no se había publicado el primer volumen del atlas nacional (*Atlas Lingüístico de la Península Ibérica*) —aunque sí pudo consultar su cuestionario (González González 1992: 156)— y en España los únicos atlas con los que contaban los dialectólogos se circunscribían al área de Cataluña y recogían solamente

---

[1] La presente investigación se ha desarrollado en el marco de los proyectos «CORPAT-PEPLEs: corpus digital para la preservación y el estudio del patrimonio lingüístico del español» (TED2021-130752A-I00), financiado por MCIN/AEI/10.13039/501100011033 y por la Unión Europea «NextGenerationEU»/PRTR; y el proyecto «CORPAT: lengua oral y cambio lingüístico en los atlas españoles» (CORPAT - LOCALEs) (PID2022-136628NB-I00) financiado por MCIN/AEI/10.13039/501100011033 / FEDER, UE.

datos para el catalán (*Atlas Lingüístic de Catalunya*, conocido como *ALC*, de Antoni Griera).

En estas circunstancias, tanto el trabajo de preparación como el de cartografiado del *ALEA* supusieron un reto, pues se preparaba un atlas regional, al estilo de los atlas regionales europeos de Francia y de Rumanía, sin el modelo nacional previo finalizado. Por ello, una de las cuestiones más interesantes en el estudio y conocimiento de este atlas —además de que ofrecía por primera vez datos empíricos sobre el español recogidos a partir del método geolingüístico— son las diferencias con sus antecesores nacionales e internacionales. Los rasgos que distinguen este atlas de los que se habían publicado hasta ese momento, y de los que estaban en proceso, constituyeron una gran aportación a la geografía lingüística hispánica (Alvar 1953, 1964, 1968, 1991) y lo convirtieron en un modelo para el desarrollo y la consolidación de la cartografía dialectal sobre el español, de forma similar a lo que fue el *Atlas Linguistique de la France* de Jules Gilliéron (Iordan 1967: 478) para Francia. Esto ha generado que el *ALEA* (y también sus datos) sea uno de los atlas regionales más estudiado de todos los que se han publicado sobre el español europeo.

Desde el punto de vista metodológico, la ausencia de un atlas nacional del español generó que a partir de la publicación del atlas andaluz los regionales posteriores mantuvieran entre ellos una gran coherencia metodológica y de contenido con el fin de asegurar una amplia base de comparación entre ellos. Esto se advierte, según González González (1992: 156-157), en las coincidencias entre los cuestionarios, en cuya creación se buscó la máxima proximidad «y no perderse en un fraccionamiento poco operante». Las diferencias que se pueden encontrar en los cuestionarios responden, según el mismo investigador, a dos cuestiones (González González 1992: 159-160): por un lado, a la experiencia adquirida previamente a partir de los resultados del *ALEA*, que llevó reestructurar algunas secciones y, por otro lado, a «la necesidad de responder a la realidad que va a ser investigada, y ello tanto en la fonética como en la morfosintaxis y el léxico».

En el presente capítulo se pretende aportar una visión nueva y complementaria al nada desdeñable número de trabajos que hasta la actualidad han examinado el *ALEA*. El análisis se va a realizar a partir del contraste del índice del atlas andaluz con los índices del resto de los atlas regionales que le sucedieron (el *ALEANR*, el *ALEICan*, el *ALECant*, el *ALCyL*, el *ALeCMan*, el *ADiM*). La comparación se llevará a cabo desde una perspectiva cuantitativa y cualitativa con el fin de ver cuál es la relación que mantienen estos materiales con el patrón metodológico establecido en el *ALEA*. El resultado del contraste de los índices de los atlas (número de mapas que presentan, tipo de mapas que incluyen, número de conceptos no cartografiados, campos semánticos que analizan, etc.) servirá, por tanto, para comprender la deuda de los atlas posteriores con su antecesor y también será la base para la selección de los conceptos que van a formar parte del *Corpus de los atlas lingüísticos* (*CORPAT*).

1.1. El Corpus de los Atlas Lingüísticos (CORPAT)

El proyecto CORPAT-PEPLEs (acrónimo de «Corpus digital para la preservación y el estudio del patrimonio lingüístico del español») tiene como objetivo primordial el desarrollo de un corpus digital para la preservación y el estudio del patrimonio lingüístico del español conformado por algunos datos de los atlas regionales del español. Estos materiales, en su mayoría, solo podían consultarse en formato impreso en las bibliotecas hasta hace relativamente poco[2]. Desde la concesión del proyecto (diciembre de 2022) se está trabajando en el desarrollo de los siguientes propósitos: (a) el estudio, selección y recogida de datos para el análisis y la informatización en el corpus en línea (*CORPAT*), cuyas características y funcionalidades se describen en Julià (2021a, 2022 y 2023); (b) el perfeccionamiento, la ampliación y la corrección de las funcionalidades de la herramienta; (c) el análisis, estudio y tratamiento de la información léxico-semántica en los mapas seleccionados; y (d) el examen, estudio y tratamiento de la información fonética contenida en los mapas seleccionados.

La presente investigación constituye específicamente parte de los trabajos que se están llevando a cabo en el proyecto para la consecución del primer

---

[2] Desde el primer trimestre de 2023, la Biblioteca Virtual Miguel de Cervantes ha puesto a disposición de quien quiera consultarlos los volúmenes en formato imagen de la mayoría de los atlas regionales (*ALEA*, *ALEICan*, *ALEANR*, *ALEICan* y *ALECant*). El único al que hasta la fecha no puede accederse de forma libre es el *ALCyL*. El *ADiM* y el *ALeCMan* son atlas nativos digitales, por lo que sus datos se encuentran desde que se publicaron en acceso abierto.

objetivo. Para conocer otros resultados vinculados al resto de finalidades científicas, puede consultarse Rost *et al.* (2023).

2. Objetivos y contribuciones esperables del estudio

Los objetivos de la presente investigación son tres. En primer lugar, comparar la estructura, la organización y el contenido de los atlas lingüísticos regionales del español europeo a partir del cotejo de sus índices para comprobar el grado de coincidencia real que mantienen entre ellos. Se parte de la hipótesis de que esta concurrencia es elevada, ya que los materiales cotejados comparten las bases metodológicas (Álvarez 2016) y, en la práctica, sus cuestionarios «mantienen un porcentaje elevado de cuestiones comunes, lo que garantiza su comparabilidad» (García Mouton 2023: 43). Para la consecución de este objetivo se ha informatizado y categorizado en una base de datos (que se publicará en la web del proyecto en un futuro) el contenido de los índices. Además, la consecución de este primer objetivo permitirá actualizar y completar las informaciones que proporcionaron los *Índices léxicos de los atlas lingüísticos españoles* (Luzón 1987), una publicación que aportaba una visión de conjunto y pretendía convertirse en «un cómodo instrumento para resolver con rapidez muchas preguntas y no pocas dudas» (Alvar 1987: 5-6, Prólogo a Luzón 1987).

En segundo lugar, con los resultados que se obtengan en el análisis de los índices, se pretenden ampliar y completar los conocimientos sobre el contenido léxico-semántico del *ALEA* de forma individual y en relación con la mayoría de sus sucesores. Siguiendo a Pilar García Mouton (1991: 668), se parte de la hipótesis de que «Todos los atlas posteriores [al *ALEA*] del dominio hispánico lo han tenido presente en muchos aspectos, algunos de ellos francamente innovadores» (García Mouton 1991: 668). Así pues, el trabajo llevado a cabo contribuirá a ver cuál es esa deuda y esa relación desde la perspectiva léxico-semántica de forma empírica.

Y, en tercer y último lugar, a partir del examen que se lleva a cabo en estas páginas se establecerán las bases de selección de datos léxicos del *Corpus de los atlas lingüísticos* (CORPAT), actualmente en desarrollo, y que permitirán analizar en un futuro los materiales desde una perspectiva dialectométrica, contribuyendo a «recoger y descubrir de forma cuantitativa, es decir, con la ayuda de las matemáticas y la estadística, las estructuras ocultas y las regularidades subyacentes en el conjunto de los datos analizados» (Goebl 2010: 4).

3. Metodología

Para lograr los objetivos descritos en el apartado anterior, se han examinado y cotejado los índices de 7 atlas lingüísticos regionales (el *ALEA, el ALEICan*, el *ALEANR, el ALECant, el ALCyL, el ALeCMan* y *el ADiM*). No forman parte de este análisis, aunque sí de *CORPAT*, la *Cartografía Lingüística de Extremadura* (*CaLiEx*) y el *Atlas Lingüístico de El Bierzo* (*ALBi*), ya que estas dos obras no presentan un volumen de datos cuantitativamente comparable con los de otros atlas. *CaLiEx* se compone de 480 mapas —en los que recoge información de 612 realidades lingüísticas[3]— y se centra en los datos sobre el léxico de la agricultura, la ganadería y la apicultura principalmente. Por su parte, los dos volúmenes del *ALBi*, que contienen 407 mapas sobre diferentes ámbitos semánticos (el tiempo, la fauna, la flora, el ser humano, etc.), tampoco constituyen un volumen de datos comparable desde el punto de vista cuantitativo.

La información comprendida en los índices se ha organizado en un documento Excel con el fin de poder compararla de forma pormenorizada. Este documento ha permitido categorizar y etiquetar los datos de los índices en ocho campos: (1) ámbito lingüístico (léxico, fonética, morfología, sintaxis y fraseología); (2) campo semántico; (3) subcampo semántico (en el caso de los mapas léxicos); (3) nombre del mapa; (4) número de mapa; (5) número de lámina; (6) número de volumen; (7) cuestiones sin representación cartográfica (*); (8) tipos de láminas no cartográficas (dibujos, ilustraciones y explicaciones). La sistematización de la información ha permitido llevar a cabo el análisis que se presenta en el epígrafe siguiente.

4. Análisis de los datos

El examen de los datos de los índices se presenta en dos grandes bloques, por un lado, se caracteriza el *ALEA*, que es el punto de partida de este análisis (§5.1), y, por el otro, se compara con el resto de los atlas regionales que son objeto de estudio en este estudio (§5.2) desde diferentes perspectivas.

---

[3] En esta cifra se incluyen los datos de los conceptos que no tienen representación cartográfica propia, es decir, que no cuentan con un mapa, sino que se incluyen en el mapa de otros conceptos y que van precedidos de asterisco en los índices.

4.1. El *ALEA* en cifras según los datos de su índice

El análisis de los datos del índice permite comprobar que los seis volúmenes del atlas andaluz contienen 2392 ítems[4] que se corresponden con láminas que recogen mapas, dibujos, ilustraciones y explicaciones[5]. Las láminas aparecen organizadas por los ámbitos lingüísticos que son de interés en la geografía lingüística (léxico, fonética-fonología, morfología, sintaxis y fraseología). En una primera aproximación cuantitativa —más completa que la que se ofreció en Julià (2021b: 365-367)— a los datos recogidos para cada uno de estos dominios lingüísticos, se advierte que el 84 % (2011) de los ítems del atlas se incluyen en la sección léxico-semántica. El 16 % (381) restante se corresponde con las láminas que contienen datos de las otras áreas: fonética y fonología (213 ítems, 8,9 %), morfología (91 ítems, 3,8 %), sintaxis y fraseología (77 ítems, 3,20 %).

En el caso de la información de interés léxico-semántico, la lectura cuantitativa de los índices permite ver, por un lado, que los dominios de estudio son 20 (uno de ellos es misceláneo y recoge una mezcla de mapas de diferentes campos semánticos tratados con anterioridad o que no tienen un apartado propio[6]) y, por otro lado, también aporta datos para comprobar cuál es el volumen de información por cada uno de los ámbitos, como se observa en la Figura 1.

---

[4] Se considera un *ítem* o *registro* cada una de las líneas informativas del índice con datos sobre láminas y mapas, ya que cada uno de estos ítems constituye un registro en la base de datos.

[5] Se ha decidido no incluir las fotografías en el cómputo de los ítems de los índices, ya que no es una característica compartida por todos los atlas (solo el *ALEA*, *ALEICan*, *ALEANR* y *ALECant* las incluyen en el índice). En el *ALEA*, según el índice, aparecen fotografías en el volumen tres (láminas 756 a 816 que incluyen datos sobre paisajes, edificios, cuevas, etc.) y en el cuatro (láminas 900 y 901 con fotografías de azudas y norias; y láminas 969 a 974 con fotografías de amasadoras, hornos de alfarero, etc.).

[6] Muestra de algunos de los conceptos recogidos en este apartado son los nombres de colores ('amarillo', mapa 1506; 'encarnado', mapa 1507; 'blanco', mapa 1508) y otras realidades de diversa índole: 'prisa' (mapa 1509), 'despacio' (mapa 1510), 'dentro' (mapa 1511), '(fruto) temprano' (mapa 1512), 'esconder' (mapa 1521), etc., entre otros.

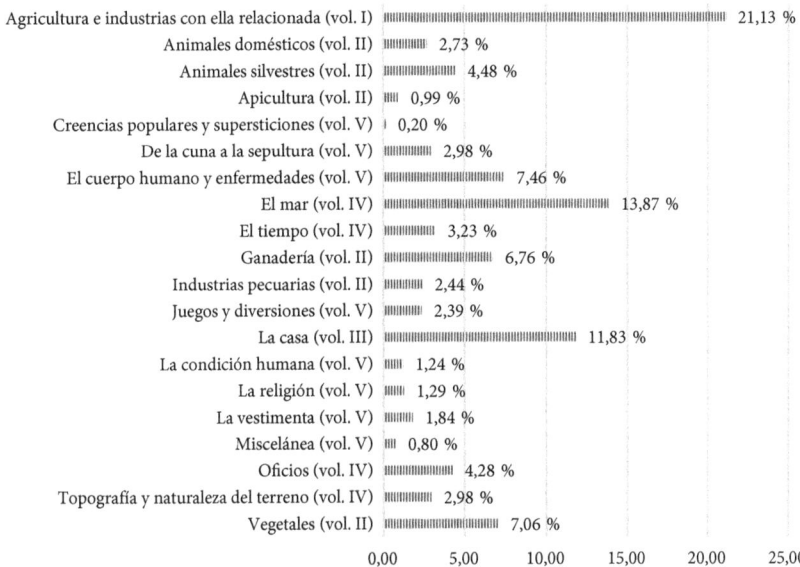

Figura 1: Ítems por área semántica en el índice del *ALEA*.[7]

El examen de la Figura 1 muestra que el ámbito con mayor presencia en el atlas es el de la agricultura (21,13 %), le sigue el mar (13,87 %) y la casa (11,83 %). Por el contrario, para los que menos información se recopila son las creencias populares (0,20 %), la apicultura (0,99 %), la condición humana (1,24 %) y la religión (1,29 %).

Asimismo, el estudio cuantitativo también permite comprobar que la cantidad de datos por tomo no está equilibrada, ya que hay diferencias notables entre los volúmenes: el primero recoge 425 ítems del mismo campo semántico («Agricultura e industrias con ella relacionadas»); el segundo, 492 de seis campos semánticos distintos («Animales silvestres», «Animales domésticos», «Apicultura», «Ganadería», «Industrias pecuarias» y «Vegetales»); el tercero, 238 de un solo campo semántico («La casa»[8]); el cuarto, 498 sobre cuatro campos semánticos («El mar», «El tiempo, oficios» y «Topografía y naturaleza

---

[7] Los porcentajes de esta figura se han calculado respecto al total de ítems léxico-semánticos (2011), no respecto al total de los ítems del *ALEA* (2392).

[8] Se ha simplificado el nombre del campo semántico, ya que era muy extenso e incluía nombres de los subcampos que contiene (vid. la Tabla 1). En el *ALEA*, el nombre del ámbito semántico del volumen tercero es «La casa. Faenas domésticas. Alimentación».

del terreno»); y el quinto, 366 sobre ocho campos semánticos («De la cuna a la sepultura», «El cuerpo humano y enfermedades», «Juegos y diversiones», «La condición humana», «La religión», «La vestimenta» y «Miscelánea y adiciones a los tomos anteriores»).

Los veinte dominios léxico-semánticos, a su vez, se subdividen en 98 diferentes subcampos en los que se especifican con mayor precisión las áreas de conocimiento a las que pertenecen los conceptos seleccionados, como se puede observar en la Tabla 1:

Tabla 1: Subcampos semánticos del *ALEA*

Campo semántico	Subcampo semántico	Número de ítems
Agricultura e industrias con ella relacionadas	El campo y sus cultivos	162
	El yugo	21
	Arado	31
	Carro	36
	Aparejo para las bestias de carga	8
	Otros procedimientos de transporte	10
	Vid y vinificación	44
	Olivo y oleicultura	40
	Molinos de harina y panificación	43
	Carboneo	16
	El corcho y su elaboración	14
Animales domésticos	Ganado equino	25
	El perro y el gato	9
	Aves de corral	21
Animales silvestres	Insectos y otros animalillos	23
	Reptiles	9
	Pájaros y aves pequeñas	27
	Aves de rapiña	7
	El murciélago y otros mamíferos pequeños. La sanguijuela. Batracios	8
	Alimañas y otros animales monteses	8
	Caza	8
Apicultura	Apicultura	20
Creencias populares y supersticiones	Creencias populares y supersticiones	4

Campo semántico	Subcampo semántico	Número de ítems
De la cuna a la sepultura	Noviazgo	6
	Esponsales, boda y vida matrimonial	12
	Gestación, nacimiento, bautizo y crianza	16
	El niño y el adolescente	9
	Relaciones de parentesco	9
	La muerte	8
El cuerpo humano y enfermedades	La piel y sus afecciones	8
	La cabeza	8
	El pelo	7
	El ojo	14
	La nariz y el enfriamiento	7
	Cara, boca, faringe y cuello	18
	Cavidad torácica y movimientos respiratorios	14
	Movimientos peristálticos[9]	3
	Tronco y vísceras	13
	Extremidades	42
	Características externas y defectos físicos	5
	Lesiones y enfermedades	11
El mar	Generalidades	26
	La navegación	11
	Las embarcaciones y sus partes	75
	Velas y cabos	18
	La pesca. Los aparejos y las redes	47
	Peces	81
	Moluscos y crustáceos	13
	Otra fauna marina	2
	Algas	1
	Aves marinas	5

(Continuado)

---

[9] Se corrige *peristáticos* por *peristálticos*, adjetivo que, según el *DLE* (s. v.) es voz especializada del ámbito de la biología que significa «Dicho del movimiento de un órgano tubular, como el intestino: Que hace avanzar, mediante contracción, el material contenido en él». Cabe señalar que, en atlas posteriores, este apartado desaparece, como se comentará en el epígrafe 5.2.2.

Tabla 1: *(Continuado)*

Campo semántico	Subcampo semántico	Número de ítems
El tiempo	Días, meses y estaciones	17
	Vientos	6
	Aspecto del cielo	9
	Cuerpos celestes	7
	Fenómenos atmosféricos	26
Ganadería	Generalidades	34
	Ganado vacuno	37
	Ganado lanar	53
	Ganado cabrío	12
Industrias pecuarias	La leche y el queso	12
	El cerdo y la matanza	37
Juegos y diversiones	Juegos infantiles	24
	Accidentes del juego	3
	Diversiones y otras actividades lúdicas	9
	Bailes	12
La casa	La vivienda y su estructura	52
	El dormitorio y su mobiliario	33
	El fuego	33
	La cocina	37
	Áreas de vasijas	6
	Mesa y comidas	24
	Faenas domésticas	23
	Útiles para encender el cigarro	4
	Láminas de dibujos	6
	Planos de viviendas	12
	La alimentación andaluza según los materiales del *ALEA*	7
	Denominaciones no cartografiadas de las vasijas	1
La condición humana	La condición humana	25
La religión	La religión	26
La vestimenta	Vestido y adornos de la mujer	11
	Prendas masculinas	12
	Prendas de cabeza. Pañuelo	6
	Calzado	8
Miscelánea y adiciones a los tomos anteriores	Miscelánea y adiciones a los tomos anteriores	16

Campo semántico	Subcampo semántico	Número de ítems
Oficios	Generalidades	19
	Carpintería	7
	Albañilería	8
	Alfarería	30
	Herrería	13
	Trabajo comunal	1
	Hilado y tejido	8
Topografía y naturaleza del terreno	Poblados y caminos	8
	Accidentes topográficos	16
	Naturaleza del terreno. Aguas estancadas. Procedimientos de extraer el agua	36
Vegetales	Plantas silvestres, flores, arbustos	45
	Hortalizas	35
	Árboles frutales	42
	El bosque	20

La lectura y observación de los datos de la Tabla 1 permite advertir que los ámbitos semánticos que presentan una división en un número mayor de subáreas son los que recogen un número más elevado de ítems en el atlas, como la «Agricultura e industrias con ella relacionadas», que se divide en once subcampos, o «El cuerpo humano y enfermedades» y «La casa», ambos con doce subapartados semánticos.

Cuando las láminas no se corresponden con mapas o añaden información adicional a un mapa, los índices[10] las destacan con una abreviatura, símbolo o explicación delante del nombre de la lámina, tal como se señala en la Tabla 2:

---

[10] Estas abreviaturas, símbolos y explicaciones aparecen en los índices de los volúmenes primero, segundo y cuarto del *ALEA*.

Tabla 2: Abreviaturas, símbolos y explicaciones empleados en el índice del *ALEA* (vol. 1)

Información	Significado	Ubicación	Descriptor
(d)	dibujo	delante del nombre del mapa	Figura delante del nombre de las láminas de dibujos.
(e)	explicaciones	delante del nombre del mapa	Encabeza las explicaciones, bien sean a una lámina, bien sean a un mapa. En ocasiones sirve para presentar láminas exclusivamente de texto.
(i)	ilustración	delante del nombre del mapa	Significa que hay una ilustración intercalada en el mismo mapa.
*	adición	delante del nombre del mapa	Indica que se trata de una adición al mapa bajo cuyo número figura y en el cual el léxico aparece en listas.

Además de estas indicaciones, cabe señalar también que los índices incluyen información sobre la tipología cartográfica y las fotografías. En el primer caso, la información suele aparecer detrás del nombre del mapa entre paréntesis: por ejemplo, el concepto 'gallina ciega (o similares)' (lámina 1327, mapa 1427, vol. v) se identifica como mapa lingüístico-etnográfico; de igual modo, se señala que el mapa sobre 'escalón' (lámina 1484, mapa 1605, vol. vi) es fonético-léxico; y el mapa 'picotazo' (lámina 1444, mapa 1564, vol. vi) se dice que es fonético-morfológico. Un examen de todos estos datos permite comprobar otros detalles de interés sobre el conjunto de la obra y extraer las conclusiones que se resumen a continuación.

a) **Adiciones.** El 15,95 % de los ítems van precedidos de asterisco (*), lo que supone que en el atlas andaluz es relevante el número de conceptos que no tienen representación cartográfica. Estos aparecen ocupando el espacio correspondiente al mar y lo hacen, como se indica en el prólogo del *ALEA*, por dos razones: bien por presentar un grado de variación léxica menor que otros conceptos bien por constituir «vocabulario concomitante que, si bien no era buscado en cada interrogatorio, se recogía con asiduidad». Se trata de datos de conceptos que no constaban en la encuesta pero que aparecían con frecuencia y, por ello, se decidió consignarlos en los márgenes de mapas semánticamente relacionados con ellos. Un ejemplo de este tipo es el concepto 'incisivos superiores' (vol. 5, mapa 1224) para el que se señala lo siguiente: «Esta pregunta no figuraba en el cuestionario; espontáneamente surgieron las siguientes denominaciones [...]». En el primer volumen se registran 83 conceptos de este tipo referidos a la agricultura ('testigo', 'cornijal', 'movimiento del brazo para sembrar a voleo', 'amelga', 'escardillo', 'argaya', 'angarillas', 'yugo de vacas', etc.), en el segundo, 136 sobre vegetales, animales y ganadería ('trufa', 'alcachofera', 'melón', 'halcón', 'milano', etc.); en el tercero 43 sobre el dormitorio, el fuego, la cocina ('cucharón', 'estropajo', 'picar leña', etc.); y en el cuarto, 102 sobre el tiempo, los oficios, el mar ('carpintero', 'proa', 'viento del oeste', etc.); y en el quinto, 18, principalmente sobre el cuerpo humano ('sobaco', 'cejas', 'rubio', etc.). El volumen 6 solo incluye uno sobre fonética ('babosa', mapa 1615). Este tipo de información es de especial interés porque generalmente estos datos pasan desapercibidos entre los mapas. Según se señala en la última página del prólogo, estos datos constituyen el 25 % de los materiales recogidos en las encuestas, el 60 % son los datos cartografiados y el 15 % restante son supresiones.

b) **Dibujos.** El 3,5 % de los ítems van precedidos de la letra (d), es decir, incluyen un dibujo. Estos solo se encuentran en los cuatro primeros volúmenes, siendo el primero el que mayor número de dibujos incluye (50), lo que no es de extrañar porque es el que se refiere a la agricultura y en el que se trata de, siguiendo el método *Palabras y cosas* («Wörter und Sachen») del *AIS*, recoger los nombres de la realidad junto a los objetos a los que se refieren. Los dibujos se corresponden, por ejemplo, con diferentes tipos de instrumentos y utensilios —*escardillos* (lámina 31, vol. 1), *trillos* (lámina 57), *azadones* (lámina 93), *podaderas* (lámina 116), utensilios de la recolección de la aceituna (lámina 237)— o con procedimientos agrícolas —formas de llevar el ara (lámina 138), procedimientos para transportar cántaros (lámina 85)— entre otras muchas realidades. Estos dibujos pueden ocupar una lámina o formar parte de otra en la que haya un mapa etnográfico, como es el caso de la lámina 581 (vol. II) en la que se cartografían datos sobre los materiales de los que están hechas las colmenas (de corcho, de tablas, de cañas, de esparto, de latón, etc.) y en la parte inferior de la lámina se incluyen dibujos con los que se ilustran sus peculiaridades de forma detallada. Debe señalarse que en cada uno de los dibujos se indica el punto de encuesta al que pertenece, por lo que los dibujos están también geolocalizados en las láminas no cartográficas y sería de interés que pudieran formar parte de *CORPAT* en un futuro. En el volumen tercero se recogen 14 dibujos que se refieren a objetos del hogar y de la cocina (lámina 728-733) y a planos de viviendas por provincias (láminas 734-741); y en el volumen cuarto aparecen 16 láminas con dibujos sobre la topografía, sobre instrumentos de determinados oficios ('el telar y sus partes', lámina 992) y sobre cuestiones vinculadas al mar ('tipos de embarcación', lámina 1018; 'tipos de redes', lámina 1055).

c) **Ilustraciones.** El 3,04 % de los ítems del índice van precedidos de la abreviatura (i), lo que significa que contienen ilustraciones. La mayoría de las láminas ilustradas se recogen en los volúmenes 3 y 4 y, en particular en este último, en el que se recogen 49 del total de las ilustraciones del atlas y se refieren al campo semántico del mar. Las ilustraciones muestran con detalle tipos de peces ('espadín', mapa 1103), moluscos y crustáceos ('mejillón', mapa 1165), aves marinas ('martín pescador', mapa 1174), entre otras realidades vinculadas al mar ('amarra', mapa 1011; 'carretel', mapa 1047). Se desconoce si las ilustraciones recogidas en algunos mapas son las mismas que las que se emplearon para las encuestas. En Arias y de la Torre (2019: 46) se advierten algunos errores de identificación en los datos recogidos en el *ALEA* debido a la mala calidad de las láminas que se emplearon para la encuesta: «las equivocaciones son debidas, quizás, al empleo en las encuestas de imágenes de escasa claridad y dibujos esquemáticos, tanto en especies muy parecidas y difíciles de identificar, como en otras muy diferentes». La diferencia principal entre dibujos e ilustraciones parece estar asociada al mayor detalle de la imagen y al espacio que ocupan. Las ilustraciones se incluyen dentro de los mapas, como complementos visuales a la información lingüística ('mandil', mapa 40, vol. I) o etnográfica ('clases de era', mapa 55, vol. I) y suele tratarse de una o dos imágenes. En cambio, los dibujos ocupan normalmente láminas enteras ('tipos de trillo', lámina 57, vol. I) o medias láminas ('escardillo', lámina 31, vol. I) para mostrar la variedad de formas y representaciones de un mismo concepto o realidad en cada punto de encuesta.

d) **Explicaciones.** El 1,75 % de los ítems del índice son láminas que van precedidas de la letra (e), es decir, contienen explicaciones. Estas pueden ser de dos tipos, pueden consignarse al margen o pueden aparecer en una lámina distinta y llamarse «notas al mapa anterior» (láminas 36, 42), «explicación de...» (láminas 741, 742), «resumen estadístico de...» (láminas 745 y 752). Por ejemplo, en el caso del concepto 'alacena' (mapa 743, vol. III), después de la pregunta que se hizo a los informantes, y que se cita en el margen superior derecho del mapa («¿Cómo se llama el hueco de la pared con varios vasares o estantes y provisto de puertas de madera, que suele haber en las cocinas?»), se da la siguiente explicación al margen: «Este mapa se complementa con el mapa de 'despensa' y con la nota 'aparador'; son los tres, conceptos y objetos muy próximos, por lo que se explica perfectamente su intercambio y confusión; no es de extrañar, por ello, la falta de contestación concreta en algunos puntos, y las respuestas referidas a 'despensa'». Otro tipo de explicaciones son las que ocupan las láminas completas. Es el caso de las diez láminas (743-753) del volumen tercero en las que se describen las características de la alimentación andaluza (la composición de una comida, los platos típicos, los dulces caseros, etc.). Cabe señalar que un importante número de láminas con explicaciones (18) contienen también dibujos, pues las explicaciones resultan complementarias a estos. Es el caso, por ejemplo, de la lámina 514 (vol. II) sobre el 'ordeño y la elaboración del queso' en la que figuran seis dibujos de objetos usados en estos procesos (expremijos, vasijas de barro, vasijas de lata, etc.). A cada figura le acompañan algunas explicaciones detalladas sobre los procedimientos en diferentes lugares de Andalucía y en ellas también se incluye vocabulario de especialidad en transcripción fonética.

e) **Tipos de mapas.** El 4,29 % de los ítems del (103) aparecen identificados según la tipología de mapa que representan. En la parte del prólogo en la que se explica la estructura del atlas, se señala que hay tres tipos de mapas según su contenido: exclusivamente lingüísticos, exclusivamente etnográficos y mixtos. El análisis del índice permite comprobar que los pocos ítems que se identifican presentan una tipología más detallada. Los 103 ítems marcados se distribuyen en cuatro grupos: mapas etnográficos (58), mapas lingüístico-etnográficos (35), mapas fonético-léxicos (7) y mapas fonético-morfológicos (3). Sin embargo, el análisis de algunos mapas no marcados ha permitido comprobar que, en algunos casos (por ejemplo, el mapa 545, lámina 514, volumen II 'cierre de la encella'), esta etiqueta aparece en el mapa, pero no en el índice, por lo que, para una cifra exacta y real de la tipología de mapas, habría que examinarlos todos. Los campos semánticos en los que se encuentran la mayoría de los mapas etnográficos son «La agricultura» y «La casa».

4.2. Comparación del *ALEA* con los otros atlas regionales

Una vez estudiados los datos que el atlas andaluz contiene en el índice se pueden comparar estos con los de los otros atlas con el fin de ver cuál es la huella del atlas andaluz de forma general (§5.2.1), por campo semántico (§ 5.2.2) y por mapa (§5.2.3).

4.2.1. Comparación general

Desde un punto de vista general, el cotejo de los índices permite comprobar que el *ALEICan*, el *ALEANR* y el *ALECant* siguen prácticamente la misma estructura que el atlas andaluz, ya que organizan la información que contienen en cuatro grandes áreas (léxico, fonética y fonología, morfología y sintaxis y fraseología). Son pocas las variaciones que presentan en este sentido. El *ALEICan*, por ejemplo, se refiere a su último apartado como «Sintaxis» en lugar de «Sintaxis y fraseología», como hacía el *ALEA*. Este cambio no implica que deje de incluir mapas sobre unidades fraseológicas, sino que se trata un cambio en el nombre del apartado (García y Julià 2023). De los otros atlas, solo el *ALCyL* y el *ALeCMan* son comparables desde el punto de vista de la estructura, ya que el *ADiM*, por el momento, solo contiene datos léxico-semánticos. Estos dos presentan distintas peculiaridades que los hacen diferenciarse del *ALEA* y de los anteriores. El *ALCyL*, por no haber sido concebido en el marco de la geolingüística regional, no presenta los mapas ordenados por dominio lingüístico ni por orden onomasiológico ni por orden alfabético (el primer mapa del volumen 1 es 'bien', el segundo, 'prisa', el tercero 'horno', etc.). Por su parte, el *ALeCMan* presenta también cambios en la categorización de los mapas respecto al *ALEA* en todos los apartados. En los de interés morfológico, sintáctico y fraseológico es donde se puede apreciar mejor, ya que cambian su nombre y pasan a denominarse «Gramática (morfología y sintaxis)», y «Sintaxis-Locuciones».

Otra cuestión son las subdivisiones en cada uno de los apartados, que responden, en general, a las peculiaridades de las áreas investigadas, como puede verse en el apartado sobre la información morfológica que se recoge en la Tabla 3.

Tabla 3: Subdivisiones del apartado morfológico en los atlas regionales

ALEA	ALEICan	ALEANR

• Morfología nominal
• Morfología verbal
• Formas tónicas y átonas de los pronombres personales
	• Morfología nominal
	• Morfología verbal
		• Morfología nominal
		  A. El género
		  B. El número
		  C. Los diminutivos
		  D. Los numerales
		  E. Pronombres personales
		  F. Demostrativos
		  G. Relativos e interrogativos
		  H. Indefinidos
		  I. Otras formas pronominales
		• Morfología verbal
		  A. Desinencias e infijos
		  B. La conjugación

ALECant	ALeCMan	

• Morfología	• Gramática (morfología y sintaxis)
	  A. Género
	  B. Número
	  C. Diminutivo
	  D. Aumentativo
	  E. Numerales
	  F. Verbos - conjugaciones
	  G. Participios - adjetivos	

El cotejo de todos los datos de los índices de los atlas regionales seleccionados revela que el atlas con el mayor contenido es el *ALEANR* (3156 ítems), seguido del *ALeCMan* (2642 ítems) y luego del *ALEA* (2392 ítems), el *ALECant* (2292 ítems), el *ALEICan* (1680 ítems), el *ALCyL* (1311 ítems) y el *ADiM* (1182 ítems). El reparto de ítems por área lingüística se puede observar en la Figura 2.

Si se comparan los datos por área o disciplina lingüística, se advierte que el *ALEANR* es también el que presenta más interés léxico-semántico, mientras que el *ALeCMan* es el que contiene un mayor número de mapas fonético-fonológicos y morfológicos y el *ALEA* sobre sintaxis y fraseología. Además, como se deduce de la observación de la Figura 2, el *ALCyL* compila un gran conjunto de datos (41,8 %) que no pueden clasificarse únicamente a partir de la observación del índice —que es el método seguido en esta investigación—. Este porcentaje de ítems se corresponde con mapas de conceptos que no aparecen en el *ALEA*, por lo que no pueden categorizarse

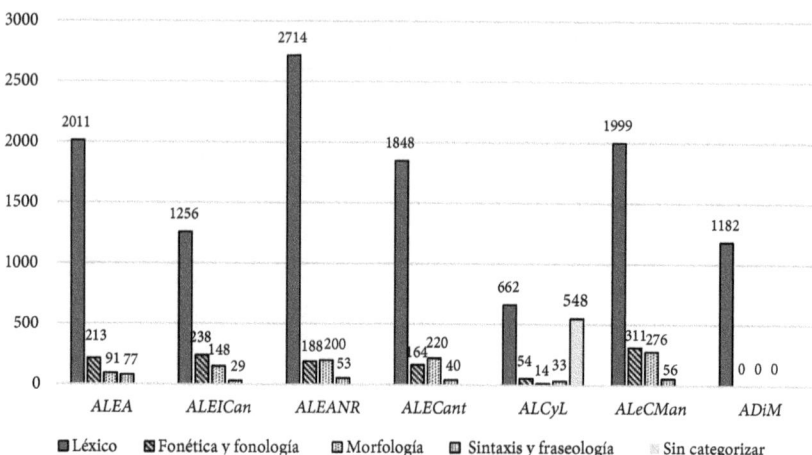

Figura 2: Ítems por área lingüística en los atlas regionales.

tomando como punto de partida la clasificación del atlas andaluz. Asimismo, la figura también refleja la ausencia de datos no léxicos del *ADiM*.

Si los valores de la Figura 2 se analizan desde una perspectiva relativa, se puede determinar cuál es el valor que se da en cada atlas a los diferentes ámbitos de interés, tal como puede verse en la Tabla 4.

Tabla 4: Porcentaje de ítems por área lingüística en los atlas

	Léxico	Fonética y fonología	Morfología	Sintaxis y fraseología	Sin categorizar	Ítems totales
ALEA	84,13 %	8,88 %	3,79 %	3,21 %		2392
ALEICan	75,16 %	14,24 %	8,85 %	1,73 %		1671
ALEANR	86,02 %	5,96 %	6,34 %	1,68 %		3156
ALECant	81,34 %	7,22 %	9,68 %	1,76 %		2272
ALCyL	50,50 %	4,12 %	1,07 %	2,51 %	41,80 %	1311
ALeCMan	75,66 %	11,77 %	10,45 %	2,12 %		2642
ADiM	100,00 %	0,00 %	0,00 %	0,00 %		1182

Aunque en todos los atlas destaca el léxico, puede observarse que los posteriores al *ALEA* reducen el interés por el léxico y lo aumentan por la fonética

(*ALEICan*) o la morfología (*ALeCMan*). Cabe también señalar que estos datos deben tomarse con precaución, ya que, después del *ALECant*, la mayoría de los atlas dejan de incluir dibujos, ilustraciones, explicaciones y fotografías, según los datos de los índices estudiados. Los dos atlas publicados después del *ALEA* son los únicos que mantienen las abreviaturas (d), (e) y (i) delante de los nombres de las láminas[11]. Así, solo pueden encontrarse en el *ALEICan* y el *ALEANR* en la proporción que señalan los datos de la Tabla 5.

Tabla 5: Dibujos, explicaciones e ilustraciones en los atlas regionales

Abreviatura	ALEA	ALEICan	ALEANR
(d)	82	60	101
(e)	33	17	6
(i)	73	32	11

En el caso del *ALEICan*, estas abreviaturas se hallan principalmente en los dos primeros volúmenes y, muy especialmente, como en el caso del *ALEA*, en los datos referidos a las áreas de la agricultura, la ganadería y la vivienda. Por su parte, el *ALEANR* recoge dibujos, ilustraciones y explicaciones en los volúmenes 1, 2, 3, 4, 7, 8 y 9 en los mismos ámbitos que el *ALEA* y el *ALEICan* y también en lo referido a la vestimenta (p. ej. en las láminas 1266-1272, 'trajes populares', vol. 8) y los oficios (p. ej. la lámina 1488, 'herramientas de albañil y carpintería', vol. 9). Este atlas, además, añade la abreviatura (f) ante algunas láminas con la voluntad de marcar las que incluyen fotografías (véanse las láminas 649-651 del volumen 4 sobre la ganadería).

4.2.2. Comparación por campo semántico

Además de analizar los datos por área lingüística, como se ha hecho en el apartado anterior, es posible cotejar también el contenido de los atlas desde una perspectiva onomasiológica tomando como punto de partida los veinte campos semánticos principales del *ALEA* —que se recogen en la Tabla 1— y

---

[11] Aunque no forma parte del estudio comparativo, cabe señalar que *CaLiEx* mantiene dos de estas abreviaturas ante los nombres de las láminas en las que aparecen dibujos (cfr. el mapa 13.3 'cancillas') y explicaciones (cfr. el mapa 23.2 'costal para llevar el grano').

que, en su mayoría, aparecen también en el *ALEICan*, el *ALEANR* y el *ALECant*, aunque con pequeñas reestructuraciones.

En el caso del *ALeCMan* y el *ADiM* el contraste resulta más complejo porque los ámbitos semánticos se presentan agrupados de forma distinta y ello genera discordancias en el cómputo de los datos desde una perspectiva contrastiva, por lo que el análisis debe hacerse en un trabajo en el que se pueda dedicar más espacio a esta comparación. Por un lado, el *ALeCMan* divide los grupos semánticos según el cuestionario al que pertenecen: en el cuestionario 1 hay nueve campos semánticos («Animales de campo», «Caza y pesca», «El campo y los cultivos», «Industrias relacionadas con la agricultura», «La vida pastoril», «Oficios», «Juegos y diversiones», «El tiempo atmosférico. Estaciones del año» y «Nombres topográficos») y en el cuestionario 2 hay siete («Animales domésticos», «Vegetales», «El cuerpo humano», «La familia. Ciclo de la vida», «Creencias. Juegos», «La vivienda» y «La matanza»). Por otro lado, el *ADiM* presenta la información semántica distinguida en función de si las respuestas fueron respondidas por hombre o por mujer[12]. De los 22 campos semánticos en los que se organizan los mapas, 11 recogen las respuestas femeninas («El cuerpo humano», «Indumentaria», «Insectos y otros animales», «El cerdo», «Otros animales domésticos», «Harinas y panificación», «La vida doméstica», «La familia. Etapas de la vida», «Fiestas religiosas y creencias», «Juegos») y los otros 11, las masculinas («El tiempo», «Accidentes del terreno», «Las labores del campo», «La huerta. Árboles», «El vino y el aceite», «Las aves», «Otros animales y la caza», «La vida de los pastores», «Oficios» y «Juegos»). Además, se distingue de todos los atlas anteriores porque no divide en subcampos semánticos los mapas de cada una de estas áreas. En esencia, las relaciones son evidentes, pues a pesar de existir estas diferencias en la forma de presentar los datos, los dominios de conocimiento son los mismos (cuestiones relacionadas con la vida rural, los animales, el desarrollo de la vida cotidiana, fenómenos atmosféricos, la familia, las creencias y el cuerpo).

Si se toma como punto de partida el esquema onomasiológico del *ALEA* (véase la tabla 1) en dos niveles —uno primario, más general, y uno secundario, más específico—, se pueden clasificar los cambios que se producen en la organización semántica en cinco grandes grupos:

---

[12] El atlas, además, diferencia las áreas semánticas cromáticamente: las que incluyen mapas de respuestas de mujeres se señalan en verde y las de los hombres, en rojo.

a) **Cambios en el orden de los campos semánticos primarios.** El orden establecido en el *ALEA* no se mantiene, de forma general, en los atlas posteriores. Aunque el *ALEICan* y el *ALEANR* (a diferencia de los otros), inician su primer volumen con el vocabulario de la agricultura, posteriormente cambian el orden en el que presentan los datos respecto a lo que se hace en el *ALEA*. En el *ALEICan*, el vocabulario de los vegetales va después de la agricultura y antes que el de los animales silvestres, y el de la vivienda se ubica después del relativo al vestido. Asimismo, en el *ALEANR*, los mapas sobre la casa se sitúan después de los de la apicultura y los del cuerpo humano después del de la vivienda. Estas diferencias pueden verse en la tabla que se adjunta en el anexo de este trabajo.
b) **Cambios en el número de campos semánticos primarios.** En general, las áreas en las que se divide el léxico de los atlas regionales se sitúan entre la quincena y la veintena, siendo el *ADiM* y el *ALEANR* los que presentan el mayor número de apartados (vid. anexo). En general, los dominios semánticos de primer nivel se mantienen desde el *ALEA* y son pocas las ausencias en los atlas posteriores. Un caso significativo de supresión es el del campo semántico «El mar» en el *ALECant*. Sin embargo, sí aparecen algunos conceptos relacionados con este ámbito y se clasifican en otras áreas: 'pesca costera' (mapa *174, vol. 1), 'anzuelo' (mapa *664, vol. 1), 'lenguado' (mapa *670, vol. 1), por ejemplo, se incluyen en el apartado de «Alimañas. Caza y pesca», aunque debe señalarse que todos ellos son conceptos que no tienen representación cartográfica y constituyen adiciones en otros mapas. Esto podría deberse quizá a que este territorio formaba parte del área de encuesta del proyecto del *Atlas Lingüístico de los marineros peninsulares* (*ALMP*) que se estaba llevando a cabo en el mismo período en el que se trabajó en este atlas (véase el cuestionario publicado en 1973) y que vio la luz en la década de los ochenta (1985-1989) en cuatro volúmenes titulados *Léxico de los marineros peninsulares* (*LMP*).
c) **Cambios en el número de campos semánticos secundarios.** Debido a las diferencias etnográficas que existen entre las regiones, es habitual que dentro de una gran área semántica se añadan nuevos subcampos (no presentes en el esquema semántico del *ALEA*) que impliquen especificidades propias de los territorios. En el caso del *ALEICan*, por ejemplo, se añade el subcampo de «El dromedario» en el grupo de los «Animales

domésticos» y el de «Balcones y corredores» en «La casa», subárea que se mantendrá en atlas posteriores; en el *ALEANR*, por ejemplo, aparecen los subámbitos «El prado» y «Plantas textiles» dentro del campo de la «Agricultura» o «Las almadías» dentro del área de los «Vegetales». En el *ALECant*, casi no hay división en subcampos (solo aparecen en dos ocasiones en el volumen segundo), por lo que no puede realizarse esta comparación. En el caso de que los atlas empleen una división de doble nivel (campo y subcampo semántico), es habitual que el atlas andaluz presente un número mayor de subcampos semánticos dentro de un dominio. Así, por ejemplo, en el *ALEA*, el apartado «Agricultura e industrias con ella relacionadas» se divide en las once subáreas que se recogen en la Tabla 6 y en el *ALeCMan* se fragmenta en siete ordenadas de forma diferente.

Tabla 6: Comparación del apartado «Agricultura e industrias con ella relacionadas» del *ALEA* con el *ALeCMan*

ALEA		ALeCMan	
Agricultura e industrias con ella relacionadas	El campo y sus cultivos	Industrias relacionadas con la agricultura	La vid y la elaboración del vino
	El yugo		El olivo y la elaboración del aceite
	Arado		El cáñamo
	Carro		El esparto
	Aparejo para las bestias de carga		Los molinos y la harina
	Otros procedimientos de transporte		El corcho
	Vid y vinificación		Los injertos
	Olivo y oleicultura		
	Molinos de harina y panificación		
	Carboneo		
	El corcho y su elaboración		

En otros casos, las diferencias etnográficas también explican la supresión de algunos apartados presentes en el *ALEA*. En el *ALEICan* y el *ALECant* no aparece el subcampo «El Olivo y oleicultura», debido a que no es un cultivo habitual en estos territorios. Igualmente, la «Alfarería», que tenía un protagonismo importante en el *ALEA* (30 ítems en el volumen IV), tiene presencia testimonial en los posteriores (entre 1 y 4 ítems), por lo que no constituye un subcampo dentro del área de los oficios. El único atlas que mantiene una división similar al *ALEA* es el *ALEANR* y, en algunos casos, incluso aumenta el número de subcampos por área semántica. Sirva de ejemplo, el área de las «Diversiones y juegos», que en el *ALEA* se divide en cuatro subdominios y en el *ALEANR*, en nueve.

d) **Un subcampo pasa a un nivel superior.** Mientras que en el *ALEA* «El campo y sus cultivos» constituye un subapartado dentro del apartado «Agricultura e industrias con ella relacionadas», en el *ALeCMan* estos dos constituyen apartados independientes dentro del cuestionario 1. Igualmente, en el *ALECant*, existe un campo semántico llamado «Insectos y sabandijas» mientras que en el *ALEA* este constituye un subcampo del área «Animales silvestres» y se llama «Insectos y otros animalillos».

e) **Cambios en los nombres de los campos y subcampos semánticos.** Los cambios en la nomenclatura empleada afectan tanto a los campos (vid. anexo) como a los subcampos (vid. Tabla 6) y la tendencia es a la simplificación de los nombres, como en el subapartado «Molinos de harina y panificación» del *ALEA* que cambia a «Los molinos y la harina» en el *ALeCMan* o el subcampo «Aparejo para las bestias de carga» del *ALEA* que pasa a denominarse «Aparejos de carga» en el *ALEANR*. Igualmente, la subárea «Lesiones y enfermedades» del *ALEA* se simplifica en «Enfermedades» en el *ALEICan*.

Todos estos cambios generan que, en ocasiones, un concepto que se encuentra en un área semántica en el *ALEA* se identifique en un dominio o subdominio distinto en los atlas posteriores. Así sucede, por ejemplo, en el caso de los tres mapas del dominio de «El cuerpo humano y enfermedades» que el atlas andaluz clasifica dentro del subgrupo «Movimientos peristálticos»: 'náuseas', 'vomitar', 'arcadas'. En los atlas posteriores, estos aparecen clasificados de forma distinta: en el *ALEICan* como «Enfermedades», en el *ALEANR* como «Actos físicos y léxico relacionado» y en el *ALECant*, *ALeCMan* y *ADiM* simplemente en el área de «El cuerpo humano», ya que no presentan subdivisiones de nivel secundario.

4.2.3. Comparación por mapas

Una vez comparados los datos por campos semánticos en cada atlas, se puede analizar cuál es el grado de coincidencia de todos ellos respecto al *ALEA*, es decir, qué cantidad de materiales que forman parte del atlas andaluz aparecen también en los otros atlas regionales y, por tanto, permiten llevar a cabo estudios comparables. Esta comparación se puede observar en la Figura 3:

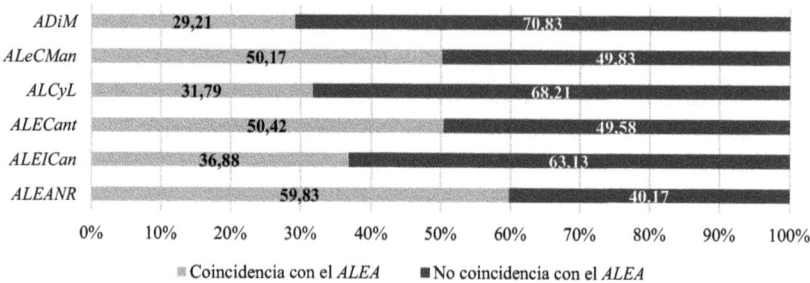

Figura 3: Datos coincidentes y no coincidentes de los atlas regionales con el *ALEA*.

La Figura 3 muestra que el *ALEANR*, el *ALECant* y el *ALeCMan* son los que presentan un mayor grado de coincidencia con el atlas andaluz, por lo que es posible llevar a cabo un mayor número de comparaciones entre ellos porque comparten más mapas que los otros con el *ALEA*. Además de este dato, con el fin de contribuir a la selección de materiales que formarán parte de *CORPAT*, se ha comprobado que el número de mapas léxicos coincidentes entre todos los atlas son 236. Estos se corresponden con diecisiete de los principales campos semánticos del *ALEA*, como puede verse en la Figura 4.

Según se advierte en la Figura 4, los campos semánticos que no presentan mapas coincidentes en todos los atlas son tres: «Creencias populares y supersticiones», «La vestimenta» y «El mar». Este último no es de extrañar, puesto que no en todos los territorios objeto de estudio son lugares próximos al mar, por lo que este campo semántico queda limitado al *ALEA* y el *ALEICan* principalmente, aunque el *AELANR* incluya algunos conceptos asociados a la pesca de río que puedan ser coincidentes y el *ALECant* incluya algún dato también. Además de los 232 mapas de los campos semánticos señalados en la Figura 4, cabe añadir cuatro mapas coincidentes en todos los atlas y que en el *ALEA* se incluyen en el apartado de *Fonética y Fonología* ('el pie', 'el aceite', 'leche', y 'nuez').

En último lugar, el cotejo de los datos sobre mapas precedidos de asterisco (*) permite comprobar que el *ALEANR* y el *ALECant* son los atlas que presentan un mayor número de conceptos adicionales (no representados cartográficamente) según la Figura 5.

EL *ATLAS LINGÜÍSTICO Y ETNOGRÁFICO DE ANDALUCÍA*

Figura 4: Representatividad por campo semántico en los mapas coincidentes.

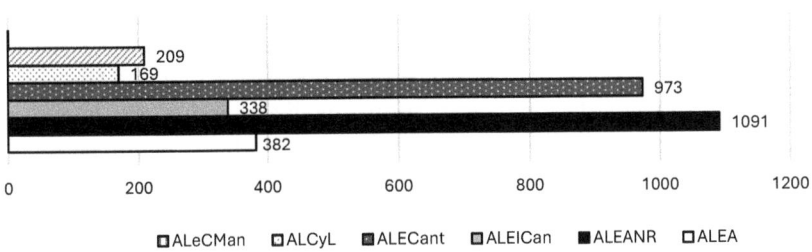

Figura 5: Número de adiciones (conceptos no cartografiados: *) por atlas.

Asimismo, la observación de los datos de la Figura 5 permite comprobar que el *ALCyL* es el atlas que menos adiciones incluye. Cabe señalar que, para este atlas, además, las listas de variantes léxicas no cartografiadas no se presentan en los mapas, sino que se recogen en una lista al final del volumen tercero bajo el título «Preguntas no cartografiadas».

159

5. Conclusión

La investigación llevada a cabo en las páginas anteriores constituye un trabajo novedoso en el ámbito de la geografía lingüística regional, ya que ha permitido analizar detalladamente desde una perspectiva cuantitativa los datos del atlas andaluz y ponerlos en contraste con sus sucesores.

En primer lugar, el cotejo de todos los índices ha supuesto un avance notable en el conocimiento de la geolingüística regional de forma integral, pues se ha podido comprobar que del contenido de los siete atlas analizados solo es comparable un 1,6 % de los mapas que todos ellos acopian. Este resultado implica, por un lado, refutar la hipótesis de partida que suponía que el grado de coincidencia entre ellos era elevado y, por el otro, afirmar que es muy difícil que los atlas regionales puedan ofrecer una visión de la variación lingüística del español que pueda ser complementaria o comparable ampliamente con la del *ALPI*. Es decir, *CORPAT* podrá contribuir a llevar a cabo estudios histórico-comparativos amplios —que incluyan todas las áreas que tienen representación en la geolingüística española por regiones— entre los atlas regionales y el nacional, pero respecto a un número de datos limitado (Figura 4). Otra cuestión es el grado de coincidencia de los diferentes atlas regionales entre ellos (por ejemplo, el *ALEICan* en contraste con el *ALEANR*), un tema que no se ha podido desarrollar en este trabajo y que queda pendiente para un futuro.

En segundo lugar, el cotejo de los índices de los siete atlas examinados permite concluir que, aunque el *ALEA* sentó las bases del método geográfico regional, los atlas posteriores modifican muchos aspectos de su estructura, dedicación y contenido debido a cuestiones de diversa índole, por lo que, a pesar de que la mayor parte de ellos se fraguaron y desarrollaron desde la misma óptica y bajo los mismos preceptos, cada uno de los atlas tiene su propia personalidad. Esta personalidad tiene que ver tanto con los rasgos lingüístico-culturales de la zona de encuesta como con el momento temporal en el que se llevaron a cabo y con la tendencia general a la simplificación que se observa desde el *ALEA*. Por un lado, aunque se confirma la predominancia generalizada en todos los atlas por la recopilación del material léxico-semántico, se aprecia también un aumento, en los atlas de más reciente publicación, por los datos de carácter morfológico, algo que va en la línea de la publicación de los atlas modernos (históricos y contemporáneos) que tienen como objetivo cuestiones de carácter morfosintáctico (*ASinEs*, *SCOSYA*). No obstante, queda por analizar todavía el volumen de datos fonético-fonológicos y morfosintácticos que subyace a los mapas léxicos. Por otro lado, el estudio del esquema onomasiológico de los atlas ha permitido confirmar que el grado de especificidad del *ALEA* se reduce a medida que avanza la geolingüística regional en la publicación de nuevos atlas, ya que se eliminan las subdivisiones semánticas (como en el *ALECant*, *ALeCMan* y el *ADiM*), siendo el *ALEANR* el único atlas que puede compararse con el andaluz en este sentido. Estos resultados confirman la hipótesis de que todos los atlas posteriores lo han tenido presente en alguno de sus aspectos en mayor o menor medida.

Finalmente, el cotejo de los atlas ha permitido obtener una lista de 236 mapas coincidentes que constituirán la base de la selección de materiales para el enriquecimiento de *CORPAT* en su primera fase de desarrollo como corpus lingüístico dialectal.

Bibliografía

ADiM = García Mouton, P. y Molina Martos, I. (2015). *Atlas Dialectal de Madrid*. Madrid. Disponible en: CSIC. http://adim.cchs.csic.es/es

AIS = Jaberg, K. y Jud, J. (1928-1940). *Sprach-und Sachatlas Italiens und der Südschweiz*, Zofingen, Gedruck mit Unterstützung der Gesellschaft für Wissenschaftliche Forschung an der Universität Zurich und privater Freunde des Werkes von der Verlagsanstalt Ringier & Co., 8 vols.

ALC = Griera, A. (1923). *Atlas Lingüístic de Catalunya*. Barcelona: La polígrafa, 8 vols., 2.ª edición de 1962.

ALCyL = Alvar, M. (1999). *Atlas Lingüístico de Castilla y León*. Valladolid: Junta de Castilla y León / Consejería de Educación y Cultura, 3 vols.

ALEA = Alvar, M. (1961-1973). *Atlas Lingüístico y Etnográfico de Andalucía*. Granada: Universidad de Granada/CSIC, 6 vols. [Con la colaboración de Antonio Llorente y Gregorio Salvador].

ALEANR = Alvar, M., Llorente, A. y Buesa, T. (1979-1983). *Atlas Lingüístico y Etnográfico de Aragón, Navarra y Rioja*. Madrid: La Muralla, 12 vols.

ALECant = Alvar, M. (1995). *Atlas Lingüístico y Etnográfico de Cantabria*. Madrid: Arco/Libros, 2 vols.

ALeCMan = García Mouton, P. y Moreno Fernández, F. (2003-). *Atlas Lingüístico y Etnográfico de Castilla-La Mancha*. Alcalá de Henares: Universidad de Alcalá de Henares. https://www.linguas.net/alecman/

ALEICan = Alvar, M. (1975-1978). *Atlas Lingüístico y Etnográfico de las Islas Canarias*. Madrid: La Muralla, 3 vols.

ALPI = García Mouton, P. (coord.), Fernández-Ordóñez, I., Heap, D., Perea, M. P., Saramago, J. y Sousa, X. (2016). *ALPI-CSIC*, edición digital de Navarro Tomás, Tomás (dir.). *Atlas Lingüístico de la Península Ibérica*. Madrid: CSIC. http://www.alpi.csic.es/

Alvar, M. (1953a). Proyecto de un Atlas Lingüístico de Andalucía. *Orbis*, II, 49-60.

Alvar, M. (1991). El *Atlas Lingüístico y Etnográfico de Andalucía*. En M. Alvar (Dir.), *Estudios de geografía lingüística* (pp. 185-227). Madrid: Paraninfo.

Álvarez Pérez, X. A. (2016). Consideraciones sobre la imagen lingüística transmitida por los atlas tradicionales: el caso del *Atlas Lingüístico de la Península Ibérica* en Portugal. *Géolinguistique*, 16, 131-160.

Arias García, A. M. y de la Torre García, M. (2019). *Ictionimia andaluza. Nombres vernáculos de especies pesqueras del Mar de Andalucía*. Madrid: CSIC.

ASinEs = *Atlas Sintáctico del Español*. https://asines.org/consulta-del-atlas/

García Mouton, P. (1992). El atlas Lingüístico y Etnográfico de Andalucía. Hombres y mujeres. Campo y ciudad. En *Nazioarteko Dialektologia Biltzarra = Congreso Internacional de Dialectología* (pp. 667-685). Bilbao: Euskaltzaindia. Colección IKER, 7.

García Mouton, P. (2023). Dialectología del español y geografía lingüística. En F. Moreno-Fernández y R. Caravedo (Eds.), *Dialectología hispánica. The Routledge Handbook of Spanish Dialectology* (pp. 41-52). Londres/Nueva York: Routledge.

García Rodríguez, J. y Julià Luna, C. (2023). La fraseología en los atlas lingüísticos: ausencias e incoherencias. *IX Congreso Internacional de Lingüística Hispánica*, Universität Leipzig, 27 de septiembre-1 de octubre de 2023.

Goebl, H. (2010). Introducción a los problemas y métodos según los principios de la escuela dialectométrica de Salzburgo (con ejemplos sacados del "Atlante italo-svizzero", AIS). En G. Aurrekoetxea Olabarri y J. L. Ormaetxea Lasaga (Eds.), *Tools for linguistic variation* (pp. 3-40). Bilbao: Universidad del País Vasco.

González González, M. (1992). Metodología de los atlas lingüísticos en España. En G. Aurrekoetxea y X. Videgain (Eds.), *Nazioarteko dialektologia biltzarra. Agiriak = Actas del Congreso Internacional de Dialectología = Actes du*

Congrès international de dialectologie = Proceedings of International Congress on Dialectology (Bilbao, 1991) (pp. 151-177). Bilbao: Euskaltzaindia.

Iordan, I. (1967). *Lingüística románica. Evolución-corrientes-métodos.* Madrid: Ediciones Alcalá. [Reelaboración parcial y notas de M. Alvar].

Julià Luna, C. (2023). Desarrollo de un corpus de atlas lingüísticos. En A. Grajales Ramírez, J. M. Molina Mejía y P. Valdivia Martín (Eds.), *Digital Humanities, Corpus and Language Technology / Humanidades Digitales, Corpus y Tecnología del Lenguaje: A look from diverse case studies / Una mirada desde diversos casos de estudio* (pp. 123-142). Goringen / Antioquia: University of Groningen Press / Universidad de Antioquia. https://doi.org/10.21827/6458c72616bed

——— íd. (2022). Geolingüística digital y bases de datos: una aproximación al estudio de la variación y el cambio léxico en español. *Revista Internacional de Lingüística Iberoamericana*, 40, 13-31.

——— íd. (2021a). Del atlas lingüístico tradicional al corpus geolingüístico digital: diseño de un proyecto. *Scriptum digital*, 10, 109-147.

——— íd. (2021b). Los atlas como corpus lingüísticos: más allá de la variación geolectal. En A. Arejita (Arg.), *Aniztasuna: hizkeren berba-mintzoak. Euskaltzaindiaren II. Nazioarteko Dialektologia Biltzarra / Diversidad: vocablos y voces de las variedades lingüísticas. II Congreso Internacional de Dialectología de la Real Academia de la Lengua Vasca* (pp. 359-386). Bilbao: Euskaltzaindia, Colección Iker – 41.

Luzón, M.ª A. (1987). Índices léxicos de los atlas lingüísticos españoles. *Español actual*, 47 (número extraordinario).

Narbona, A. (2018). Medio siglo del *ALEA*. *Boletín de la Real academia Sevillana de Buenas Letras: Minervae Baeticae*, 46, 133-168.

Rost, A., Aguete, A., B. Blecua, W. Elvira-García, J. M.ª Garrido, C. Julià Luna, M.ª J. Machuca, V. Marrero, C. Quijada, P. Roseano (2023). Una propuesta unificada basada en AFI para la transcripción fonética de los atlas regionales de España. *IX Congreso Internacional de Fonética Experimental.* Universidad de Vigo (21-23 de junio de 2023).

SCOSYA = Smith, J., D. Adger, B. Aitken, C. Heycock, E. Jamieson y G. Thoms (2019). *The Scots Syntax Atlas.* University of Glasgow. https://scotssyntaxatlas.ac.uk

ANEXO: Campos semánticos primarios del *ALEA*, el *ALEICan* el *ALEANR* y el *ALECant* según su orden de aparición en cada atlas

ALEA	ALEICan	ALEANR[13]	ALECant
Agricultura e industrias con ella relacionadas	Agricultura e industrias con ella relacionadas	Agricultura	El tiempo
Vegetales	Vegetales	Vegetales	Aspectos y accidentes del terreno
Animales silvestres	Animales silvestres	Animales silvestres	El cielo y los fenómenos atmosféricos
Ganadería	Ganadería	Ganadería	Agricultura
Industrias pecuarias	Animales domésticos	Industrias pecuarias	Transporte
Animales domésticos	Industrias pecuarias	Animales domésticos	Industrias relacionadas con la agricultura
Apicultura	Apicultura	Apicultura	Vegetales
La casa	El cuerpo humano	La casa	Ganadería
El tiempo	Enfermedades	Comidas	Apicultura
Topografía y naturaleza del terreno	El vestido	Faenas domésticas	Insectos y sabandijas
Oficios	La casa	Mesas y asientos	Aves
El mar	Faenas domésticas	Útiles para encender el cigarro	Alimañas, caza y pesca
El cuerpo humano y enfermedades	La alimentación y las comidas	La vivienda y su estructura	La casa
De la cuna a la sepultura	Oficios	El cuerpo humano	Vestido
Creencias populares y supersticiones	De la cuna a la sepultura	La vestimenta	La familia. La vida humana
La vestimenta	La condición humana	De la cuna a la sepultura	El mundo espiritual
Juegos y diversiones	La religión	La religión. Creencias populares	
La religión	Juegos	Diversiones y juegos	

---

[13] En este atlas, el campo semántico primario aparece indicado de formas diferentes en el índice final de cada tomo y en el interior de este, en la página previa al grupo de mapas correspondiente al área léxico-semántica.

ALEA	ALEICan	ALEANR	ALECant
La condición humana	Tiempo. La cronología	Oficios	
Miscelánea y adiciones a los tomos anteriores	Fenómenos atmosféricos	El tiempo (I)	
	Topografía y accidentes físicos	El tiempo (II)	
	El mar	Topografía y naturaleza del terreno	
	Los seres marinos	Complementos al tomo IX	

Los preliminares, medio para las actitudes ideológicas hacia la lengua de Nicaragua en el siglo XIX
Mariano Barreto y su obra *Vicios de nuestro lenguaje* (1893)

Carmen Martín Cuadrado[1]
Universidad Complutense de Madrid

RESUMEN
Este artículo pretende analizar las actitudes lingüísticas que se manifiestan en *Vicios de nuestro lenguaje* (1893), repertorio del nicaragüense Mariano Barreto. La obra, según su autor, persigue el objetivo de eliminar cualquier rasgo fonético, semántico, léxico, gramatical, etc. que se aleje de lo puramente normativo y académico. Tras mostrar el contexto en que fue compuesto el repertorio y apuntar ciertos aspectos biográficos sobre Mariano Barreto, se presenta, a través de los preliminares de su obra, la ideología del autor y su valoración -positiva o no- hacia el lenguaje de Nicaragua.

Palabras clave: actitudes lingüísticas, Nicaragua, Mariano Barreto, *Vicios de nuestro lenguaje*, ideología

1. Introducción, objetivos y metodología

El español de Centroamérica (El Salvador, Guatemala, Honduras, Nicaragua, Costa Rica y Panamá) ha sido el gran olvidado dentro de las investigaciones lingüísticas, pero más desatendido aún por la investigación ha quedado el español de Nicaragua, pues no existen apenas trabajos específicos que se ocupen de su estudio (Arellano, 1992a; Wande, 2003; Lowe, 2013). Durante todo el siglo decimonónico, por la influencia y el poder académico, se percibieron en Nicaragua numerosas actitudes lingüísticas conservadoras y fueron muchos los autores que se posicionaron en una corriente purista y trataron de eliminar cualquier hábito lingüístico que se alejase de lo estrictamente normativo y peninsular. Por esta razón, se crearon numerosos repertorios

---

[1] Este trabajo forma parte del del proyecto "Biblioteca Virtual de la Filología Española. Fase IV: implementaciones y mejoras, metabúsquedas y gestores bibliográficos (PID2020-112795GB-I00)".

que, con el objetivo de detener la "corrupción" que invadía al castellano, rechazaban cualquier manifestación propia. Uno de esos repertorios fue *Vicios de nuestro lenguaje* (1893) que, publicado por Mariano Barreto, no ha recibido la atención merecida y su interés exige un trabajo sobre el autor y su obra.

Así, el presente trabajo pretende alcanzar los siguientes propósitos: 1) destacar la figura de Mariano Barreto como uno de los pioneros en el estudio de la lengua nicaragüense en el siglo XIX; 2) observar qué actitudes lingüísticas existían hacia la lengua de Nicaragua en un momento histórico relevante y 3) analizar la ideología del autor a través de las páginas preliminares de su repertorio.

Para lograrlos, no solo se han estudiado los paratextos de su obra, que aportan información esencial para conocer la ideología del autor, sino que también se ha prestado mucha atención al contexto, pues el periodo republicano tuvo consecuencias muy importantes en la valoración -negativa o positiva- de las lenguas autóctonas, y al autor por los distintos posicionamientos de los estudiosos acerca de la lengua nicaragüense en la época decimonónica. Podría decirse entonces que se ha utilizado una metodología historiográfica mixta, que, en palabras de Breckle (1986, p. 9), une las coordenadas espaciotemporales y culturales del autor con las ideas lingüísticas que intenta transmitir.

2. El español en la Centroamérica decimonónica

La época de la Independencia y el periodo republicano fueron momentos arduos para los centroamericanos y por tanto para los nicaragüenses puesto que el mantenimiento de su lengua y su cultura peligró en numerosas ocasiones. A lo largo del siglo XIX las lenguas indígenas quedaron relegadas a un plano secundario puesto que el español normativo se afianzó como lengua estatal y no tenía en consideración al resto de variedades (Quesada Pacheco, 2020, p. 324). Además, las políticas lingüísticas de los distintos países centroamericanos[2], influenciados

---

[2] Las políticas lingüísticas hondureñas abogaron por un uso exclusivo del castellano en la época colonial (1502-1569). Sin embargo, en una segunda etapa (1570-1769) se produjeron cambios y se luchó a favor de lograr una política plurilingüe, que incluyera el castellano y las lenguas indígenas. A partir de 1770, la influencia de Carlos III supuso un regreso a la política monolingüe castellana y a la extinción de las lenguas indígenas (Herranz, 2001, p. 31).

por las reformas de Carlos III,[3] identificaron la lengua como símbolo de identidad, por lo que el español se institucionalizó y aseguró su uso en el dominio público (legislación, administración, educación) e incluso propició una sustitución de las lenguas indígenas en el ámbito privado[4] (Villavicencio, 2010, p. 51). Por otro lado, a raíz de la creación de la Real Academia Española, el español normativo se impuso como modelo del buen hablar no solo en territorio nacional, sino en todos los países hispanoamericanos. El *DRAE*, desde la publicación del *Diccionario de Autoridades* (1726-1739), sirvió como fuente para la mayoría de los diccionarios generales del español (Fernández Gordillo, 2014, p. 57).

Estos aspectos originaron una separación entre aquellos que podían acceder a la educación y, por ende, al español normativo y otros que, faltos de recursos, no tenían posibilidades de instrucción, lo que minaba su autoestima lingüística y originaba creencias y estereotipos que infravaloraban su lengua y que continúan vigentes hoy en día (Quesada Pacheco, 2020, p. 328). De hecho, la mayoría de la población que se encontraba en Centroamérica en este momento no hablaba castellano, sino que mantenía su variedad indígena como lengua materna a pesar de la influencia del español académico. Por ello, las lenguas indígenas[5], a pesar de tener más usuarios, no formaron parte del currículo normativo del sistema escolar[6].

---

[3] Carlos III prohibía el uso de la lengua vernácula como instrumento de comunicación, al menos en el ámbito administrativo (Quesada Pacheco, 2020, p. 327). Hasta 1770, los indígenas estaban protegidos por las leyes de Indias, la entrada de españoles estaba restringida y, por lo tanto, el mantenimiento de las lenguas autóctonas era mayor. Sin embargo, como consecuencia del edicto de Carlos III, se instauró el régimen de libre comercio (1778), momento en el que la entrada de españoles fue masiva, lo que tuvo consecuencias a nivel lingüístico, pues aceleró el proceso de castellanización de los indígenas (Herranz, 2001, p. 155).

[4] A partir de los estudios de Villavicencio (2010) y Herranz (2001) se observa cómo la lengua se erigió como uno de los principios de cohesión, pues se consideraba requisito indispensable para lograr la unificación de las naciones. Además, se promovió la castellanización de los grupos étnicos, lo que dio lugar a su vez a una desvalorización continua de lo indígena.

[5] En México, la mayoría de las fuerzas políticas que se disputaron el poder en la nueva república veían al indio como un problema, por lo que fueron marginados socialmente (Villavicencio, 2010, p. 15).

[6] En el caso de México, el español se convirtió en la lengua de enseñanza para todos los ciudadanos, mientras que se eliminaron el latín y las lenguas indígenas en las aulas, aspecto que se puede comprobar en los libros de texto y en los programas de estudio de la época (Villavicencio, 2010, p. 64).

De esta manera, y aplicado al plano puramente lingüístico, en el siglo XIX convivieron en Centroamérica dos corrientes: una tradicionalista y otra americanista[7]. La tendencia triunfadora fue la primera que, encabezada por Andrés Bello, defendía la existencia de un único idioma y abogaba por una lengua conservadora en la que el español peninsular y su literatura se considerasen las bases fundamentales. Esta idea trae consigo tres consecuencias principales (Quesada Pacheco, 2020, p. 325): (1) la gramática es equivalente a la corrección lingüística, (2) las variantes dialectales deben eliminarse debido a que rompen la unidad de la lengua española y (3) las lenguas indígenas son excluidas de la cultura.

Por lo tanto, su corriente sancionaba cualquier rasgo que se diferenciase del modelo de habla peninsular y trataba de eliminar estos patrones dialectales. Este método, introducido en Centroamérica por el nicaragüense Juan Eligio de la Rocha, tuvo eco en el resto de los estudiosos a lo largo de la segunda mitad del siglo XIX y principios del XX. Incluso se publicaron un gran número de gramáticas, vocabularios y repertorios lexicográficos de corte normativo que rechazaban cualquier manifestación nacional[8] (Quesada Pacheco, 2008, p. 152).

En el caso específico de Nicaragua, se quería crear una república étnica y lingüísticamente homogénea, por lo que intentaron deshacer generalmente las comunidades y lenguas indígenas (Soto y Díaz, 2007, p. 99).

2.1. Pioneros de la corriente purista en Nicaragua

Los primeros investigadores de la lengua de Nicaragua presentaron por lo general una ideología purista[9] y sus actitudes fueron producto de la época. Este movimiento conservador y tradicionalista fue iniciado por Juan Eligio

---

[7] Formado por estudiosos que se inclinaban por el estudio de las lenguas autóctonas en un intento de revalorización.

[8] Esta situación contrasta con la vivida durante la época colonial, cuando los estudiosos del idioma confeccionaban vocabularios y gramáticas de las lenguas indígenas, aunque la mayoría de ellas, eso sí, con fines religiosos (Quesada Pacheco 2020, p. 337).

[9] En contraposición con esta teoría purista se encuentra Hermann Berendt, quien, interesado por las lenguas indígenas de Nicaragua, publicó lo que se conoce como el primer diccionario de nicaraguanismos *Palabras y modismos de la lengua castellana según se habla en Nicaragua* (1874). Otros que siguen la misma línea son el colombiano José Joaquín Borda, *Provincialismos de Costa Rica* (1885) y, aunque en menor medida, Alberto Membreño con sus *Hondureñismos* (1895).

de la Rocha[10] con la publicación de *Equivocaciones de los centroamericanos al hablar castellano* (1858), y continuado con mayor énfasis en la disciplina lexicográfica por Mariano Barreto, Alfonso Ayón y Enrique Guzmán Selva, quienes compartieron la idea de que cualquier vocablo que se alejase de la norma madrileña se consideraba "barbarismo" (Arellano, 1992b, p. 15). Todos ellos se vieron inmersos en prejuicios lingüísticos hacia las lenguas indígenas e incluso los propios grupos sociales que mantuvieron sus rasgos autóctonos fueron tildados de salvajes, incultos y pobres (Quesada Pacheco, 2020, p. 337).

Así pues, De la Rocha, siguiendo las ideas de Andrés Bello, puede considerarse el iniciador de la corriente purista en América Central en el siglo XIX[11]. Su ideología lingüística queda reflejada de manera evidente en las siguientes citas, extraídas de su obra:

> Pronunciar *bárbaramente* los diptongos *ia, io, eo*, como si la primera vocal fuera una y griega, y así dicen: *oya, Mariya, deciya, tiya, loviya, viya, tiyo, miyo, bateya, saleya, fella, Matello*, en lugar de pronunciar *oía, María, decía, tía, llovía, veía, tío, mío, batea, salea, fea, Mateo*, y este despropósito se escucha muchas veces aún en las gentes de universidad y de salón de Nicaragua, y es de los más tolerados por los padres de familia y maestros[12] (de la Rocha, citado en Arellano, 1992a, p. 85).

> Arcaísmos que causan náuseas, resabios incorregibles, provincialismos procedentes de lenguas aborígenes inferiores, vocales omitidas, silabeo, el hablar articulando apenas la consonante que hiere, acento falsete y de asonancia nasal, tomados de

---

[10] Es considerado como el primer investigador de las lenguas indígenas. Recogió enormes muestras de folclore y cultura popular como las copias manuscritas de *El Güegüense*, que serían utilizados posteriormente por Hermann Berendt y Garrison Brinton (Arellano, 1992b, p. 15). Además, fue profesor de gramática castellana y francesa en la Universidad de León de Nicaragua. Publicó "Apuntamientos de la lengua mangue" (1842) e incluso editó y mejoró los *Elementos de Gramática Castellana dispuestos para uso de la juventud por don Lorenzo Alemany* (1858).

[11] En otros países centroamericanos, la tendencia purista estuvo encabezada por el filólogo costarricense Francisco Ulloa, que publica *Elementos de gramática de la lengua castellana, escritos expresamente para la enseñanza de la juventud en Costa Rica* (1872), repertorio en el que enumera una lista de términos propios de Costa Rica bajo la etiqueta de "barbarismos". A él le siguen otros autores como Antonio Batres Jáuregui con *Vicios del lenguaje y provincialismos de Guatemala* (1892) y Carlos Gagini con el *Diccionario de barbarismos y provincialismos de Costa Rica* (1892). Todos ellos se empeñaron en corregir los "errores" cometidos por el itsmo centroamericano y mostraron claramente su preferencia por la opción peninsular (*Quesada Pacheco*, 2020, p. 336).

[12] La cursiva es nuestra.

los antiguos nahuales, quichés, lencas, mangues, etc., abundan en Guatemala, El Salvador, Honduras, Nicaragua y Costa Rica (de la Rocha, citado en Arellano, 1992a, p. 88).

Los continuadores de esta tendencia en la segunda mitad de siglo fueron Mariano Barreto[13] (1856-1927) y Alfonso Ayón[14] (1858-1944), quienes lucharon por mantener la pureza del lenguaje y cuya práctica consistió en identificar las "incorreciones" frecuentes del lenguaje oral y escrito con el fin último de preservar la pureza del idioma español y detener así la corrupción que invadía al castellano (Arellano, 1992b, p. 21).

3. Semblanza biográfica de Mariano Barreto

Aunque son pocos los datos que poseemos sobre la trayectoria vital de Mariano Barreto, podemos afirmar que nació en 1856 en Chichigalpa, en el departamento de Chinandega (Castellón Barreto, 2012, p. 15) y que realizó su formación universitaria en Leyes en León de Nicaragua. Al igual que la mayoría de los investigadores de la época (Berendt, Membreño, Ayón, etc.) no se dedicó profesionalmente al estudio de la lengua, sino que combinó su labor lingüística con el periodismo y la jurisprudencia, y ejerció cargos que le identificaban como una persona reputada en la historia de Nicaragua (Ramírez Luengo, 2023). Fruto de su relación con la prensa, comenzó a publicar en diferentes periódicos de la época como *La Patria, Los Nuevos Tiempos* o la *Revista de Nicaragua*, en los que se muestra muy crítico con la iglesia católica y con los conflictos entre el dictador José Santos Zelaya y los Estados Unidos, lo que le llevó al encarcelamiento y al exilio. A su vuelta, sacó a la luz otras obras de carácter histórico como *Política, religión y arte*

---

[13] Su publicación *Vicios de nuestro lenguaje* (1893) convivió con otros repertorios, que perseguían los mismos propósitos: el *Diccionario abreviado de galicismos, provincialismos y correcciones* (1887) del colombiano Rafael Uribe, el *Pequeño diccionario de provincialismos y barbarismos centroamericano* (1905) del hondureño Próspero Mesa y el *Diccionario de provincialismos y barbarismos centroamericanos* (1910) del salvadoreño Salvador Salazar García.

[14] Fundador de la Academia Nicaragüense de la lengua, siguió la tendencia de Mariano Barreto y en su *Filología al pormenor* (1934) enumera y expone los barbarismos nicaragüenses utilizando como respaldo una copiosa bibliografía española.

(1921 y 1923), *Carta histórica, filosófica y religiosa* (1924), *Prosas de combate* (1925) y *Páginas literarias* (1925).

En cuanto a su labor puramente lingüística, participó en la sociedad literaria *La Aspiración* y creó la *Revista literaria, científica y de conocimientos útiles* (1888) y el Ateneo Nicaragüense (1896), que sirvieron como puntos de encuentro entre los intelectuales de la época. Involucrado, como se ha dicho, en el mantenimiento de la pureza del lenguaje, inició una campaña en contra de las incorrecciones y defectos lingüísticos del lenguaje oral y escrito, detectando la frecuencia de las voces, rastreando su procedencia y optando por la instrucción como método para eliminarlos (Arellano, 1977, p. 88). En su obra *Vicios de nuestro lenguaje* (1893) identificó como *vicios* vocablos que no eran incorrecciones ortográficas por lo general, sino que simplemente presentaban un carácter popular y propio de su nación. De hecho, en su publicación posterior, *Ejercicios ortográficos* (1900)[15], se centró en registrar las incorrecciones ortográficas más comunes en Nicaragua (Ramírez Luengo, 2023).

Sin embargo, a medida que sus investigaciones fueron avanzando y gracias a su relación epistolar[16] con Rufino José Cuervo comenzó a estimar y valorar las voces propias de Nicaragua e incluso emprendió un estudio sobre la lengua de Colombia y Nicaragua y escribió *Voces y locuciones usadas en Nicaragua*, que al parecer terminó, pero que no se publicó íntegramente[17]. Su orientación cambió y percibió que el pueblo español no manejaba mejor la lengua que el nicaragüense (Arellano, 1992b, p. 22).

A pesar de que su ideología fue cambiando con el paso del tiempo, predominó su actitud purista durante todo el siglo XIX. Barreto critica no solo la poca atención que se dirigía al idioma español y las continuas incorrecciones que se reflejaban en la lengua nicaragüense, sino la ausencia de instrucción en letras y humanidades en Nicaragua, causante de la mayoría de esos *vicios*. Todas estas ideas se ven reflejadas a lo largo de su obra, *Vicios de nuestro lenguaje*, como se verá a continuación.

---

[15] No se ha tenido acceso al repertorio, pues actualmente no se encuentra digitalizado. Se localiza en el Instituto de Historia de Nicaragua y Centroamérica, en concreto, en la Biblioteca Álvaro Argüello Hurtado S. J. (FN 411 B273)

[16] La correspondencia epistolar (1901-1908) se reprodujo en el *Boletín Nicaragüense de Bibliografía y Documentación* (núm. 15 1977, pp. 65-84).

[17] Solo se publicó la letra A en *La Revista* (núm. 9 1925, pp. 553-557).

4. Las actitudes lingüísticas en *Vicios de nuestro lenguaje* (1893)

La posibilidad de estudiar aspectos sociolingüísticos e ideológicos a través de un repertorio está vinculada con la importancia social, cultural e histórica que presenta un compendio, que va mucho más allá de su valor lingüístico. Antes de pasar al análisis de la publicación de Barreto, es conveniente recordar que una actitud lingüística podría definirse, en palabras de Francisco Moreno Fernández, de la siguiente manera:

> Manifestación de una actitud social de los individuos, distinguida por centrarse y referirse específicamente tanto a la lengua como al uso que de ella e hace en la sociedad, y al hablar de la "lengua" se incluye cualquier tipo de variedad lingüística: actitud hacia estilos diferentes, sociolectos diferentes, dialectos diferentes o lenguas naturales diferentes (Moreno Fernández, 2009, p. 177).

La obra de Barreto se considera un tratado didáctico que señala los errores más frecuentes en el hablar y en el escribir con el objetivo de mantener la pureza del idioma. La decisión del autor de titular su obra como *Vicios de nuestro lenguaje* puede estar influenciada por las políticas lingüísticas imperantes en Centroamérica, donde el español académico se establece como lengua oficial y prestigiosa, mientras que el uso de las variedades está estigmatizado negativamente y relegado a un escalón inferior. Barreto recopila una serie de usos supuestamente incorrectos documentados en Nicaragua junto con las formas correctas que deben emplearse en su lugar. Para justificarse, utiliza como fuentes explícitas autoridades y escritores nacionales de prestigio. En realidad, estas actitudes lingüísticas se relacionan en mínima medida con la lengua, pues son prejuicios ligados a las personas que hablan determinadas variedades, es decir, se deben más a fenómenos sociales que puramente lingüísticos (Blas Arroyo, 2004, p. 325).

A continuación, y con el objetivo de ampliar el estudio de las actitudes lingüísticas percibidas en *Vicios de nuestro lenguaje* (Martín Cuadrado, en prensa) se analizarán con detalle las páginas preliminares de su obra en busca de los principios ideológicos del autor y de la metodología de la que se sirve para justificar sus juicios.

4.1. Análisis de los preliminares

Desde el proceso de consolidación teórica y metodológica de la historiografía lingüística, se han desarrollado al menos cinco teorías: la teoría del canon[18], la teoría de las series textuales[19], la teoría de la gramatización[20], la teoría de la comunicación y teoría del caos[21] y la epihistoriografía. Esta última supuso una revolución en el análisis de los materiales útiles para la HL (Zamorano Aguilar, 2018, p. 409), pues se centra en contenidos de carácter paratextual y epitextual, no solo textual. Swiggers (2004, p. 116) definió epihistoriografía de la siguiente manera:

> Actividades de edición o de traducción de textos, de corrección de errores, en aplicación a las fuentes primarias y también las actividades de documentación prosopográfica (biográfica), heurística (información sobre archivos, ejemplares de obras, etc.) y bibliográfica (incluyendo bibliografías de varios tipos: sobre autores y textos, sobre obras, sobre conceptos, etc.).

Sin embargo y siguiendo la ampliación del concepto de Zamorano Aguilar (2018, p. 211) que incluía en el estudio de la epihistoriografía los documentos "marginales" como los prólogos, las dedicatorias, las notas al pie, etc., el presente estudio ha puesto el foco de atención en esas páginas preliminares. Por lo tanto, una de nuestras hipótesis de trabajo es que los paratextos complementan e incluso son imprescindibles, pues ofrecen datos esenciales para una comprensión global del repertorio. Específicamente, se trata de mostrar cómo los preliminares reflejan referencias sustanciales para el estudio de la ideología lingüística.

En repertorio está formado por tres paratextos: un prólogo (pp. 3-5), escrito por el abogado y literato nicaragüense Modesto Barrios (1849-1926), director de la Biblioteca Nacional de Managua y fundador de diversos periódicos y revistas de Centroamérica (Coloma Gonzales, 1992, p. 303); unas páginas tituladas "Ensayos sobre el idioma" (pp. 7-15) redactadas por Alfonso Ayón (1858-1944), fundador de la Academia Nicaragüense de la Lengua, seguidor

---

[18] Estudia las fuentes, los precedentes y las diversas influencias (Escavy, 2004; Quijada, 2008, 2012; Zamorano Aguilar, 2010, 2017, 2018).

[19] Analiza históricamente las ideas lingüísticas y su evolución en el tiempo (Hassler, 2002; Zamorano Aguilar, 2008, 2012, 2018; Gaviño Rodríguez, 2020, 2021; Garrido Vílchez, 2023).

[20] Estudia las clases y las categorías gramaticales (Auroux, 1994, Zamorano Aguilar, 2010, 2018, 2022).

[21] Interpreta un hecho historiográfico (texto) como un acto de comunicación (Zamorano Aguilar, 2008, 2012, 2019).

de Barreto y autor de *Filología al pormenor*[22] (1934) (Arellano, 1992b, p. 22); y unas "Breves explicaciones" (pp. 17-19) escritas por el propio Barreto. Estas tres secciones reflejan no solo los principios ideológicos del autor principal del repertorio, sino también de otras dos autoridades nicaragüenses en las que Barreto se apoya para justificar sus ideales[23].

A partir del prólogo de Modesto Barrios[24], se muestran aspectos ideológicos hacia la lengua de Centroamérica en general: "no puede Centro América sentirse orgullosa de su adelanto intelectual" (Barreto, 1893, *prólogo*) y justo a continuación se critica la ausencia de profesionales en la enseñanza de la lengua:

> Los hombres que recibieron su educación hasta á mediados de este siglo, y aun años más tarde, *no tuvieron ni maestros ni libros de quienes aprender las nociones fundamentales del saber moderno* (Barreto, 1893, *prólogo*).

A finales del siglo XIX, países como Nicaragua o El Salvador presentaban una tasa de alfabetización muy pequeña[25] pues, por cada niño inscrito en la escuela, había tres o cuatro que no lo estaban (Newland, 1991, p. 359). Por esta razón, el prologuista solo justifica la ausencia de normatividad en las clases bajas y populares puesto que no pueden acceder ni a la cultura ni a la escuela, mientras que el resto de los estratos sociales debe hacer un buen eso del castellano académico. No hay que olvidar que la mayoría de los autores proponían utilizar un código elaborado que siguiera al español normativo, considerado como modelo de autoridad desde el siglo XVIII (Blas Arroyo, 2007, p. 24). La siguiente cita refleja de manera evidente esta situación:

> *Manifestación inequívoca de esa cultura, es el uso recto, apropiado, del idioma nacional. No es posible que, hasta las últimas clases del pueblo, por muy adelantado que se encuentre, se expresen con la propiedad debida*; pero sí lo es que lo hagan

---

[22] Sigue la misma metodología que *Vicios de nuestro lenguaje* (1893), pues justifica sus anotaciones a través de bibliografía española.

[23] Mariano Barreto refleja su doctrina no solo a partir de sus juicios personales, sino a través de la incorporación de intelectuales nicaragüenses de la época.

[24] Es el encargado de aprobar la publicación: "signo de esta aprobación por parte mía, aunque insignificante, son estas líneas que Barreto ha querido poner al frente de su obra" (Barreto, 1893, *prólogo*).

[25] Para un estudio completo sobre el sistema educativo y la alfabetización en Centroamérica puede verse el trabajo de Iván Molina Jiménez, "La alfabetización popular en El Salvador, Nicaragua y Costa Rica: niveles, tendencias y desfases (1885-1950)" (2002).

las gentes, no sólo de la Academia, sino también las de una mediana instrucción. Pueblo que habla y escribe con claridad, precisión y exactitud, es natural que sea culto; que la palabra, como expresión del pensamiento, es espejo en que se refleja el espíritu humano con sus cualidades y sus defectos, su luz y sus sombras. Por eso el lenguaje confuso, desaliñado, impropio, demuestra un entendimiento con nociones incompletas, desordenadas y erróneas (Barreto, 1893, *prólogo*).

Incluso en este preliminar se proyectan el destinario principal y el objetivo perseguido por Barreto con su publicación, que no es otro que corregir los errores cometidos en el idioma nacional para que la juventud conozca cuáles son los modelos del "buen hablar", pues su desconocimiento podía llegar a tener consecuencias negativas en el progreso social y material de las generaciones más jóvenes.

> El libro que publica ahora el señor don Mariano Barreto, tiende á corregir muchos errores que cometemos en el uso de nuestro idioma, no sólo en conversación familiar, sino también cuando con el público hablamos. Esa pequeña obra honra á su autor por el esfuerzo inteligente y perseverante que ella demuestra. *La juventud encontrará en sus páginas indicaciones apropiadas, avisos oportunos y escogidos modelos de bien decir* (Barreto, 1893, *prólogo*).

En segundo lugar, el citado Alfonso Ayón incluye una pequeña digresión sobre las distintas obras difundidas relacionadas con la lengua de Nicaragua. A través de estas páginas, Ayón dota de prestigio al repertorio de Barreto, defiende el ideal de pureza lingüística nacional y ataca la entrada de neologismos y de construcciones externas al idioma:

> Dicho se está que en la amplia generalidad de ese criterio caben desahogadamente los *neologismos innecesarios ó en que se prescinde de las reglas de recta derivación, y que usurpan el lugar correspondiente a voces castizas*, relegadas injustamente al olvido; la restauración inoportuna y sistemática de arcaísmos con que la pedantería afea el lenguaje, introduciendo en él oscuridad y afectación; el empleo de voces exóticas y de construcciones extrañas al genio del habla nativa; en una palabra, cuantos absurdos pueden producir á un tiempo el descuido, la ignorancia y la moda. (Barreto, 1893, p. 10).

> No vacilan en sembrar el lenguaje de *neologismos extravagantes*, si los consideran expresivos, en plagarlo de *esdrújulos caprichosos* con que piensan darle musical suavidad, y en desfigurarlo con la adopción de *construcciones contrarias á su índole y á* las leyes inflexibles de su sintaxis (Barreto, 1893, p. 14).

Además, a través de este preliminar se identifican claramente las dos tendencias existentes en Centroamérica en el siglo XIX: la corriente purista que defendía la existencia de un único idioma con una visión tradicionalista y conservadora, y el movimiento americanista, que se inclinaba por la valoración de las lenguas indígenas y su estudio. A través de la siguiente cita se percibe cómo Ayón y Barreto son partidarios del purismo de la lengua y juzgan negativamente las ideas americanistas:

> Sobre todo, del asentimiento ó tolerancia con que se reciben esas doctrinas anárquicas, que invocando *ideas de libertad, progreso y americanismo, abren la puerta á todo género de reformas y tienden á entregar el rico y sagrado depósito de la lengua á merced del espíritu radicalmente innovador de nuestra época y á los instables caprichos de la humana voluntad* (Barreto, 1893, p. 15).

Incluso en las páginas escritas por Ayón se proyecta la metodología utilizada por el autor, quien se sirve de figuras de autoridad y de escritores prestigiosos nacionales[26] para justificar la identificación de una determinada voz como *vicio*. Sin embargo, no lo considera un patrón estrictamente fiable para todos los casos:

> Conviene tener presente que los ejemplos aislados de uno que otro autor no bastan para resolver con acierto, en cada caso particular, los diversos problemas filológicos que pueden ofrecerse a nuestro estudio. *Defender un vicio de dicción con el solo argumento se haberlo encontrado en algún pasaje de cualquiera de los escritores españoles que vivieron en los siglos XVI y XVII, es recurso muy cómodo á que apelan los que ó no quieren tomarse el trabajo de discurrir ó carecen de los conocimientos necesarios en la materia*, por no haber dado á su instrucción literaria una base científica (Barreto, 1893, p. 11).

> Y á la verdad, gravemente erraría quien se empeñase en sostener sus propios descuidos ortográficos citando los que cometieron Calderón y Cervantes, ó quien adujese ejemplos de Fray Luis de León ó de Mariana para defender el uso de ciertos latinismos y arcaísmos, ó quien se escudase con textos de Quevedo ó de Jauregui para autorizar el empleo de algunas locuciones tomadas del italiano y del francés. *El estudio constante de los clásicos es indispensable á fin de familiarizarse con la buena frase castellana, conocer los preciosos y recónditos tesoros del idioma y dar al estilo aquella graciosa y galana sencillez que adorna los insignes modelos; pero el respeto que debemos á la memoria de éstos y la justa admiración que nos inspira su fama no deben llevarnos hasta el extremo de imitar los yerros y descuidos en que alguna vez incurrieron* (Barreto, 1893, pp. 11-12).

---

[26] Sería conveniente observar cuáles son las fuentes explícitas citadas por el autor para un estudio completo del canon utilizado.

Se cierra este segundo preliminar con la reiteración del propósito de Barreto con su obra, que no es otro que lograr detener la corrupción que invade al idioma debido a la ausencia de preparación en letras[27]:

> *La corrupción que invade nuestro idioma, originada de la poca solidez con que generalmente se hacen los estudios preparatorios para la carrera de letras*, del completo desprecio con que se mira la enseñanza de lenguas sabias, del influjo dañoso que ejerce la constante lectura de mañas traducciones, de la precipitación y el descuido que caracterizan las producciones de la prensa diaria (Barreto, 1893, p. 15).

En tercer lugar, el autor incorpora unas "Breves explicaciones" (pp. 17-19). En ellas, dirige su repertorio a las personas de menor instrucción y nuevamente ataca a las autoridades, culpables de la poca instrucción y de las incorrecciones detectadas en la lengua:

> *Escribo en esta metrópoli, donde no hemos tenido profesores competentes – no digo de idiomas muertos- ni de nuestro propio idioma; donde no hay bibliotecas públicas ni privadas, ni filólogos con quienes consultar. ¡Ojalá que este pálido ensayo mío estimule á otras personas á publicar libros más bien pensados y mejor escritos!* (Barreto, 1993, p. 17).

Además, se sirve de estas breves páginas para justificar la publicación de su obra, a pesar de las similitudes con otras coetáneas como las *Apuntaciones críticas del lenguaje bogotano* (1872) de Rufino José Cuervo. Barreto incorpora los siguientes rasgos distintivos respecto a la publicación de Cuervo (Barreto, 1893, p. 18):

- El erudito filólogo colombiano censura muchas palabras sin aducir la prueba de sus asertos[28].
- Algunas voces criticadas por él se usan en Nicaragua con distinto sentido o forma que en Colombia[29].

---

[27] Se observa de la misma manera en el prólogo de Modesto Barrios.
[28] Mariano Barreto incorpora en todas las entradas de sus obras las fuentes bibliográficas en las que se apoya para justificar sus ideas: el Diccionario de la Academia, las figuras de Quevedo y Cervantes, las obras de Rufino José Cuervo, de Batres Jáuregui, etc.
[29] Por ejemplo, el lema *barranca* o *barranco* se utiliza en Nicaragua para hacer referencia a los paredones o alturas de tierra, mientras que en Colombia las voces identifican las quiebras profundas que hacen en la tierra las corrientes de agua (Barreto, 1893, p. 50).

- La obra de Cuervo solo se ve en manos de personas aficionadas a las letras[30].
- En algunas ocasiones, Barreto difiere de la opinión de Cuervo y de la Real Academia Española[31].

Y justifica la introducción de las voces en su compendio:

> Todas las voces criticadas por mí, las he oído en la conversación familiar ó las he visto escritas; con las mismas acepciones que en este libro les doy; y que, comprender en un ensayo como el que ahora publico, todos los significados erróneos con que tantísimas palabras se usan en nuestro país, es por ahora una empresa harto difícil si no imposible (Barreto, 1893, p. 18).

Por último, introduce una lista de las principales obras citadas en este libro (pp. 21-25) que, no son objeto de estudio en el presente análisis, pues adquieren importancia para el estudio de la ya citada teoría del canon de HL[32], esto es, el estudio de las fuentes de las que bebe Mariano Barreto para la configuración de su compendio. Pueden destacarse las obras de carácter general y normativo de la Real Academia Española, la *Gramática de la lengua castellana* (1881) de Andrés Bello, el *Diccionario de la lengua castellana* (1883) de Vicente Salvá, el *Diccionario de construcción y régimen de la lengua castellana* (1886) de Rufino José Cuervo, el *Diccionario general abreviado de la lengua castellana* (1887) de Lorenzo Campano, el *Nuevo diccionario de la lengua castellana* (1888) de Roque Barcia, etc.; obras coetáneas y similares en estructura y contenido como las *Apuntaciones críticas del lenguaje bogotano* (1885) de Rufino José Cuervo, la *Colección de voces y locuciones viciosas que se usan en Guatemala* (1892) de Antonio Batres Jáuregui; publicaciones de carácter literario como las *Disertaciones y juicios literarios* (1882) de Juan Valera, las *Joyas de la Literatura* (1885) de Fernando Soldevilla, la *Antología de poetas líricos castellanos* (1890) de Marcelino Menéndez y Pelayo, los *Elementos de literatura de* José Coll

---

[30] Barreto destina su obra a la mayoría de la población de Nicaragua (Barreto, 1893, *breves explicaciones*): "el libro que ahora publico no es un libro de erudición filológica, ni mucho menos; sin embargo, creo que será de utilidad para la mayor parte de los nicaragüenses".

[31] Por ejemplo, bajo la entrada *cocho*, Barreto añade lo siguiente: "La Academia no le pone la nota de anticuado á este participio irregular del verbo cocer; sin embargo, para nosotros lo es tanto, como arrepiso de arrepentir" (Barreto, 1893, p. 96).

[32] Véase la nota al pie número 12.

y Vehí, etc.; o referencias a obras de escritores clásicos como Francisco de Quevedo, Luis de Góngora, Santa Teresa de Jesús, José de Espronceda, Miguel de Cervantes, Leandro Fernández Moratín, Lope de Vega, José Francisco de Isla, etc. Sin embargo, el hecho de que la mayoría de las fuentes citadas procedan de las letras españolas pone de manifiesto la relevancia que el castellano académico adquiere como lengua oficial de la nación y como regulador de los usos lingüísticos en la Nicaragua decimonónica.

5. Conclusiones

En el presente estudio se ha llevado a cabo no solo un análisis lingüístico sino también social e historiográfico que ha permitido mostrar información valiosa sobre la consideración del español de Nicaragua en la segunda mitad del siglo XIX a través de uno de los pioneros en su estudio. Mariano Barreto concibe su obra como un compendio instructivo, en el que introduce voces "incorrectas", "vulgares" y "viciosas" que no siguen los parámetros del español normativo y que por tanto son sancionadas por el propio autor.

Por otro lado, gracias al análisis de los preliminares de la obra ha sido posible conocer cuáles fueron las actitudes lingüísticas hacia la variedad nicaragüense en el periodo republicano. Sin embargo, no solo se han extraído los pensamientos ideológicos de Barreto, sino también de Barrios y Ayón, intelectuales y estudiosos de la lengua, que contribuyeron en los paratextos del repertorio. En todos los casos, se aboga por un uso del español académico, alejado no solo de los extranjerismos, sino también de todas aquellas voces consideras propias de un lugar determinado, en este caso, de Nicaragua.

Además, fruto de este enfoque metodológico, se ha podido observar la relación entre los hechos lingüísticos con los aspectos contextuales, pues han quedado reflejados en las páginas iniciales de su obra acontecimientos de la realidad nicaragüense del siglo XIX como pueden ser la existencia de las corrientes puristas y americanistas, la poca preparación en letras o el analfabetismo mayoritario de la población.

En definitiva y debido a la ausencia de estudios sobre el español centroamericano, conocer la obra de Barreto nos permite, desde el punto de vista historiográfico e ideológico, comprender parte de la historia desatendida de Nicaragua en el siglo XIX.

Con el objetivo de realizar un análisis lo más detallado posible de los trabajos de Mariano Barreto, sería conveniente realizar una contribución posterior para continuar analizando las actitudes lingüísticas en *Idioma y letras* (1904), compendio publicado posteriormente en el que parece que el autor muestra una actitud mucho más favorable hacia su variedad.

Bibliografía

Corpus primario

Barreto, M. (1893). *Vicios de nuestro lenguaje*. Tipografía J. Hernández.

Corpus secundario

Arellano, J. E. (ed.) (1992a). *El español de Nicaragua y 'Palabras y modismos de la lengua castellana según se habla en Nicaragua [1874] de C.H. Berendt'*. Instituto nicaragüense de cultura hispánica.

—— íd. (1992b). Los pioneros en el estudio del habla nicaragüense. En J.E. Arellano (ed.), *El español de Nicaragua* (pp. 15-28). Instituto nicaragüense de cultura hispánica.

—— íd. (1977). Bibliografía analítica de Mariano Barreto. *Boletín Nicaragüense de Bibliografía y Documentación*, 15, 85-90.

Blas Arroyo, J. L. (2004). *Sociolingüística del español. Desarrollos y perspectivas en el estudio de la lengua española en contexto social*. Cátedra.

—— íd. (2007). El poder de la tradición popular española en la pervivencia de actitudes en torno a las variedades de contacto peninsulares. *Páginas de Guarda: revista de lenguaje, edición y cultura escrita*, 3, 11-32.

Breckle, H. E. (1986). What is history of linguistics and to what end is it produced? A didactic approach. En T. Bynon y F. Robert Palmer (eds.), *Studies in the history of Western Linguitics: in honour of R.H. Robins* (pp. 1-10). Cambridge University Press.

Castellón Barreto, S. (2012). Familia Barreto en Nicaragua. San José, Costa Rica. https://studylib.es/doc/8355035/familia-barreto-en-nicaragua&gt

Coloma Gonzales, F. (1992). La biblioteca nacional de Nicaragua. *Boletín de la Anabad*, 42 (3-4), 301-311.

Fernández Gordillo, L. (2014). La lexicografía del español y el español hispanoamericano. *Andamios. Revista de Investigación social*, 11 (26), 53-89. https://doi.org/10.29092/uacm.v11i26.198

Lowe, L. (2013). Carl Hermann Berendt: una concepción científica en los estudios mayas del siglo XIX. En A. Tarecena (ed.), *Miradas regionales. Las regiones y la idea de nación en América latina, siglos XIX y XX* (pp. 295-312). Universidad Nacional Autónoma de México.

Martín Cuadrado, C. (2024). ¿Gozaba de prestigio la lengua de Nicaragua en el siglo XIX? Clasificación de las actitudes lingüísticas negativas en *Vicios de nuestro lenguaje* (1893). *Etudes romanes de Brno*, 45/1, 30-54.

Moreno Fernández, F. (2009). *Principios de sociolingüística y sociología del lenguaje*. Ariel.

Newland, C. (1991). La educación elemental en Hispanoamérica: desde la independencia hasta la centralización de los sistemas educativos nacionales. *Hispanic American Historical Review*, 71(2), 335-364. https://doi.org/10.1215/00182168-71.2.335

Quesada Pacheco, M. A. (2008). El español de América Central ayer, hoy y mañana. *Boletín de Filología*, 43, 145-174.

—— íd. (2020). Actitudes hacia las lenguas indígenas centroamericanas en el siglo XIX. En M. Rivas Zancarrón y V. Gaviño Rodríguez (coords.), *Creencias y actitudes ante la lengua en España y América (siglos XVIII y XIX)* (pp. 323-339). Iberoamericana Editorial Vervuert.

Ramírez Luengo, J. L. (2023). Barreto, Mariano (1856-1927). En M. Alvar Ezquerra (2022), *Biblioteca Virtual de la Filología Española (BVFE): directorio bibliográfico de gramáticas, diccionarios, obras de ortografía, ortología, prosodia, métrica, diálogos e historia de la lengua* [en línea]. www.bvfe.es

Soto Quirós, R. y Díaz-Arias, D. (2007). *Mestizaje, indígenas e identidad nacional en Centroamérica: de la colonia a las repúblicas liberales*. Facultad Latinoamericana de Ciencias Sociales (FLACSO).

Swiggers, P. (2004). Modelos, métodos y problemas en la historiografía de la lingüística. En C. J. Corrales Zumbado, J. Dorta Luis, A. Nelsi Torres, D. Corbella Díaz, F. M. Plaza Picón (coords.), *Nuevas aportaciones a la historiografía lingüística: actas del IV Congreso internacional de la Sociedad Española de Historiografía Lingüística (SEHL) (La laguna, 22 al 25 de octubre de 2003)* (pp. 113-146). Arco Libros.

Villavicencio, F. (2010). Entre una realidad plurilingüe y un anhelo de nación. Apuntes para un estudio sociolingüístico del siglo XIX. En R. Barriga Villanueva y P. Martín Butragueño (dirs.), *Historia sociolingüística de México, 2* (pp. 14-106). El Colegio de México.

Zamorano Aguilar, A. (2018). Series textuales y gramaticalización de categorías morfológicas en la España del primer tercio del siglo XX. A propósito del 'Tratado elemental de la lengua castellana' de Rufino Blanco Sánchez (1868-1936). *Pragmalingüística*, 26, 407-441. https://doi.org/10.25267/pragmalinguistica.2018.i26.20

Wande, B. (2003). El habla nicaragüense: raíces y creatividad. *Lengua. Boletín de la Academia Nicaragüense de la Lengua*, 2 (26), 81-124.

Glotofobia y actitudes lingüísticas hacia el español de Canarias y de Andalucía. Resultados de una encuesta aplicada a un grupo canario

Antonio Martín Piñero
Universidad de La Laguna
Instituto Universitario de Lingüística Andrés Bello

RESUMEN
Los métodos, herramientas y enfoques del estudio lingüístico han experimentado distintos cambios a lo largo de las últimas décadas. Este trabajo presenta los resultados de una encuesta lingüística aplicada a un grupo de hablantes canario de distintas Islas, cuyo análisis se desarrolla a través de las perspectivas glotopolítica y sociolingüística. Dicha encuesta aborda cuestiones relativas a la percepción y las actitudes que se tienen desde el español de Canarias hacia su propia variedad y hacia el español de Andalucía. Tras un mapeo del estado de la cuestión en materia glotopolítica y actitudinal en el español de Canarias y Andalucía, se analizarán dichos resultados para exponer las tendencias principales que se han observado en la muestra.

Palabras clave: sociolingüística, glotopolítica, Español de Canarias, Español de Andalucía, glotofobia, actitudes Lingüísticas

1. Introducción y estado de la cuestión

La lengua, el habla de cada persona, es una pieza de enorme importancia en el puzle que conforma nuestra imagen social[1], la «cara» que queremos mostrar en las distintas situaciones comunicativas, o atendiendo a nuestra posible audiencia, dado que «audience design also accounts for bilingual or bidialectal code choices» (Bell, 1984: 145). Por lo general, la voluntad es dar una imagen social y afectivamente positiva[2], ligada a los valores y virtudes que culturalmente se asocian a ese polo: buena educación, compromiso, seriedad, cercanía; etc. No obstante, dar esa "buena" imagen no siempre

---

[1] La identidad tanto personal como de grupo que viene dada por el uso de la lengua (Morgenthaler García, 2008).
[2] Si bien es cierto que criterios como «positivo», «negativo» o «neutro» pueden variar entre las distintas investigaciones, para el caso que nos ocupa, entendemos como «positivas» las actitudes o manifestaciones que redundan en una mayor promoción social, dentro o fuera del grupo, frente a aquellas «negativas» que limiten dicha promoción.

está en manos de la persona, ya que, para poder aprehender la realidad de manera más sencilla, existen una serie de prototipos en el imaginario social, heredados por lo común, que vinculan directamente a un tipo de persona con un comportamiento determinado[3]. Lo expresan en clave glotopolítica Del Valle, Lauria, Oroño y Rojas (2021): «La indicialización, por su parte, es el proceso en virtud del cual, aprovechando el metalenguaje, se establecen vínculos entre formas lingüísticas y categorías nacionales, regionales, sociales, psicológicas, étnicas, de género, de educación, de inteligencia, etcétera» (Del Valle, Lauria, Oroño y Rojas, 2021: 17).

En este caso, ese «tipo» social viene dado, indicado, por el acento –la variedad lingüística–, y está condicionado por factores ideológicos. Nos movemos en la dirección de autores como Bourdieu y Boltanski al entender que existe una variedad del español, el castellano, que se ha elevado a normativa, relegando a la periferia a las demás variedades, y adquiriendo un valor/ poder simbólico[4] de carácter mercantilista que asocia esa variedad con la mayor promoción social y económica (Bourdieu, 1985: 19-20). Un ejemplo de ese poder simbólico que adquieren/ pierden las variedades en relación con otras, en términos de «variedad dominante» y «variedad dominada», es el que describe para el andaluz Rodríguez-Iglesias (2019); al interaccionar con otra variedad, considerada dominante, el andaluz queda relegado al espacio del «no ser», la periferia discursiva. De este modo, reconocemos la enorme importancia de la lengua estandarizada para la vida socioeconómica de las personas, que facilita o dificulta su entrada a determinados mercados laborales –por lo general relacionados con puestos de poder o la labor audiovisual– (Sankoff y Laberge, 1978).

Aunque se trate de un trabajo que parte de la sociolingüística, se ha acudido a la glotopolítica para poder no solo dar explicaciones más completas

---

[3] En la interacción social (en persona o no: redes sociales, medios de comunicación, contenido audiovisual, etc.) se despliega un imaginario de estereotipos, tradiciones, relaciones que condicionan nuestra manera de categorizar, *a priori*, a nuestros interlocutores. Ese imaginario puede predisponer al hablante a una serie de actitudes, tanto negativas como positivas, frente a los distintos grupos de habla, que varían o no en función de la propia experiencia.

[4] Las actitudes son fuertes disparadores de la ideología y, con ella, de la actuación: «Las actitudes, en fin, suponen, ante todo, una activación de los mecanismos simbólicos potenciales en todas las lenguas» (Almeida, 1995, p. 41).

de la realidad lingüística estudiada, sino también para dotarnos de otras herramientas metodológicas y de análisis, ya que, como afirman del Valle y Meirinho (2018: 5) «Adoptar una perspectiva glotopolítica significa afirmar que existen –al menos– zonas de la vida del lenguaje inseparables de lo político y que asimismo hay –al menos– zonas de lo político inseparables del lenguaje». En este sentido, podemos afirmar que en la sociedad existen una serie de relaciones de poder/ dominación, establecidas por motivos político-ideológicos fundamentalmente que afectan a otras dimensiones de la persona, como la lengua. En este artículo se asume que la lengua se puede someter a un análisis crítico del discurso (Van Dijk, 2003) y que este es, de hecho, necesario para estudiar las intersecciones entre lengua, sociedad y cultura. Asimismo, el acto de habla no se encuentra libre de una ideología concreta, que impulsa al hablante en una u otra dirección en cada contexto de habla (Schieffelin, Woolard, y Kroskrity, 2012). Estas relaciones son las encargadas de desplegar la red de actitudes y comportamientos lingüísticos, vinculadas también a otras esferas que intervienen en la percepción de las variedades, como el «atractivo individual, atractivo social y estatus socioeconómico» (Chamorro y López, 2020: 44).

Más allá del aspecto físico, uno de los rasgos más notorios a primera vista de alguien es su manera de hablar, vinculada esta a un grupo social y, este, a unos estereotipos concretos. Esta vinculación, esta actitud frente a la caracterización de la persona, conlleva una serie de actuaciones y no solo de pensamientos recogidos en nuestra encuesta: discriminación laboral, dificultades para conseguir un alquiler, insultos, etc.

Tras un breve mapeo del estado de la cuestión en clave glotopolítica y sociolingüística de estas variedades, se expondrán los resultados y análisis de dicha encuesta, que tiene como fin evidenciar las caracterizaciones y actuaciones asociadas al rechazo de las variedades del español estudiadas. Un rechazo que no se produce necesariamente por las características de la variedad lingüística en sí, sino por los factores extralingüísticos asociados a ella: «No podemos olvidar que la predilección por una u otra variedad no viene dada tanto por los rasgos que las definen como por la asociación de un determinado grupo con ciertos valores de tipo extralingüístico» (Fernández Juncal, 2019: 18).

Así, este artículo ahonda en la glotofobia y las actitudes lingüísticas negativas, la discriminación que esto supone, en hablantes de Canarias hacia sí mismos y hacia el español de Andalucía[5]. Estas dos comunidades han sido seleccionadas dados los factores de convergencia que existen entre ellas, como señala Guerrero Salazar:

1. Ambas son formas de hablar español cuya peculiaridad reside fundamentalmente en la pronunciación.
2. Ambas poseen una notable diversidad (no existe ningún rasgo fonético común ni a todos los hablantes andaluces ni a todos los canarios, ni tampoco ninguno que sea exclusivo de ninguna de estas modalidades).
3. Ambas comparten rasgos del denominado español meridional o atlántico.
4. Ambas padecen cierta estigmatización histórica.
5. Ambas son periféricas y han visto distorsionada la percepción que se tiene desde el exterior, pues quedan supeditadas al constructo idealista de la lengua estándar.
6. Ambas aparecen con frecuencia en la prensa por polémicas que se convierten en noticia y que son objeto de valoraciones lingüísticas a través del periodismo de opinión (Guerrero Salazar, 2020a) y de las redes sociales. Guerrero Salazar (2021, pp. 2-3)

Además de por estar históricamente relacionadas ambas variedades: «El español que se trae al Archipiélago es, en esencia, una proyección del que entonces se hablaba en Andalucía occidental, y la influencia metropolitana de Sevilla resulta manifiesta» (Almeida y Díaz Alayón, 1988: 13). Estos autores también señalan hacia el papel determinante del prestigio:

---

[5] Tanto el español de Canarias como el de Andalucía, entre sus distintas regiones, presentan diferencias concretas: no es lo mismo el habla de la isla de Gran Canaria que la de Tenerife, o la de Sevilla que la de Cádiz, por ejemplo, e incluso diferencias entre ciudades (Serrano, 1994). Sin embargo, lo que aquí estudiamos son las actitudes que se desprenden de los conceptos amplios «español de Canarias» y «español de Andalucía», no de sus diferencias específicas dentro de la variedad, sino con el foco en la interacción con otras variedades diatópicas amplias. Si bien se dan diferencias léxicas, fonéticas o gramaticales destacables dentro de cada grupo, estas no son tan evidentes en materia de actitudes, lo que permite estudiarlas como un bloque, sin dejar de reconocer la necesidad de estudios más especializados.

[...] hay que tener en cuenta la intervención de un importante factor de índole sociológica ya apuntado: el prestigio lingüístico. Ello lleva aparejado la inevitable valoración negativa de los dialectalismos, que son vistos de esta manera como formas inseguras, incultas y vergonzosas que hay que ir eliminando y sustituyendo de modo progresivo y silencioso (Almeida y Díaz Alayón, 1988: 14-15).

Entendemos que el habla de la persona se sitúa como el eje alrededor del cual se articula toda una red de supuestos, de actuaciones, influenciados por factores extralingüísticos, pero que parten del uso de la lengua de los interlocutores. De esta manera, según cómo se exprese el hablante, se establecerán en la interacción unos roles y unos supuestos concretos, generalmente vinculados a relaciones de poder. En este sentido, hay que traer a colación lo expresado por Lauria (2020: 152): «los modos de disciplinamiento discursivo que se propagan muy rápidamente a escala global fundan una nueva forma neocolonial de dominación, como lo es la financiera y la cultural». También, en esta línea, Narvaja de Arnoux (2016: 30) postula que «Esta subalternización, que recurre a distintos procedimientos según los textos y las épocas es una de las formas de reproducir las desigualdades sociales, en lo que los instrumentos lingüísticos en muchos casos han colaborado», ya que la discriminación lingüística suele coincidir con otras de tipo socioeconómico en regiones como Canarias y Andalucía, y que han venido dándose durante generaciones.

Las actitudes lingüísticas que se producen en la población hacia la manera de hablar ajena y propia son una cuestión que está adquiriendo mayor interés social en la actualidad, y que ocupa no solo trabajos y encuentros académicos sino también espacios en los medios de comunicación y redes sociales. Estas actitudes, como se ha apuntado, se mueven en un *continuum* desde «positivas» hasta «negativas», pasando por un estadio medio de cierta «neutralidad» o indiferencia[6]; sin embargo, no todas las manifestaciones tradicionalmente asociadas a lo «positivo» lo son, más al contrario, como apreciaremos en este

---

[6] La supuesta «neutralidad» de algunas manifestaciones viene por lo general concedida por el carácter descriptivo de estas. Por ejemplo, calificar al español de Canarias como «seseante» o al de Andalucía como «sonoro» (ejemplos extraídos del corpus de respuestas) no son, en principio, manifestaciones de actitudes negativas o positivas, sino más bien descripciones lingüísticas formales.

trabajo, la población percibe como «negativos» comentarios del tipo «este acento es atractivo», entendiendo que se cae en una suerte de cosificación[7].

Nos acercaremos, gracias a los resultados de la encuesta, a ejemplos concretos de rechazo, estigmatización, burla o estereotipación, y se fijarán las distintas tendencias generales de las actitudes hacia el español de Canarias y Andalucía, con especial atención a los puntos coincidentes entre ellas. Estas manifestaciones de una actitud de rechazo hacia una variedad son propias de fenómenos como la referida «glotofobia», definida por Philippe Blanchet (2016) como «el desprecio, el odio, la agresión, el rechazo o la exclusión de personas sobre el hecho de considerar incorrectas, inferiores o malas ciertas formas lingüísticas[8]». También lo son de otros fenómenos como el «hablismo», concretado por Trujillo Unquiles[9] (2020: 4) como «[…] los prejuicios y discriminaciones que se tienen hacia aquellos hablantes de variedades diferentes a las que consideran inferiores».

Artículos como los de del Valle, Lauria, Oroño y Rojas (2021) o Narvaja de Arnoux (2016), afirman la existencia de una tipificación y tipologización discursiva que discrimina una forma de hablar determinada mientras que promociona otra; en este caso, al castellano como norma sobre el resto de variedades de la lengua. Así, como se advierte en los resultados del cuestionario, existe un discurso público, con una tendencia recomendada a la homogenización centralista, más o menos implícito, institucionalizado, frente a un discurso privado que sigue los usos y formas vernáculos de cada hablante y su entorno, que queda restringido a determinadas situaciones comunicativas y excluido de otras. Esto se relaciona con el prestigio abierto y el prestigio encubierto sobre los que discutían autores como Labov (1966/ 1982) o Trudgill (1975/ 1978), y nos lleva a esa aparente contradicción en el hablante al coexistir dos normas que se alternan: «El efecto que las creencias producen sobre las conductas de sus poseedores no siempre es coherente y podemos encontrar situaciones en que existe una evidente contradicción entre la actuación lingüística y las manifestaciones explícitas de los hablantes» (Fernández Juncal, 2019: 2). Como se

---

[7] De reducción del individuo a un estereotipo sexo-afectivo, en términos de «mayor o menor deseabilidad».

[8] Traducción extraída de Guerrero Salazar (2021).

[9] Podemos atribuir una primera definición del concepto, que ayuda a delimitarlo, a Diz Pico (2016): «es el prejuicio de alguna gente hacia la variedad de habla que una persona ha elegido, diferente a la que ellos usarían, por ser alejada del artificial canon ideal que ellos toman como referencia».

pone de manifiesto en artículos como los de Ruiz Pareja (2015), Guerra (2017), Manjón-Cabeza Cruz (2018), Chamorro y López (2020), o Trujillo Unquiles (2020), estas variedades de la lengua sufren actitudes y actuaciones de rechazo tanto desde fuera como desde dentro del propio grupo.

2. Metodología y muestra

2.1. Metodología

Para obtener los datos se elaboró y distribuyó una encuesta electrónica[10] con preguntas tanto de selección múltiple como de respuesta abierta que permitieran no solo caracterizar a cada hablante, sino también obtener ejemplos reales, concretos, de situaciones de glotofobia. De este modo, se pretende un acercamiento a través del cuestionario a las dos maneras de detectar las actitudes recogida por Fernández Juncal:

> La detección de las actitudes puede llevarse a cabo de manera indirecta por la consideración de tipo personal (inteligencia, honestidad, simpatía, etc.) que merecen los hablantes de una determinada modalidad lingüística, pero también por el juicio explícito que recibe la propia variedad, casi siempre en términos de corrección (Coseriu 1993). (Fernández Juncal, 2019: 2).

Una vez elaborada la encuesta, esta se aplicó a un grupo de control, tras lo cual se hicieron una serie de modificaciones con atención a lo expuesto por el grupo, previo a la difusión en redes sociales del cuestionario definitivo. La difusión se hizo de manera telemática, a través del procedimiento de «bola de nieve».

Antes de comentar la muestra de población obtenida, repasaremos los distintos bloques que componían la encuesta. Esta constó de 28 preguntas, repartidas por su temática en cuatro bloques:

1. Datos personales y criterios de inclusión y exclusión. Este bloque permite distribuir la muestra (edad, género, isla de procedencia, grado de formación lingüística) además de descartar algunas respuestas. Se incluyó una

---

[10] Cuya pertinencia para estos estudios ya ha sido tratada por autores como Ramallo y Lorenzo (2002, p. 49): «As posibilidades que ofrecen as novas tecnoloxías e o seu extraordinario desenvolvemento e aplicación na captura de datos primarios útiles para a investigación social, fai das modalidades de enquisa electrónica (correo electrónico, internet, telefonía móbil, etc.) un poderoso instrumento na investigación actual das ciencias sociais en xeral e da sociolingüística en particular».

pregunta de control, «¿Te consideras hablante del español de Canarias?», que permitió desechar las respuestas de quienes respondieron negativamente (diez descartes en total). Si bien este se trata de un estudio descriptivo, no comparativo, siempre es interesante disponer de estos parámetros por si hubiera tendencias reseñables propias de un grupo concreto.
2. Sobre las variedades del español en general. A través de las preguntas de esta sección, se pretende bocetar la idea general que cada hablante tiene sobre las variedades de la lengua: estandarización, igualdad, contacto o conocimiento de rasgos de otras variedades, etc. De esta manera, se puede distinguir entre opiniones basadas en la experiencia propia y el contacto, y aquellas que se construyen sobre un discurso social heredado[11], así como advertir de cuál es la impresión general hacia estas cuestiones o, por ejemplo, la opinión sobre las variedades en los medios o la educación.
3. Sobre el español de Canarias. Dado que se trata de un grupo de hablantes de Canarias, esta sección es la destinada a valorar la situación de su propia variedad, y exponer los casos en los que se ha advertido una actitud negativa o positiva hacia el habla de las Islas dentro del propio grupo. Es importante conocer qué autopercepción[12] tiene el grupo para entender sus actitudes.
4. Sobre el español de Andalucía. Finalmente, el último bloque temático aborda la concepción e impresiones que tiene el grupo canario sobre otra variedad, lo que nos da la oportunidad no solo de conocer las opiniones y actitudes de cada hablante, sino también de inferir la tendencia social general hacia el español de Andalucía, y si esta está basada en el contacto o en un imaginario social determinado.

Gracias a estos bloques de contenido, es posible extraer conclusiones de distintos aspectos: la percepción del grupo canario hacia las variedades en general, hacia la suya propia, si en efecto existe conciencia de fenómenos como la glotofobia y el hablismo, y cuál es la tendencia general del grupo.

---

[11] Es decir, podemos rastrear si el hablante ha tenido contacto previo con la variedad andaluza, en este caso, o si sus conclusiones se construyen sobre lo que ha visto/ oído de forma pasiva, para comprobar si sus respuestas atienden a un imaginario social o personal.

[12] Un concepto trabajado para el caso andaluz por autoras como Caravedo Barrios (2013).

2.2. La muestra

La muestra, restando los casos descartados por no considerarse hablantes de una variedad canaria, recoge 307 hablantes. Se distribuyen según su género en «femenino» (203), «masculino» (91) y «no binario» (13)[13]. En cuanto a la dispersión etaria[14], entre los dieciséis y los ochenta años, se han establecido tres grupos: una primera generación, de 16 a 35 años (185 hablantes); una segunda, de los 36 a los 65 (112 hablantes), y una tercera, de los 66 a los 80 años (10 hablantes). Dado el método telemático (informático) empleado, se puede explicar la mayor presencia de las dos primeras generaciones frente a la tercera en la muestra. Se trata de un método con grandes ventajas:

> Hernández Campoy y Almeida (2005, p. 122) señalan tres de las principales ventajas de los cuestionarios, a saber: a) economía de tiempo, lo que permite aumentar el número de informantes; b) innecesariedad de la presencia del investigador; y c) posibilidad de realizarlos de preguntas abiertas o cerradas (González Martínez, 2008: 230).

Pero también presenta limitaciones, que se han podido comprobar: «No sabríamos cómo evitar que los jóvenes informantes caigan en la tentación de tomarse el cuestionario como un juego y sean poco sinceros. Por otro, con la generación mayor podemos encontrarnos con algún obstáculo al pasar un cuestionario escrito.» (González Martínez, 2008: 231). Lo primero es difícil de detectar, pero el segundo punto sí hemos podido evidenciarlo, al tener un número sensiblemente inferior de respuestas en la tercera generación.

En lo que a la distribución por islas se refiere, la muestra es eminentemente tinerfeña (209 hablantes). Las demás islas han obtenido: Gran Canaria, 68 hablantes; La Palma, 10; Lanzarote, 9; Fuerteventura, 9; La Gomera, 2, con ningún resultado para El Hierro y La Graciosa. Esto impide comparar los resultados cuantitativamente entre islas, si bien, como ya se ha apuntado, y pese a esas diferencias, en cuestión de percepción y actitudes el Archipiélago

---

[13] Pese al bajo número de hablantes de la población no binaria, como profesionales, no podemos ignorar las distintas realidades sociales que se dan en la actualidad, ni marginar a estos grupos de nuestras investigaciones. De nuevo, el objetivo de este trabajo es la descripción de las actitudes y comportamientos de los grupos, y no su comparación cuantitativa. Aún así, la voluntad es la de dar, en futuros estudios, muestras más equilibradas que faciliten otros análisis cruzados.

[14] Esta distribución se ha hecho en función de las edades recogidas en la encuesta.

se comporta más como un conjunto, y no con actitudes y creencias concretas y exclusivas de cada Isla.

Otro criterio dentro del grupo que se ha tenido en cuenta es su formación en materia lingüística más allá de la Educación obligatoria, un factor que se relaciona en las respuestas con un mayor nivel de conciencia lingüística y una mayor atención y reconocimiento de situaciones de glotofobia. Lo vemos en la *Tabla 1*.

Tabla 1: Formación lingüística

No	189
Sí	118
Total general	307

Se puede observar el equilibrio de la muestra en esta variable, aunque hay un mayor número de hablantes sin formación lingüística. Se ha considerado de gran interés abrir el estudio a población que no ha sido formada en Filología, ya que se puede comprobar si ambos grupos se comportan en materia de actitudes y glotopolítica de formas diferenciadas. En principio, a mayor información y conocimiento se tenga sobre la lengua y la situación de igualdad de sus variedades, menores serán las manifestaciones de situaciones de glotofobia o actitudes negativas. Sin embargo, una vez comprobados los datos obtenidos, no se ha establecido la «formación lingüística» como un factor determinante[15], aunque sí que existe una gran voluntad social de mayor educación lingüística.

3. Análisis de los resultados

Dada la extensión del cuestionario y el número elevado de respuestas, pondremos el foco del análisis en aquellas cuestiones y consideraciones más relevantes, bien por su carácter diferencial frente a otros estudios, bien por el interés concreto que tengan. Desglosaremos el análisis en tres apartados: 1) Generalidades; 2) El español de Canarias; 3) El español de Andalucía.

---

[15] La acomodación lingüística a la norma castellana se ha encontrado tanto en el grupo con formación como en el que carece de ella, al igual que ha ocurrido con las respuestas que rechazaban esa acomodación, por lo que no podríamos decir que se trata de un factor determinante.

3.1. Generalidades

En primer lugar nos situaremos en las cuestiones más generales: la estandarización, las variedades y los medios de comunicación y la enseñanza, la acomodación lingüística en distintas situaciones, etc.

En la *Tabla 2* se recoge la pregunta «¿Existe el español neutro o estándar?». Como se puede ver, la tendencia general es hacia la asunción de que en español hay una norma que ha sido «estandarizada» –que no lo es en sí misma; es decir, por la propia naturaleza de la lengua, sino que responde a cuestiones políticas, ideológicas, y no lingüísticas y se identifica, por lo general, con el español castellano–. Esto se ha comprobado para las variedades centro-norteñas en otros estudios: «Los datos ratifican que entre los jóvenes universitarios del centro-norte peninsular persiste el estereotipo de que no todos los territorios son equivalentes en su modo de hablar español» y que «La creencia mayoritaria es que existe un "mejor español" que, en términos generales, se identifica con el castellano de Castilla y con el habla de las ciudades» (Cestero y Paredes, 2018: 83).

Tabla 2: Español neutro

No	230
Sí	77
Total general	**307**

La siguiente tabla, la *Tabla 3*, muestra las respuestas para «¿Cambiarías tu forma de hablar?[16]». Se puede ver una clara preferencia hacia mantener las formas habituales de habla, si bien hay un número considerable que sí estaría dispuesto a variarla, en cuestiones como el acento, u otras gramaticales como el uso de *ustedes* en lugar de *vosotros*, y sus respectivos paradigmas. Algunas respuestas a la pregunta de «¿en qué circunstancias cambiarías tu forma de hablar?» fueron:

a. «En el momento en el que me fui a vivir a la península por evitar comentarios acabé cambiando el acento y evitando canarismos» (NB, 22, FV[17]);
b. «Es un complejo en el mundo académico fuera de las islas» (F, 21, TF);

---

[16] En **Anexos** se encuentran las preguntas completas.
[17] Se indica el género, la edad, y la isla de procedencia de la persona. NB: *No Binario*; M: *Masculino*; F: *Femenino*; TF, *Tenerife*; FV, *Fuerteventura*; GC, *Gran Canaria*; LZ, *Lanzarote*; LG, *La Gomera*; LP, *La Palma*.

c. «No lo digo con orgullo pero sé que en algunos contextos formales lo he cambiado de forma inconsciente» (M, 36, GC);
d. «"Contextos en los que hablar canario puede ser menos "elegante" de lo que se requiere. Entrevista de trabajo por ejemplo O también para que me entiendan mejor los peninsulares"» (M, 20, TF).

Tabla 3: Cambio de forma de hablar

No, en ninguna situación	243
Sí, depende del contexto	64
Total general	**307**

Para situarnos en actuaciones concretas que tiene la glotofobia, se les preguntó si «son igualmente válidos todos los acentos/ variedades de la lengua a la hora de narrar un documental». Como se recoge en la *Tabla 4*, 259 hablantes, la mayoría, considera que sí lo son; sin embargo, hay 48 respuestas negativas que apuntan, en su caso, hacia un centralismo en la locución, donde variedades como el español de Canarias o el de Andalucía cabrían con muchas restricciones sociolectales.

Tabla 4: Variedades en la locución

Sí, todos	259
No, hay excepciones	48
Total general	**307**

Esta preferencia por una variedad frente a otras para transmitir información en medios audiovisuales, viene dada por cuestiones de prestigio, de dominación de una norma sobre otra. Le damos más valor social (mayor credibilidad, importancia, etc.) a la variedad estandarizada, lo que hace que se prefiera su uso, aunque no sea la variedad materna de la persona:

> Según Moreno (2005), la causa fundamental de la variación de una lengua se relaciona con las creencias y percepciones de sus hablantes, en la medida en que a partir de estas percepciones una comunidad de habla dada otorga determinado valor a ciertos usos lingüísticos, en perjuicio de otros considerados menos prestigiosos (Chamorro y López, 2020: 41).

Finalmente, en la *Tabla 5*, se arrojan los resultados para la pregunta «¿Consideras que en la enseñanza de Lengua española básica hay una formación suficiente en cuanto a las variedades del español?», una cuestión que nos aporta resultados muy contundentes: 290 de las 307 personas encuestadas considera que no, que las variedades del español –se entiende, salvo el castellano–, no están suficientemente representadas en la enseñanza básica. Este es un problema que tiene las consecuencias que en este artículo se estudian: hablismo, glotofobia, actitudes y comportamientos negativos que se originan, en gran parte, en el desconocimiento generalizado acerca de cuestiones lingüísticas básicas.

Tabla 5: Variedades en la enseñanza

No	290
Sí	17
Total general	**307**

Podríamos concluir esta sección, por un lado, con que la población es consciente de que existe un modelo lingüístico, centralista, con origen en la educación y los medios, y de que hay distintas situaciones comunicativas; y, por otro lado, que la tendencia general de opinión del grupo canario es hacia la igualdad e inclusión de todas las variedades.

3.2. El español de las Islas Canarias

En este apartado, al igual que haremos a continuación con el español de Andalucía, nos acercaremos a las preguntas más concretas de la variedad. Aquí, comprobamos cuál es la autopercepción del grupo canario, empezando por la *Tabla 6*, que muestra los resultados para «¿Hay prejuicios hacia el español de Canarias?».

Tabla 6: Prejuicios español de Canarias

Sí	282
No	25
Total general	**307**

Se puede comprobar cómo la gran mayoría de la muestra es conocedora de que existen una serie de prejuicios asociados al español de Canarias. Una de las manifestaciones más notables de esos prejuicios es la ausencia de representación de la variedad en los medios nacionales, reflejado en la *Tabla 7*. Cuando se les preguntó si «el español de Canarias está representado en los medios de comunicación y entretenimiento nacionales», 298 personas respondieron que «no», con el matiz de «muy poco», y solo nueve afirman que «sí, bastante».

Tabla 7: Español de Canarias en medios de comunicación

No, muy poco	298
Sí, bastante	9
Total general	**307**

Las siguientes *Tabla 8* y *Tabla 9* muestran dos matices de la misma pregunta: por un lado, si la variedad canaria es «menos correcta que otras variedades», en la primera, y si «creen que el español de Canarias es más correcto que otras variedades», en la segunda. Es interesante preguntar por ambos matices ya que, en lo que a percepción de la pregunta y elaboración de la respuesta se refiere, hay una clara diferencia entre ser «menos correcto» y ser «más correcto»: la primera sitúa al habla del grupo canario por debajo de otras, la segunda, por encima. Así, hay 304 hablantes que aseguran que el español de las Islas no es menos correcto que otras hablas, frente a tres que sí, y sin embargo son 278 quienes consideran que esta variedad no es más correcta que otras, y 29 que sí la consideran más correcta que otras.

Tabla 8: Español de Canarias menos correcto

No	304
Sí	3
Total general	**307**

Tabla 9: Español de Canarias más correcto

No	278
Sí	29
Total general	**307**

Una vez hemos visto los resultados más relevantes sobre el español de Canarias, analizaremos las opiniones y percepciones del grupo hacia la variedad andaluza. Partimos sobre la base de que, si bien la gran mayoría de la muestra ha estado en contacto o conoce rasgos de otras variedades de la lengua, sus consideraciones no dejan de ser impresionistas, subjetivas, desde fuera de la situación y realidad comunicativa, por lo que son una buena señal de cuál puede ser la visión general de las demás comunidades hacia Andalucía, ya que las respuestas se cimentan sobre estereotipos sociales o experiencias puntuales de contacto.

3.3. El español de Andalucía

En primer lugar, en la *Tabla 10*, se muestran los resultados para «¿hay prejuicios hacia el español de Andalucía?», con solo dos respuestas afirmativas menos que para el caso canario, lo cual será la tónica: pese a tratarse de otra variedad, el grupo canario identifica, en mayor o menor medida, los mismos problemas en ambas variedades, al hacerse cargo de que son hablas periféricas, y no centrales; la diferencia radica en un conocimiento por experiencia propia, real, frente a uno por inferencia, por suposición fruto de la estereotipación.

Tabla 10: Prejuicios español de Andalucía

Sí	280
No	27
Total general	**307**

En la *Tabla 11* recogemos los resultados sobre la «presencia del español de Andalucía en los medios de comunicación nacionales». Esta pregunta sí supone una diferencia con el caso canario, ya que aquí hay cierto equilibrio entre las respuestas, lo que podría deberse a varios factores: confusión de la variedad andaluza con la castellana, incluir en este grupo lo relativo a imitaciones, etc.

Tabla 11: Español de Andalucía en los medios de comunicación

No, muy poco	169
Sí, bastante	138
Total general	**307**

Finalmente, en la *Tabla 12* y la *Tabla 13* se muestra una situación parecida a la de Canarias, cuando se les pregunta si «¿es el español de Andalucía menos correcto que otras variedades?», primero, y si es «más correcto que otras variedades», en segundo lugar. En cuanto a la mayor corrección, hubo más respuestas afirmativas en el caso canario, si bien se comprueba también con el andaluz que el grupo de muestra tiende a la igualdad de las variedades, no considerándolas, por lo general, ni «más» ni «menos» correctas que otras.

Tabla 12: Español de Andalucía menos correcto

No	295
Sí	12
Total general	**307**

Tabla 13: Español de Andalucía más correcto

No	302
Sí	5
Total general	**307**

Vistas estas preguntas concretas para cada variedad, extraeremos a continuación los puntos en común, sobre los ejemplos obtenidos, que tienen el español de Canarias y el de Andalucía en lo que respecta a las manifestaciones de actitudes negativas y glotofobia. Hay que tener en cuenta que las creencias y actitudes generadas en torno a la lengua, se proyectan también hacia sus usuarios, quedando toda la sociedad categorizada: «el lenguaje genera actitudes, valoraciones que los individuos realizan respecto a fenómenos concretos, respecto a las propias variedades y, por extensión, hacia sus usuarios» (Fernández Juncal, 201: 2).

Hemos observado y delimitado cinco grandes grupos que aglutinan actitudes lingüísticas negativas hacia ambas variedades, cinco prejuicios que actúan sobre la población de Canarias y Andalucía y se relacionan con su habla. A estos se ha llegado observando los resultados a las preguntas abiertas que pedían nombrar «dos o más prejuicios o comentarios/ actitudes» tanto negativas como positivas que hubieran oído sobre el español de Canarias, por un lado, y sobre el de Andalucía, por otro. Los comentarios recogidos en estas cuatro preguntas permiten sentar esas cinco tendencias, así como las valoraciones «positivas». Veremos, al final, una serie de adjetivos que el grupo de hablantes relacionó con estas variedades.

1. Sexualización/ cosificación. Una de las reclamaciones que más se repite entre el grupo de muestra es la de no asociar lo «sexual» con lo «positivo», y destacar como glotofobia todo aquello relativo a la erotización de la población por su habla, una fetichización muy habitual en la que el acento de la persona se erotiza, independientemente de la situación comunicativa. Vemos en los ejemplos *1.1.*, *1.2.*, y *1.3.*, cómo, entre otras actitudes negativas que también tienen cabida en otros grupos, se destaca la cosificación de la variedad como un problema. Podemos señalar, además, cómo afecta a otras variedades, cuando en el ejemplo *1.2.* se hace alusión al español de Suramérica, una(s) variedad(es) que también sufre una fuerte discriminación.
[Sobre el español de Canarias]
1.1. «Sexualización, clase social baja o nivel cultural bajo» (F, 24, TF) |
1.2. «Hay muchos prejuicios lingüísticos hacia los canarios del tipo de ser «aplatanado», bobo, dejado, o incluso, sexualizado la variedad y a sus integrantes, llegando a comentar de los canarios "son los latinos de España", o "tienen un acento sexy".» (NB, 21, TF)
[Sobre el español de Andalucía]
1.3. «Que tienen mucha labia al hablar y que es muy sexy o divertido» (F, 21, TF)

2. Ser una variedad relacionada con «lo cómico». En ambos casos, la «falta de seriedad» es una característica que se ha asociado al habla de la persona. Esto, más allá de ser un tipo social, tiene implicaciones importantes como, dada esa supuesta comicidad, dar por supuesto que estas variedades no son adecuadas para transmitir información «seria», quedando restringido su uso a situaciones comunicativas muy concretas, e identificando a otra(s) variedad(es) con «lo serio», con un rol de poder, dominación, como han apuntado otros artículos en clave glotopolítica. Se muestra en los ejemplos *2.2.* y *2.4.* cómo esta falta de seriedad se relaciona, también, con la burla social externa y con la falta de conocimientos, características que generan una imagen social no deseable para muchas situaciones.
[Sobre el español de Canarias]
2.1. «Las expresiones canarias y canarismos que suenan graciosos para la sociedad española» (M, 34, TF)

2.2. «[...] Creo que el uso exagerado y con fin «humorístico» de un canario artificial es un rasgo profundamente negativo y reflejo de cómo la sociedad española considera «burlesco» esta variedad por no ser la estándar» (NB, 21, TF)

[Sobre el español de Andalucía]

2.3. «Que se considera vulgar o menos culto siendo objeto de burla» (M, 34, TF)

2.4. «Que su acento es un chiste. Que son paletos.» (M, 29, GC)

3. Un imaginario social de clase baja, poca cultura, etc. Es importante tener claro que, aunque se hable de variedades de la lengua, en último término, lo que se discrimina son personas, una población, a la que se atribuyen rasgos sociales negativos. Se refleja en los ejemplos *3.1.* y *3.2.* al aludir a «hablar drogado» o la «criminalización», al igual que en los casos *3.3.* y *3.4.*, que ubican a Andalucía como una región «subdesarrollada», de la que se habla en «tono despectivo».

[Sobre el español de Canarias]

3.1. «-Suena como inculto, de baja estopa. -Parece que hablas drogado.» (M, 30, TF)

3.2. «Exotización, sexualización, criminalización, que no se entiende, que es ridículo, de baja clase, raro, bruto, rural (de forma despectiva), hablan mal» (F, 34, TF)

[Sobre el español de Andalucía]

3.3. «Igual que los canarios, que suena a paleto, a "subdesarrollado", y que es muy gracioso en el mal sentido (es más fácil de hacer burla sobre ellos)» (M, 29, GC)

3.4. «Imitar el acento con tono despectivo, imitar con acento de Cádiz a cualquier región andaluza» (F, 34, TF)

4. Igualación del territorio y sus actividades con la persona que lo habita. Cuando observamos las respuestas, resulta interesante cómo se asocian a la lengua las características del territorio físico/ natural o el clima en el que esta se habla y, así, también a la persona: «si hace calor, la gente es caliente –en el sentido sexo-afectivo–», como señalamos con la «sexualización»; o el hecho de que por ser un destino turístico se asocie su variedad al sector servicios o a la fiesta y su ambiente, etc.

[Sobre el español de Canarias]
4.1. «Prejuicio sobre mi inteligencia/ llamarme salvaje» (M, 21, TF)
4.2. «Aplatanado, flojo, servil» (M, 47, GC)
[Sobre el español de Andalucía]
4.3. «Brutalidad, griterío... depende dónde» (46, F, TF)

Vemos esta igualación en el primer ejemplo, *4.1.*, en el que la persona se contamina de lo aparentemente «salvaje» del territorio, así como se hace eco de lo «servil» propio del sector servicios, aunque es, sin embargo, «flojo»; es habitual encontrar este tipo de contradicciones. Por su parte, el ejemplo *4.3.* nos da cuenta de esa equiparación de ambiente festivo o de medio rural con una variedad «bruta», que «grita».

5. Poca promoción laboral. Dadas todas las tendencias anteriores, es natural que una persona caracterizada como «sexual, graciosa, fiestera, de poca cultura» tenga una promoción laboral y social muy limitada, reflejado en los ejemplos *5.3., 5.2*. No es una exageración afirmar que, como se ve en los ejemplos *5.1., 5.2.*, estas hablas son restrictivas de algunas profesiones, y es un hecho socialmente conocido y aceptado. En el caso *5.2.* el hablante no identifica como «prejuicio» el que una profesión como el periodismo requiera de un «español neutro», ha «naturalizado» esa discriminación, como nos advierten Del Valle, Lauria, Oroño y Rojas (2021): «Ponemos el énfasis en la condición glotopolítica de estos patrones precisamente porque, a través de procedimientos ideologizantes, suelen aparecer no solo normalizados, sino también naturalizados» (Del Valle, Lauria, Oroño y Rojas, 2021: 19).
   [Sobre el español de Canarias»]
   5.1. «Estereotipos y necesidad de deshacerse del mismo para profesiones concretas» (F, 24, TF)
   5.2. «Nunca he sufrido prejuicios, todo lo contrario. Pero si es verdad que si te dedicas al periodismo si requiere de un español neutro» (M, 46, TF)
   [Sobre el español de Andalucía]
   5.3. «Dan por hecho que el hablante es vago o incluso de clase inferior / No se lo toman en serio» (F, 24, GC)
   5.4. «Son paletos. Son vagos» (M, 60, TF)

Ahora, establecida esta caracterización general en el polo negativo de las actitudes, destaquemos algunos ejemplos de «actitudes positivas» que ha observado la muestra. En los ejemplos *A, D, E* podemos observar cómo, para unas personas, los atributos de «sensualidad», «ser gracioso», «atractivo», «chistoso» son cualidades positivas, frente a lo que considera otra parte de la muestra que acabamos de exponer. En el caso de *C*, la hablante apunta hacia lo que se ha advertido en este trabajo con anterioridad: las actitudes «positivas» son difíciles de asentar sin caer en una suerte de cosificación. El último ejemplo, *F*, sería una ilustración de cómo el factor afectivo influye enormemente en las actitudes: «si se parece al habla de mi familia, me gusta».

[Sobre el español de Canarias]

A. «Que suena muy melodioso, que tiene una cierta sensualidad o que suena "exótico"» (M, 25, TF) | «Suelen decir que es dulce/agradable» (M, 48, LZ)
B. «Dulce y calmado» (F, 56, TF)
C. «No los hay. Siempre caemos en gracia, y no lo tomo como algo positivo.» (F, 22, GC)

[Sobre el español de Andalucía]

D. «Su atractivo y que hace gracia (no siempre eso es positivo)» (F, 21, TF)
E. «Habla de forma alegre y chistosa, con ironía o hiperbólica» (F, 55, TF)
F. «a mí personalmente me gusta mucho, es muy familiar con el habla de canarias» (F, 24, TF)

Finalmente, veamos qué adjetivos asocia la muestra a cada variedad. Se les pidieron adjetivos en general, sin especificar positivos, negativos o neutros, para no condicionar las respuestas hacia uno u otro polo. En esta serie de ejemplos queda reflejado todo lo expuesto en el análisis: para estas variedades, conviven tanto rasgos positivos como negativos aunque, cuando se pregunta de forma libre, existe una mayor tendencia hacia lo «neutro-positivo» que hacia lo «negativo»; en esta serie de ejemplos, de la *G* a la *L*, hay 18 adjetivos, de los cuales cuatro («colonial», «invisibilizado», «embaucador», «feliz») podrían corresponderse con ejemplos de glotofobia vistos.

[Sobre el español de Canarias]

G. «colonial, invisibilizado, creación» (NB, 21, TF)
H. «Variado, auténtico, diferente» (M, 36, LG)

I. «Cercano, sencillo, dulce» (F, 50, TF)
[Sobre el español de Andalucía]
J. «Arraigado. Diverso. Sonoro.» (M, 43, TF)
K. «Humilde. Cercano. Alegre.» (F, 28, LP)
L. «Cantarín, embaucador y feliz» (F, 23, GC)

Es frecuente encontrarse, al estudiar actitudes lingüísticas, con aparentes contradicciones o faltas de coherencia, a las que ya apuntan otros autores como Manjón-Cabeza Cruz (2018) al estudiar a un grupo andaluz cuando afirma que:

> Las valoraciones indirectas son aparentemente contradictorias, ya que, por una parte, se otorga una relativamente negativa situación socioeconómica a los hablantes andaluces, mientras que, por otra parte, las valoraciones de la región y de la cultura propias son positivas. Creemos que las valoraciones contradictorias se pueden explicar porque sobre los encuestados actúan dos polos: hay una visión, quizá tópica, muy positiva de la región […] pero sigue pesando la estigmatización de muchos rasgos lingüísticos andaluces, que llevan a asociar al andaluz con el nivel sociocultural bajo o a degradarlo a la categoría de jerga (Manjón Cabeza Cruz, 2018: 175).

Aunque se trate de situaciones contradictorias, como se ha visto, estas se dan con cierta frecuencia, ya que no se anulan necesariamente las actitudes negativas con las positivas sino que, más bien, conviven y pugnan por imponerse según se van dando los distintos cambios sociales y fuerzas lingüísticas y extralingüísticas.

4. Conclusiones

Las variedades periféricas, en este caso el español de Canarias y Andalucía, han sufrido y sufren una notable discriminación por su habla, que la sociedad, tenga o no formación lingüística, es capaz de percibir. Esta percepción no solo permite darse cuenta de las actitudes hacia la propia variedad, sino también poder juzgar qué otras actitudes y comportamientos se despliegan hacia otras variedades. Por su parte, la tendencia general de la población canaria, mayormente tinerfeña, reflejada en esta muestra, tiene una clara tendencia y voluntad hacia la igualdad lingüística, lo cual podría resultar contradictorio si tenemos en cuenta algunas actuaciones y actitudes negativas expresadas por el grupo: las actitudes en la población son tanto positivas (o neutras) como negativas, y se dan al mismo tiempo.

Esta voluntad social no se queda en el ámbito cotidiano, sino que reclama un modelo educativo más inclusivo, además de una mayor oferta de contenido en la variedad vernácula de cada región; el grupo de hablantes es consciente de la existencia de una norma central, asociada por lo general al castellano, pero no la reconoce como algo propiamente lingüístico sino sociopolítico. Un enfoque glotopolítico y actitudinal en la enseñanza podría suplir las carencias que ha advertido la muestra.

Recogemos lo expuesto por una hablante en el cuestionario, «El propio canario es el mayor perjuicista [sic.] de su lengua» (M, 62, LP), para señalar otra de las tendencias: la glotofobia y las actitudes de rechazo han permeado en la sociedad hasta el punto de aceptarlas y reproducirlas, a veces de forma inconsciente, siendo el grupo canario una fuente de comportamientos propios del hablismo, la glotofobia, o las actitudes lingüísticas negativas. De nuevo, esta situación se da de forma paralela a la voluntad de igualdad entre variedades y a la defensa de su habla vernácula y diferencial.

Desde el grupo canario se percibe al andaluz como similar, aunque con algunas variaciones que radican, fundamentalmente, en que las respuestas provienen de inferencias o de contacto esporádico con aquella variedad y situación comunicativa. De esta manera, se puede dar cuenta de cuál es la opinión estandarizada, impresionista, de un grupo lingüísticamente cercano hacia la variedad andaluza.

Un futuro estudio comparativo, más amplio, podrá comprobar si las tendencias observadas son efectivamente similares entre los distintos grupos sociales que formen la muestra, así como entre las distintas islas que forman el Archipiélago. De igual modo, será de gran interés la comparación con las respuestas de un grupo andaluz, con el foco en su situación y perspectiva. En cualquier caso, se ha podido analizar la percepción del grupo canario hacia esta variedad, y avalar lo expuesto por autoras como Guerrero Salazar (2021), Chamorro y López (2020) o Rodríguez Iglesias (2019), entre otros, así como lo estudiado por Almeida (1995), Cestero y Paredes (2018), Guerra (2017) o Morgenthaler García (2008) sobre el español de Canarias.

Las actitudes y tendencias observadas en la población están relacionadas entre sí, y se pueden leer en clave glotopolítica, ya que la lengua no se encuentra apartada de su contexto político, ideológico y social, y es uno más de los instrumentos de dominación implícita que se siguen desplegando en nuestra sociedad, además de ser un elemento fundamental en la construcción de la identidad personal y de grupo. Gracias a la divulgación, dentro y fuera de la Universidad, la educación, y la visibilización de la pluralidad lingüística, se podrá seguir avanzando en la situación actual, y es esta la voluntad social mayoritaria que debemos recoger.

Bibliografía

Almeida, M. (1994-95). Actitudes lingüísticas en comunidades plurilingües. *Revista de Filología Románica*, 11-12, 39-50.

Bell, A. (1984). Language Style as Audience Design. *Language in Society*, 13(2), 145-204.

Blanchet, P. (2016). *Discriminations: combattre la glottophobie*. Paris: Textuel.

Caravedo Barrios, R. (2013). La valoración como modo de percepción y de significación. En A. Narbona Jiménez (coord.). *Conciencia y valoración del habla andaluza*. (pp. 45-71). Sevilla: UNIA.

Cestero, A. y Paredes, F. (2018). Creencias y actitudes de los jóvenes universitarios del centro-norte de España hacia las variedades cultas del español. *Boletín De Filología*, 53(2), 45-86. doi:10.4067/S0718-93032018000200045

Chamorro, M. y López, K. (2020). Aspectos afectivos de las actitudes lingüísticas de estudiantes universitarios. *Cuadernos de Lingüística Hispánica*, 35, 37-56.

Del Valle, J. y Meirinho, V. (2018). Español (y castellano). *Publications and Research*. Disponible en línea: https://academicworks.cuny.edu/gc_pubs/535

Del Valle, J., Lauria, D., M. Oroño, y D. Rojas. (eds.). (2021). *Autorretrato de un idioma: metalenguaje, glotopolítica e historia*, (pp. 15-24). Madrid: Lengua de Trapo.

Diz Pico, J. (2016). Hablismo: el prejuicio que estaba por nombrar. Disponible en línea: https://xurxodiz.eu/blog/arquivo/hablismo-el-prejuicio-que-estaba-por-nombrar/

Fernández Juncal, C. (2019). La evaluación de sociolectos: creencias y prejuicios lingüísticos. *Tonos Digital* 36. Disponible en línea: https://digitum.um.es/digitum/handle/10201/68004

González Martínez, J. (2008). Metodología para el estudio de las actitudes lingüísticas. *Actas del XXXVII Simposio Internacional de la Sociedad Española de Lingüística (SEL)*, editadas por I. Olza Moreno, M. Casado Velarde y R. González Ruiz, (pp. 229-238). Navarra: Servicio de Publicaciones.

Guerra, P (2017). *El español de Canarias y la canariedad en la España autonómica: Un estudio glotopolítico*. [Tesis doctoral]. City University of New York

Guerrero Salazar, S. (2021). Glotofobia" ante los acentos andaluces y canarios: un análisis a través de la prensa. *Revista de la Academia Canaria de la Lengua*, vol. 2. Disponible en línea: https://revista.academiacanarialengua.org/no2/glotofobia-ante-los-acentos-andaluces-y-canarios-un-analisis-a-traves-de-la-prensa/

Lauria, D. (2021). Discursive practices control in Spanish language. *International Journal of the Sociology of Language*, 267-68, 143-152.

Manjón-Cabeza Cruz, A. (2018). Creencias y actitudes de los jóvenes universitarios granadinos hacia las variedades cultas del español. *Boletín De Filología*, 53(2), 145-177.

Morgenthaler García, L. (2008). *Identidad y pluricentrismo lingüístico: hablantes canarios frente a la estandarización*. Madrid: Vervuert Iberoamericana.

Narvaja De Arnoux, E. (2016). La perspectiva glotopolítica en el estudio de los instrumentos lingüísticos: aspectos teóricos y metodológicos. *Matraga*, 23, 18-42

Ramallo, F., y Lorenzo, A. (2002). A enquisa na investigación sociolingüística. *Sociolinguistic Studies*, 3, 43-70.

Rodríguez-Iglesias, Í. (2019). *La lógica de inferiorización de las variedades lingüísticas no dominantes. El caso paradigmático del andaluz. Un estudio desde la Sociolingüística Crítica y la perspectiva decolonial*. [Tesis Doctoral]. Universidad de Huelva. URL: http://hdl.handle.net/10272/16988

Ruiz Pareja, R. (2015). *Estudio sobre las actitudes lingüísticas en Andalucía*. [Trabajo Final de Máster]. The Artic University of Norway

Schieffelin, B., K. Woolard, K. y P- Kroskrity (eds.) (2012). *Ideologías lingüísticas: práctica y teoría*. Madrid: Los libros de la Catarata.

Serrano, M. J. (1994). *La variación sintáctica: formas verbales del periodo hipotético en español*. Madrid: Entinema.

Trujillo Unquiles, R. M. (2020). *El desprestigio del andaluz en los medios de comunicación actuales: estudio empírico con cuestionarios y análisis de medios*. [Trabajo de Fin de Grado]. Universidad Pontificia

Van Dijk, T. (2003). *Ideología y discurso. Una introducción multidisciplinaria*. Barcelona: Ariel.

Anexos
La encuesta
Género
Femenino
Masculino
No binario

Edad (indicar solo los números correspondientes; por ejemplo: 24, 32, 65, etc.)
...

Isla
Tenerife
Gran Canaria
La Gomera
El Hierro
Fuerteventura
Lanzarote
La Palma
La Graciosa

1. ¿Te consideras hablante del español de Canarias?
   Sí
   No
2. ¿Has estado en contacto o conoces características de otras variedades de la lengua? Como el español de Castilla, el español de Cataluña, de Andalucía o las variedades de América como el español de México o Venezuela, por ejemplo.
   Sí
   No
3. ¿Crees que hay variedades del español más correctas que otras?
   Sí
   No
4. ¿Crees que el español de Canarias es menos correcto que otras variedades?
   Sí
   No

5. Nombra las variedades que conozcas y consideres más correctas que el español de Canarias (o las regiones donde consideres que se habla mejor español que en Canarias)

   ...

6. ¿Crees que el español de Canarias es más correcto que otras variedades?
   Sí
   No

7. ¿Cuáles son esas regiones o variedades?
   ...

8. ¿Crees que hay prejuicios o actitudes negativas hacia el español de Canarias?
   Sí
   No

9. Nombra dos o más prejuicios o comentarios/ actitudes NEGATIVAS que hayas oído sobre el español de Canarias o que creas que existen en la sociedad española

   ...

10. Nombra dos o más prejuicios o comentarios/ actitudes que consideres POSITIVAS hacia el español de Canarias que hayas oído o creas que existen en la sociedad española

    ...

11. ¿Crees que el español de Canarias está representado y tiene visibilidad en los medios de comunicación y entretenimiento?
    Sí, bastante
    No, muy poco

12. Nombra tres adjetivos sobre el español de Canarias
    ...

13. ¿Crees que el español de Andalucía es menos correcto que otras variedades?
    Sí
    No

14. Nombra las variedades que conozcas y consideres más correctas que el español de Andalucía (o las regiones donde consideres que se habla mejor español que en Andalucía)

    ...

15. ¿Crees que el español de Andalucía es más correcto que otras variedades?
    Sí
    No
16. ¿Cuáles son esas regiones o variedades?
    ...
17. ¿Crees que hay prejuicios o actitudes negativas hacia el español de Andalucía?
    Sí
    No
18. Nombra dos o más prejuicios o comentarios/ actitudes NEGATIVAS que hayas oído sobre el español de Andalucía o que creas que existen en la sociedad española
    ...
19. Nombra dos o más prejuicios o comentarios/ actitudes que consideres POSITIVAS hacia el español de Andalucía que hayas oído o creas que existen en la sociedad española
    ...
20. ¿Crees que el español de Andalucía está representado y tiene visibilidad en los medios de comunicación y entretenimiento?
    Sí, bastante
    No, muy poco
21. Nombra tres adjetivos sobre el español de Andalucía
    ...
22. ¿Existe el español neutro o estándar?
    Sí
    No
23. ¿Consideras que en la enseñanza de Lengua española básica hay una formación suficiente en cuanto a las variedades del español? Tanto sobre la propia de la Comunidad como sobre las demás.
    Sí
    No
24. ¿Crees que existe discriminación hacia la gente de Canarias por cómo habla?
    Sí
    No

25. ¿Crees que existe discriminación hacia la gente de Andalucía por cómo habla?
    Sí
    No
26. ¿Cambiarías tu forma de hablar? Cuestiones como el vocabulario (canarismos), el acento (seseo, aspiración, etc.), los pronombres de trato (vosotros/ ustedes)…
    Sí, depende del contexto
    No, en ninguna situación
27. Para narrar un documental, por ejemplo, ¿son igualmente válidos todos los acentos/ variedades de la lengua?
    Sí, todos
    No, hay excepciones
28. En caso negativo, ¿cuáles son esas variedades menos deseables para narrar un documental?
    …

Hacia una historia del español en la Andalucía del XVIII

Javier Puerma Bonilla
Universidad de Málaga

RESUMEN
El presente trabajo tiene como objetivo central avanzar en el análisis de la configuración fónica del español en Andalucía en un lapso comprendido entre finales del XVII e inicios del XIX. Estudiaremos el vocalismo y el consonantismo en un corpus de elaboración propia sustentado en correspondencia particular de escribientes, hombres y mujeres anónimos, y procedentes de siete localidades que integran la actual Andalucía.

Palabras clave: *fonología, corpus, variación, dialectología, español en Andalucía*

1. Introducción

Este capítulo tiene como objetivo avanzar en el análisis y en la caracterización de la configuración fónica del español en la Andalucía de entre el fin de la última centuria áurea y el inicio de la decimonónica. Los ejes del trabajo son el vocalismo y el consonantismo. Cotejaremos, asimismo, los datos lingüísticos de nuestro corpus con la bibliografía especializada sobre la lengua española dieciochesca y de inicios del siglo XIX y, cuando esto no sea posible, con los corpus diacrónicos de referencia.

Las variedades dialectales de Andalucía constituyen, como es sabido, un tema clásico en los trabajos sobre dialectología del español. Sin embargo, el estudio diacrónico del español, en general, y de las variedades andaluzas y americanas, en particular, están todavía proporcionalmente infrarrepresentado en el siglo XVIII. El siglo XX permitió documentar y caracterizar cabalmente el español en Andalucía en perspectiva sincrónica. No obstante, esta abundancia de datos actuales contrasta, en términos históricos, con la todavía descompensada documentación del español en los reinos que a la sazón integraban Andalucía.[1] Somos conscientes, empero, de la

---

[1] El propio Alvar (1988: 13) reconocía que antes del *ALEA* "apenas si sabíamos algo del andaluz".

existencia de investigaciones de referencia que se han ocupado de rastrear y documentar el surgimiento de rasgos que son tomados hoy como caracterizadores de las variedades andaluzas contemporáneas desde los orígenes del castellano, así como de trabajos e infraestructuras de corpus andaluces diacrónicos circunscritos a reinos o territorios concretos del actual territorio andaluz. Queda pendiente, en contraste, la tarea de documentación y de sistematización del español en Andalucía, sobre bases cuantitativas robustas, que permitan, no sin cautela, poder cartografiar y realizar generalizaciones suficientemente respaldadas por la evidencia empírica sobre el tema que nos ocupa.

El presente trabajo busca, precisamente, contribuir a esta labor con datos sobre la configuración fónica de siete localidades andaluzas —Rota, Gibraleón, Los Palacios y Villafranca, a la sazón solo Los Palacios, Santaella, Vélez-Málaga, Vélez en los textos estudiados, Granada y Almería—, algunas de las cuales no han sido estudiadas, hasta donde tenemos noticia, tampoco en sincronía.[2]

Además de esta introducción, el capítulo se estructura en otros 8 apartados. En §2 consignamos el corpus y la metodología que guían el estudio. En §3 analizamos el vocalismo átono y la diptongación irregular. En §4 presentamos la indistinción de sibilantes y el yeísmo. En §5 hacemos lo propio con el consonantismo débil. En §6 estudiamos otros fenómenos. En §7, los grupos consonánticos cultos. Cerramos, finalmente, con unas conclusiones en el apartado 8.

2. Corpus y metodología

El establecimiento del fichado está sustentado en la composición de un corpus base propio de 70 textos epistolares —rubricados por autores procedentes de las localidades andaluzas enumeradas en §1 arriba y repartidos

---

[2] La Campiña de Córdoba, donde se encuentra Santaella, una de las localidades que estudiamos, por poner un solo ejemplo, se encuentra escasamente representada incluso en el *Atlas Lingüístico y Etnográfico de Andalucía* (Alvar, Llorente y Salvador 1961-1973) y en el *Atlas Lingüístico de la Península Ibérica* (Navarro 1930-1954/2016), en que solo se documenta La Carlota, localidad, precisamente, fundada en el XVIII. Solo nos consta, a la fecha de conclusión de este capítulo, un trabajo sobre Santaella (Puerma 2024).

de forma proporcional—, más un subcorpus de control, también de elaboración propia, que cuenta a la fecha con un universo de 40000 palabras (Puerma en proceso). Este último, como su nombre sugiere, tiene como función el cotejo de aquellos rasgos que, por su escasa documentación, ameriten un estudio ampliado, que permita o al menos intente aclarar si estamos ante posibles *lapsus calami* o innovaciones. El fichado ha tomado en consideración todas y cada una de las grafías que pudieran constituir desviaciones de las tendencias ortográficas de la época. Los documentos han sido transcritos de acuerdo con los criterios filológicos estrictos de transcripción y presentación del *Corpus diacrónico y diatópico del español de América* (CORDIAM).

Los corpus están integrados por correspondencia de proximidad comunicativa, principalmente autógrafa, centrada en asuntos puramente cotidianos. Los escribientes son cinco hombres, cuatro mujeres y un cura anónimo, así se identifica en el texto, que posiblemente es una monja[3]; de lo anterior se

---

[3] La autoría de este texto no está clara, puesto que se trata de una extensa denuncia, sin nombre y sin firma, de un autor o autora que se identifica como *cura en Jesuchr[i]sto*. En la propia misiva se denuncian las prácticas que ocurren dentro del convento y, probablemente por ello, la autora evita identificarse, y ello se infiere por secuencias como la siguiente: "La pobre priora es mui temerosa de Dios, y siempre ha repunado todas estas cosas, y, aunque no ha hablado claro a *vuestra señorí*a todavía, pero hablará si fuere necesario asta al rey, que la verdad algedasa 'adelgaza' (sic), pero no quiebra". Sea como fuere, el texto ofrece, además de datos lingüísticos, una primicia histórica, hasta donde tenemos noticia, no consignada en ninguna obra. La conocida como Custodia Chica de la Catedral de Sevilla procede, como es sabido, del Convento del Vado de Gibraleón. En el texto se aducen motivos que habían pasado desapercibidos en las versiones conocidas sobre el proceso de enajenación de esta. El presunto cura denuncia que la costosa alhaja fue vendida por un fraile que tenía una presunta relación con una de las mujeres del convento: "y que siempre ha sido mui loca, atrevida y desvocada con todas las monjas, y ha relagado la obserbancia del santo con*ven*to, pues está siempre colgada a los libratorios, y para el coro está siempre enferma, pero más es de la voluntad, es una gran bachillera, y habla mucho, y lo más malo, ha causado en los años atrás grandes alborotos i inquietudes al santo con*ven*to por los amores a un fraile almagreño llamado frai Ventura de Medina, q*ue* fue quien, con el valimiento de esta mujer, vendió la gran costosa alaja a la santa yglesia de Sevilla, que es la custodia para el ss*antísimo* Sacramento, que dexaron los señores duques fundadores en su fundación, y otros grandes disparates con los que se quedó casi arruinado el santo monasterio" (Puerma en proceso).

desprende que el estudio comprende más de un escribiente, todos ellos anónimos, en algunas localidades. Optamos por personas alfabetizadas en lugar de aquellos susceptibles de ser caracterizados como *manos inhábiles*, dado que nuestro propósito es detectar, fundamentalmente, cambios que pudieran poseer ya suficiente sedimentación histórica como para aflorar incluso en la pluma de aquellos escribientes considerados *cultos*.[4] Y, por tanto, puedan, con la cautela ya invocada, ser rasgos susceptibles de considerarse caracterizadores de las variedades del español en la Andalucía dieciochesca.

Utilizaremos, cuando lo exijan los datos, para el cotejo entre las dos orillas atlánticas, los corpus académicos de referencia *Corpus diacrónico del español* (CORDE) y *Corpus diacrónico y diatópico del español de América* (CORDIAM). Consignamos la grafía normativa de los ejemplos documentados cuando la grafía del escribiente, en ausencia de elementos contextuales desambiguadores, se preste a interpretaciones semánticas dudosas.

3. Vocalismo átono y diptongación irregular

El presente apartado se ocupa del estudio del vocalismo átono y de la diptongación irregular. En cuanto al primero, poco detectado en las misivas, destaca por caracterizarse, fundamentalmente, por la abertura vocálica en el centro y occidente de Andalucía, a saber, de /i/ > /e/ como en *desfrutndo, desfruto, rezevir, reçebí, recebimos*, de /u/ > /o/ en *soponiendo* 'suponiendo' y *llobiosa*, de /e/ > /a/ en *arrandada*, y en, menor medida, por el cierre de /e/ > /i/ en *ynviara*.

---

[4] No obstante, este punto no puede confirmarse con rotundidad, sino argumentarse mediante indicios ofrecidos por los textos con base en diversos motivos. En primer lugar, el hecho de que solo una parte minoritaria de los hablantes hayan conocido la escritura hasta tiempos muy recientes debiera ser suficiente para cuestionarnos hasta qué puntos etiquetas de cobertura como *escriptores* o *escribientes cultos* y *manos inhábiles* son buenos descriptores o constituyen un anacronismo. Entendemos que el razonamiento que subyace a este distingo tiene que ver con el diferente grado de profesionalización de los escribientes, esto es, mientras unos se ganaban la vida con la escritura, otros la empleaban por diversos motivos y con distintas frecuencias. Sin embargo, este criterio —a nuestro entender y de forma provisional, dado que estudiar esta cuestión excede en mucho el objetivo de nuestro trabajo—, resulta dudoso o por lo menos dificulta la interpretación diacrónica de variedades distintas a la peninsular centronorteña, porque, por poner un ejemplo, rasgos como la indistinción de sibilantes están bien sustentados en escribientes cultos, como es bien sabido y consta en este capítulo.

En contraste, predomina en el oriente el cierre vocálico de /e/ > /i/ como en *tiniente, ymbió, ynbiado* y probablemente en *piujar* 'pegujal'. También es probable que la no consignación de *i* postónica en *destenpladís[i]ma* no sea un descuido de la escribiente, sino consecuencia de un cierre vocálico. El Cuadro 1 abajo presenta la distribución geográfica de algunos de los casos paradigmáticos arrojados por el corpus respecto de la vacilación en el vocalismo átono, de apertura y cierre.

Cuadro 1
Vocalismo átono

	ABERTURA	CIERRE
Rota	*reçebí, recebimos*	–
Gibraleón	*desfrutando*	–
Los Palacios	–	–
Santaella	*desfruto, rezevir, soponiendo, llobiosa, arrandada*	*ynviara*
Vélez	–	*tiniente, ymbió, destempladís[i]ma*
Granada	–	*ynbiado, piujar* 'pegujal'
Almería	–	–

Somos conscientes de que algunas de estas vacilaciones en el vocalismo átono del corpus, de presentarse en la documentación de manera cuasisistemática, podrían explicarse con base en la variante morfológica de formas como *escrevir* y *desfruto*, considerada por algunos autores ya anticuada en el siglo XVI (Frago 1999; Ramírez Luengo 2010, p. 164), en la preservación de la vocal etimológica de *ynviara* o por el cruce de la base vocálica en *llobiosa*. La no sistematicidad de estas soluciones pudiera poner de manifiesto la conciencia ortográfica de los escribientes, que ocasionalmente dejan aflorar rasgos propios.

Finalmente, los datos sugieren la preferencia por apertura del occidente y por el cierre del oriente. Santaella, en la Campiña de Córdoba colindante con la de Sevilla, documenta ambos fenómenos, por lo que parece ya en la época un área de transición, al menos en lo tocante al vocalismo en nuestro corpus. Lo anterior ha de tomarse con suma cautela, puesto que toda investigación, como es sabido, es provisional y perfectible a la espera de ampliar el corpus de análisis y de futuros trabajos.

En lo que toca a la segunda cuestión de la que se ocupa este apartado, la diptongación irregular está escasamente documentada. El corpus detecta al menos dos centros de interés. Por un lado, se registra siempre la misma pauta fonológica en Santaella, a saber, de /e/ > /ie/, en casos como *pendienzia*, *dependienzia* y *diferienzia*, pero que el subcorpus de control extiende a otras localidades. Estas están apoyadas en los casos *dependienzia* y *dependienzias*, en Baeza, Córdoba y Granada, y un caso de /o/ > /ue/ en *puedamos* en Cádiz.

Encontramos, por otro lado, voces más problemáticas de ser interpretadas, ya que plantean la duda de si estamos ante una diptongación irregular, a veces por simplificación, o ante un alargamiento vocálico, como en *mintras* 'mientras', *bente* 'veinte' y *treenta* 'treinta'. También se consigna un caso de *sertísimo*, que pudiera ser interpretado como un uso culto por preservación de la pauta fónica etimológica (RAE-ASALE 2009: §7.4e-f), prueba de ello es que CORDE apenas arroja 11 casos para el XVIII —de los cuales 9 son españoles, 1 venezolano y 1 filipino—, y CORDIAM, ninguno.[5] La casi nula documentación, tanto en los corpus de referencia, como en los corpus en que se basa este trabajo nos invitan a ser prudentes, aunque, en ocasiones, estas pautas se repitan en los textos, sin ser, por supuesto, soluciones sistemáticas. Sirva el Cuadro 2 abajo para ilustrar los datos ya comentados.

Cuadro 2
Diptongación irregular

	/e/ > /ie/	OTROS
Rota	–	*treenta*
Gibraleón	–	–
Los Palacios	–	*sertísimo*
Santaella	*pendienzia, dependienzia, diferienzia*	–
Vélez	–	–
Granada	–	–
Almería	–	*mintras* 'mientras', *bente* 'veinte'

---

[5] Lo cual es difícil de saber en diacronía, debido a que CORDE ofrece menos casos para el par alternativo *ciertísimo*, 8 en total —6 españoles, 1 mexicano y 1 filipino—, mientras que CORDIAM, 2, ambos en México.

4. Indistinción de sibilantes y yeísmo

La indistinción de sibilantes (Menéndez Pidal 1962, p. 104 y ss.; Lapesa 1981/1980, p. 510; Cano 1992, p. 53; Frago 2010, p. 173-179; RAE-ASALE 2009: §5.5k) y el yeísmo (Menéndez Pidal 1962, p. 138; Lapesa 1981/1980, pp. 500-502; Cano 1992/1988, pp. 241-242; Frago 2010, pp. 166-172; RAE-ASALE 2009: §6.4f; Moya 2013, p. 232) son considerados hoy fenómenos prácticamente transversales a la lengua española, no solo a la hablada en Andalucía. Sin embargo, la presencia de indistinción de sibilantes —como en *sien*, *Péres*, *dosientos*, por posible fusión, *partisipar*, *Amésaga*, *zurco*, *apacionado*, *gose*, *siudad*, *ase* 'hace', *dise*, entre muchos otros ejemplos— se extiende a prácticamente todos los textos y se registra de forma cuasisitemática, mientras que el yeísmo —*hallan(n)* 'halla(n)', *valla instrullendo*— consta de manera anecdótica con apenas tres casos en una misma localidad, como refleja el Cuadro 3 abajo. En aras de una mayor brevedad, solo consignamos algunos casos, debido a la gran cantidad de registros que el corpus arroja.

Cuadro 3
Diptongación irregular

	INDISTINCIÓN DE SIBILANTES	YEÍSMO
Rota	*sien*, *Péres*, *Isquierdo*, *dosientos*, *caber* 'saber', *noçotros*	–
Gibraleón	*asía* 'hacía', *dulcesitos*, *nosibas*	–
Los Palacios	*merese(r)*, *gose*, *partisipar*, *desasón*, *enbarasarles*, *veses*, *saguán*, *hase*, *voses*	–
Santaella	*apacionado*, *durazen*, *zurco* *lisenzia*, *ofresiendose*, *sircunstanzias*, *asierto*, *cosina*	*halla(n)* 'haya(n)', *valla instrullendo*
Vélez	*selebraré*, *grasias*, *brasos*, *siudad*, *Amésaga*, *dies*, *disen*, *petisión*, *sastifasión*	–
Granada	–	–
Almería	*estimasión*, *ase* 'hace', *dise*, *disiembre*, *sinco*	–

Ello parece indicar que, si bien están, como es sabido y hemos expuesto, prácticamente extendidos en el español, el yeísmo o bien se trataba de un fenómeno incipiente en la época, o bien la conciencia ortográfica de los autores impidió que afloraran numerosos casos. Este hecho resulta, a nuestro juicio, poco probable, porque apenas consigna un puñado de casos en las postrimerías del XVIII e inicios del XIX. Somos conscientes de que pudiera argumentarse, para explicar la marginal documentación del yeísmo, su escasa profundidad histórica en contraposición a la raigambre histórica de la indistinción de sibilantes, aunque, precisamente, su casi nula documentación compromete esta hipótesis. En *El habla de Cabra* (1948), trabajo dedicado exclusivamente a una zona del sur de la provincia de Córdoba ya en el XX, sus autores (Rodríguez-Castellano y Palacio 1948, pp. 410-412) ofrecen una información que es congruente con nuestra documentación, pues sostienen que tanto el seseo como el yeísmo son documentados de manera generalizada, aunque previenen al lector de que este último no es mayoritario en Andalucía como se suele argumentar.[6]

---

[6] Estos datos parecen cuestionar o por lo menos nos hacen reflexionar sobre el hecho de que se haya considerado la expansión del yeísmo desde Andalucía, y ello por tres razones. Una, la expansión de este fenómeno se ha explicado en ocasiones como una innovación de sur a norte, esto es, desde Andalucía. Navarro Tomás (1964: 14) lo explica de la siguiente manera: "Desde Andalucía, el yeísmo ha debido ir ganando terreno hacia el norte por Extremadura y por el oeste de Castilla". Dos, sabido es que el yeísmo tiene hoy y tenía ya en el siglo XX, en contraste con otros rasgos presentes en, no exclusivos de, las variedades andaluzas, reconocimiento "especialmente por el ejemplo de las clases instruidas" en ciudades como Ávila, Madrid y Valladolid (Navarro Tomás 1964: 6). Tres, es igualmente sabido que las variedades del español en Andalucía han sido y, por desgracia, siguen siendo objeto de desprestigio, y ello sin base científica alguna; son tan abundantes y conocidos los ejemplos y se dan con tanta frecuencia, que sería en vano intentar siquiera consignarlos. De hecho, hasta el *Libro de estilo* de Canal Sur (2004: 223) acepta el yeísmo mientras censura muchos otros rasgos característicos de Andalucía. Por todo ello, la tardía documentación del fenómeno en el corpus, la poca frecuencia, la extensión y el prestigio que ha alcanzado en tan pocos años hacen que resulte insuficientemente sustentada una difusión desde Andalucía.

5. Consonantismo débil

Este apartado se centra en el estudio del consonantismo débil, de manera particular, en la aspiración de -*s* y -*r* implosivas en coda silábica y en final de palabra, caída de -*g*- y -*d*- intervocálicas y en final de palabra, indistinción entre los fonemas líquidos lateral /l/, y vibrante simple, /ɾ/, y la aspiración [h] del fonema fricativo velar sordo /x/.

En primer lugar, la aspiración de -*s* y -*r* en coda silábica y en final de palabra se documenta con regularidad y coincide a menudo con fenómenos como la falta de concordancia, como en *su auxilios*. También con la simplificación gráfica de algún grupo culto y la metátesis, como en *sastifación* 'satisfacción', en que la conciencia lingüística del autor parece alertar a este sobre la inserción de una -*s* que, probablemente, al no ser pronunciada, es escrita en coda de la primera sílaba en lugar de en la siguiente. Algunos de los casos documentados son *reale, efuerzo, arquile, caracte, sastifasión, su auxilios*, entre otros. Ejemplos como *presziso* podrían interpretarse, en contraste, como posibles procesos de fusión, como el caso de *dosientos* consignado en el apartado 4, mediante la inserción de -*s* por ultracorrección del autor, inducida por la indistinción de este entre las sibilantes.

Encontramos, en segundo lugar, la caída de otras consonantes en posición intervocálica y en final de palabra como en *merçe, pare* 'pared', *berda, abilida, piujar* 'pegujal', *Malconao* 'Malconado' (nombre de un cortijo), entre otros. Llama la atención, a nuestro parecer, *tardidas* 'tardías', en que el debilitamiento de la -*d*- intervocálica parece estar también presente en la conciencia lingüística del autor quien, probablemente, estableció una analogía entre este adjetivo y participios del tipo *partidas o servidas*, que pronunciaría como *partías* y *servías*. Esto es lo que evidencian ejemplos como *las aguas tardidas nos a causado mucho perjuicio* (sic) 'las aguas tardías nos han causado mucho perjuicio' y *la oja del Toril tiene alguna paulilla, y se espera salga mas con las aguas tardidas* 'la hoja del Toril[7] tiene alguna paulilla, y se espera salga más con las aguas tardías'. El Cuadro 4, a continuación, muestra ambos fenómenos.

---

[7] Nombre de otro cortijo y administrado por la familia de los Fernández de Alcaide en Santaella.

Cuadro 4
Aspiración de -s y -r y caída de -d- y -g-

IMPLOSIVAS	ASPIRACIÓN DE -s Y -r	CAÍDA DE -g- INTERVOCÁLICA Y DE -d- INTERVOCÁLICA Y EN FINAL DE PALABRA
Rota	*reale*	*merçe, berda*
Gibraleón	-	*abilida*
Los Palacios	-	*pare* 'pared'
Santaella	*sastifación, efuerzo, presziso, arquile, caracte*	*Malconao* 'Malconado', *tardidas* 'tardías'
Vélez	*sastifasión*	-
Granada	*sastifacer, sastifecho, su auxilios* 'sus auxilios'	*piujar* 'pegujal'
Almería	-	-

En tercer lugar, la confusión entre los fonemas líquido lateral, /l/, y vibrante simple, /ɾ/, están bien atestiguadas en el corpus. En el occidente prima el lambdacismo, como en *Malchena, entregal* y *mayoldomo* en Rota, mientras en el oriente hace lo propio el rotacismo, como en *piujar*. Ambos fenómenos, lambdacismo y rotacismo, están presentes en el corpus de control, como en *olganero* 'organero' y *orvidamos*, en Cádiz y Andújar respectivamente. Ambos se hacen extensivos a otros grupos consonánticos, como en *arquiere* y *arquiriendo*, en Granada, en el corpus base, y *albierto* 'advierto', en Écija, en el corpus de control.

El lambdacismo y el rotacismo, descritos, como es lógico, como no exclusivos de Andalucía (Ariza 1997, p. 63), contrastan en el corpus con su actual distribución diatópica. En el territorio andaluz actual, el primero suele aparecer en el español meridional, especialmente, en Almería, Granada, y Jaén (RAE-ASALE 2009: §6.10j), mientras que el segundo parece consignarse solo en el oriente andaluz (RAE-ASALE 2009: §6.4q), aunque la distribución de grupos iniciales de sílabas del tipo [pl], [fl], entre otros, se suelen acotar de manera más precisa entre el sur de Córdoba, Málaga, Granada y suroeste de Almería (RAE-ASALE 2009: §6.4r).[8] Los datos de los corpus de este trabajo modifican, en

---

[8] Si bien se suele atribuir a un "fenómeno tardío y de origen andaluz" (RAE-ASALE 2009: §6.4p), también es ampliamente sabido que "se documenta ya en latín medieval y es fenómeno propio de varias lenguas romances" (RAE-ASALE 2009: §6.4r).

diacronía, lo expuesto arriba. El hecho de que el lambdacismo se diera más en el occidente que en el oriente andaluz en la época estudiada pudiera estar íntimamente vinculado al contacto histórico con la pauta fonética, bien conocida en el extremeño, de "pérdida o cambio en *l* de la *r* final" (Espinosa 1935: XIII).

El fichado sugiere una vez más que Santaella era una posible área de transición dialectal, debido a que logramos consignar ambos fenómenos. Predomina el rotacismo, con casos como *arquile(res)*, *cumprir*, *Marconado* 'Malconado', *cárculo*. Sin embargo, se consigna un curioso caso de posible lambdacismo, *plocama*, esto es, 'proclama', que pudiera explicarse como la convergencia de dos procesos simultáneos, esto es, la metátesis del fonema lateral en la segunda sílaba, que se adelanta a la primera mediante confusión entre este y el vibrante simple.

El corpus de control, en constante construcción, registra, asimismo, otro caso peculiar. En una carta de Alhama, conviven lambdacismo y rotacismo. Ejemplo de aquel es *socorrelme*, y de este, *prinsipar* y *bargo* 'valgo', hecho que parece sugerir que la localidad era también un área de transición, en que, en consonancia con el oriente andaluz, predomina el rotacismo, pero con casos ocasionales de lambdacismo. Lo anterior, como es sabido y como hemos reiterado a lo largo del presente trabajo, debe ser tomado con suma cautela, porque los datos pueden estar mediados, como todo trabajo basado en corpus, por la composición de este. No obstante, la base cuantitativa robusta y la importante dispersión diatópica, así como el hecho de que zonas situadas entre el occidente y el oriente andaluz consignen reiteradamente fenómenos que, en el resto del corpus base y de control, están aislados a uno u otro lado de Andalucía, parecen validar, si bien de forma provisional, esta hipótesis.

La aspiración [h] del fonema fricativo velar sordo /x/ cierra, en cuarto lugar, este apartado. El fenómeno está presente en el corpus base y es relativamente más frecuente en la zona occidental y central, como cabría esperarse en la actualidad. Sin embargo, la escasa representación en el corpus dificulta su interpretación. En otras palabras, somos conocedores de la existencia del fenómeno en diacronía, hecho constatado en las misivas, pero la marginal documentación en el corpus no permite inferir hasta qué punto este rasgo estaba asentado y cuál era su extensión diatópica.

Casos como *Virguen* 'Virgen', *dirigiurme* 'dirigirme', *relagado* y *degar* son algunas de las pocas muestras halladas. Conscientes, como somos, de que se podría argüir la conciencia lingüística y la instrucción de los escribientes como inhibidores en la escritura, la práctica ausencia en las cartas analizadas podría sugerir que este fenómeno estaba, a la sazón, marcado socialmente.[9] Ello contrastaría con la realidad actual, puesto que la aspiración del fonema fricativo velar sordo constituye un rasgo propio del actual andaluz occidental (Méndez García de Paredes 2013, p. 318), cuya realización "apenas incide en la conciencia lingüística del andaluz" (Narbona 2013, p. 142) o no tiene un estatus "tan marcado" (López Serena 2013, p. 109). En paralelo a la constatación de este hecho, su residual documentación en los escribientes del corpus podría interpretarse como indicio de que, incluso en hablantes alfabetizados en la época, este fenómeno empezaba ya a permear todos los estratos sociales. Ello cobra especial significado si atendemos a los primeros testimonios que se tienen de este fenómeno que "parecen denunciar baja extracción social" (Lapesa 1981/1980, p. 379). El Cuadro 5 abajo presenta algunos casos paradigmáticos de ambos fenómenos.

Cuadro 5
Confusión de /l/ y /ɾ/ y aspiración [h] del fonema fricativo velar sordo /x/

	CONFUSIÓN DE FONEMAS /l/ y /ɾ/	ASPIRACIÓN [h] DEL FONEMA FRICATIVO VELAR SORDO /x/
Rota	*Malchena, entregal, mayoldomo*	-
Gibraleón	-	*relagado* 'relajado'
Los Palacios	-	-
Santaella	*arquile(res), cumprir, Marconado* 'Malconado', *cárculo, arvertencia, plocama* 'proclama'	*Virguen, diriguirme*
Vélez	-	*degar*
Granada	*piujar* 'pegujal', *arquiere, arquiriendo*	-
Almería	-	-

---

[9] No nos parece, en este caso, que el nivel de instrucción del escribiente, por sí solo, pueda explicar la escasa consignación del fenómeno, puesto que la indistinción de sibilantes plaga, como hemos visto, prácticamente todos los textos escritos por autores igualmente instruidos. Si asumimos la hipótesis de que la aspiración estuviera ya generalizada, la causa probable de su escasez en el corpus podría ser la acusada marcación social del fenómeno.

6. Otros fenómenos

Examinamos en este apartado otros fenómenos conocidos en el corpus, a saber, la aspiración de *f* inicial de etimología latina y en voces de etimología árabe, la metátesis y los refuerzos velar y bilabial. Consúltese a continuación el Cuadro 6 abajo ilustrar el comentario posterior.

Cuadro 6
Otros fenómenos

	[h] > *f* INICIAL DE ETIMOLOGÍA LATINA	[h] EN VOCES DE ETIMOLOGÍA ÁRABE	METÁTESIS	REFUERZOS
Rota	-	-	-	-
Gibraleón	-	-	*algedasa* 'adelgaza'	*alcabueta* 'alcahueta'
Los Palacios	*jurtasen* 'hurtasen', *jablaron* 'hablaron', *gecho* 'hecho'	*jasta* 'hasta'	-	*guelgan* 'huelgan'
Santaella	-	*algeña* 'alheña'	-	*guérfana* 'huérfana'
Vélez	-	-	-	-
Granada	-	-	*begnino* 'benigno'	-
Almería	-	-	*Cródoba* 'Córdoba'	-

El Cuadro 6 muestra que los fenómenos consignados son en su mayoría inespecíficos, no pudiéndose establecer demarcaciones o distribuciones concretas, lo que tiene lógica, puesto que todos son, en mayor o menos medida, conocidos en la lengua española. Primero, la aspiración [h] de *f* inicial de origen latino, está prolijamente documentada en Los Palacios. Segundo, la aspiración en voces de origen árabe se registra en esta localidad y en Santaella. Tercero, la metátesis, no obstante, está presente en prácticamente todas las localidades estudiadas y circunscrita, fundamentalmente, al verbo *satisfacer*, que no consignamos en el cuadro arriba porque se trata, en realidad, como acabamos de explicar, de un único caso. Cuarto, Gibraleón, Los Palacios y Santaella arrojan casos de refuerzos. Otro rasgo residual es la posible epéntesis en *hiprocondria*, por influjo de la vibrante, en Santaella.

En suma, aunque algunos datos, como la documentación de la aspiración de *f* de origen etimológico latino parezca conservarse todavía hoy en algunos pueblos de la Andalucía occidental y central (RAE-ASALE 2009: §5.5g), área que coincide con los datos de nuestro corpus, y sea, por ello, tentador establecer una asociación diacrónica, serán futuros estudios los que nos ayuden a comprender mejor esta posible relación. Algo que sí pudiera interesar de los datos recabados, no obstante, es su prevalencia entre escritores instruidos de la época. Es sabido que esta aspiración había perdido, entre el XV y el XVI, gran parte de su vigencia entre "grupos instruidos europeos y americanos" (RAE-ASALE 2009: §5.5f), pero se preservó en zonas meridionales y llegó hasta nuestros días "en el ámbito rural y folclórico", como sostiene Ariza (1997, p. 61), por mostrar tan solo un ejemplo. Ahora bien, la documentación del corpus prueba que todavía debía estar prestigiada la aspiración, o no fuertemente marcada, puesto que se consignaba en escritores alfabetizados del occidente andaluz.

7. Grupos consonánticos cultos

Los grupos consonánticos cultos, finalmente, se preservan siempre en los corpus base y de control, salvo excepciones, aunque se produce un quiebre cuasisistemático en secuencias como [ks] o [ks + cons.] como en *pretesto, esplayado, espresiones* e, incluso, en voces como *ecxistían*, en que la inserción de una *c* parece indicar que estaba la simplificación del grupo culto en la conciencia lingüística del escribiente. El Cuadro 7 presenta solo algunos casos en que el fichado registra quiebres en el mantenimiento de estos grupos.

Cuadro 7
Quiebre en el mantenimiento de grupos cultos

	[ks] y [ks + cons.]	OTROS
Rota	-	-
Gibraleón	*pretesto*	*costa* 'consta', *repunado* 'repugnado'
Los Palacios	-	*ynorante*
Santaella	*refleciona, estravio, espresa, esplayado, esperimentado, ecxistían*	-

Vélez	*estrañado, espresiones, esperimentamos*	*sastifasión*
Granada	-	*arquieren, arquiriendo, beninas* 'benignas'
Almería	*espresión*	*satisfazión*

Los quiebres de las secuencias [ks] y [ks + cons.] no solo predominan, como adelantamos, en el corpus, sino que, en buena parte de los textos analizados son cuasisistemáticos. Encontramos, asimismo, otras secuencias quebrantadas, aunque en menor medida, a saber, [n + cons.], en *costa* 'consta', [k + cons.], en *sastifasión*, [d + cons.], en *arquieren* y *arquiriendo*, y [g + cons.], en *repunado* y *beninas* 'benignas'. Estos datos, además, son congruentes con los mostrados por (PUERMA 2024) respecto de América, debido a que encontró que la no reposición de las secuencias [ks] y [ks + cons.] era siempre muy mayoritaria, en contraste con la escasa documentación en la Península.[10]

8. Conclusiones

Los corpus documentan, uno, vacilaciones en el vocalismo átono tanto de abertura como de cierre, y dos, diptongaciones irregulares de bases sustantivas derivadas del sufijo latino *-entia*. En el primer caso, la documentación revela el uso dinámico de estas formas en el español de las localidades estudiadas, a pesar de que estas son consideradas como desusadas antes del periodo estudiado. Si bien no podemos descartar que puedan explicarse mediante una tesis morfológica, la no sistematicidad de las documentaciones en los mismos autores no permite validar esta hipótesis, no al menos con los datos de que disponemos a la fecha.

Los principales rasgos consonánticos de los autores se consignan a continuación. Por un lado, la indistinción de sibilantes, bien asentada, contrasta con el yeísmo difícilmente detectable en el corpus; esta notable desproporción entre ambos fenómenos nos inclina a pensar que el último debía de ser todavía incipiente. Parece, asimismo, no estar suficientemente sustentada la

---

[10] La búsqueda inicial estuvo acotada a un corpus más limitado, solo una localidad, y, por tanto, restringido a unas pocas voces *espres**, *esperiment**, *reflecion**, *estravi** y *esplay**. Los resultados del cotejo cuantitativo procedían de CORDE y de CORDIAM. Si bien este inventario debe ser, como todo trabajo, ampliado, los resultados americanos superaron siempre, salvo una excepción, 80% de casos.

posible argumentación de la instrucción de los escribientes, como objeción a esta propuesta y para sugerir mayor raigambre histórica, y ello, porque la alfabetización de los autores no ha sido obstáculo para consignar otros rasgos como la ya mencionada indistinción de sibilantes. Esto es, si tomamos como cierta la idea de que el yeísmo estaba ya consolidado a la sazón, debieron ser, entonces, otros los factores que lo maquillaron en las misivas, como la marcación social.

Por otro lado, el corpus manifiesta la aspiración de -*s* y -*r* implosivas en coda silábica y en final de palabra. Allende esta información, se documentan la caída de -*d*- *y de* -*g*- en contexto intervocálico, la aspiración [h] del fonema fricativo velar sordo /x/, así como la confusión de líquida lateral /l/ y vibrante simple /ɾ/, si bien con distribuciones territoriales diversas a las actuales, por lo que sugerimos la posible influencia del área oriental peninsular. La cuasisistematicidad de algunos de estos rasgos, fundamentalmente la indistinción de sibilantes, sugieren que gozaban ya de prestigio social, incluso entre hablantes alfabetizados. Por último, las misivas manifiestan el mantenimiento de los grupos cultos en general, biconsonánticos y triconsonánticos, si bien se produce un quiebre sistemático de los grupos cultos en solo una secuencia biconsonántica, a saber, [ks] y [ks + cons.].

Bibliografía

Academia Mexicana de la Lengua: Banco de datos [en línea]. (2023). *Corpus Diacrónico y Diatópico del Español*. www.cordiam.org

Allas, J. M.ª y L. C. Díaz (coords.). (2004). *Libro de Estilo. Canal Sur Televisión y Canal 2 Andalucía*. https://www.canalsur.es/resources/archivos_offline/2017/10/4/1507119787074Libro_de_estilo_Canal_Sur.pdf

Alvar, M. (1961-1973). *Atlas Lingüístico y Etnográfico de Andalucía*, con la colaboración de Llorente, A. y Salvador, G., 6 tomos. Universidad de Granada-CSIC.

Ariza, M. (1997). Historia lingüística del andaluz, Cano R. (coord.). *Demófilo. Revista de Cultura Tradicional de Andalucía. Las hablas andaluzas*, 59-68.

—— íd. (En proceso). *Documentos lingüísticos de Andalucía. 1650-1850*.

Cano, R. (1992/1988). *El español a través de los tiempos* (2ª ed.). Arco Libros

Espinosa, A. (1935). Arcaísmos dialectales. La conservación de "s" y "z" sonoras en Cáceres y Salamanca, *Revista de Filología Española*. Anejo XIX. Junta para la ampliación de Estudios Históricos. Centro de Estudios Históricos.

Frago, J. A. (1999). *Historia del español de América. Textos y contextos*. Gredos.

—— íd. (2010). *El español de América en la Independencia*. Taurus.

Lapesa, R. (1981/1980). *Historia de la lengua española* (9ª ed.). Gredos.

López Serena, A. (2013). Variación y variedades lingüísticas: un modelo teórico dinámico para abordar el estatus de los fenómenos de variación del español hablado en Andalucía, Narbona A. (coord.). *Conciencia y valoración del habla andaluza* (pp. 73-128). Universidad Internacional de Andalucía.

Méndez García de Paredes, E. (2013). La enseñanza de la lengua en Andalucía y el andaluz en los medios de comunicación, en Narbona A. (coord.), *Conciencia y valoración del habla andaluza* (pp. 257-329). Universidad Internacional de Andalucía.

Menéndez Pidal, R. (1962). Sevilla frente a Madrid: Algunas precisiones sobre el español de América, *Miscelánea homenaje a André Martinet: Estructuralismo e historia*, 3 (pp. 99-165). Universidad de la Laguna.

Moya Corral, J. A. (2013). Rasgos y valoraciones en el oriente de Andalucía, Narbona A. (coor.). *Conciencia y valoración del habla andaluza* (pp. 227-256). Universidad Internacional de Andalucía.

Narbona, A. (2013). Conciencia, (des)prestigio e identidad lingüística en Andalucía. *Conciencia y valoración del habla andaluza* (pp. 129-162). Universidad Internacional de Andalucía.

Navarro Tomás, T. (2016/1930-1954). *Atlas Lingüístico de la Península Ibérica*, García P. (coord.). Consejo Superior de Investigaciones Científicas.

—— íd. (1964). Nuevos datos sobre el yeísmo en España, *Thesavrvs. Boletín del Instituto Caro y Cuervo*, XIX, 1, 1-17.

Puerma Bonilla, Javier. (2024). La Campiña de Córdoba: fonología y morfología. El caso de Santaella (1740-1820): entre España y América, *Revista de Filología Española*, 104 (1), 1428.

Ramírez Luengo, J. L. (2010). El español del occidente de Bolivia en la época de las independencias: notas fonético-fonológicas, *Boletín de Filología*, 45(1), 159-174.

Real Academia Española-Asociación de Academias de la Lengua Española. (2009). *Nueva gramática de la lengua española*. Espasa.

Real Academia Española: Banco de datos [en línea]. (2023). *Corpus diacrónico del español*. www.rae.es

Rodríguez-Castellano, L. y A. Palacio. (1948). Contribución al estudio del dialecto andaluz: El habla de Cabra, *Revista de Dialectología y Tradiciones Populares*, 4(3), 387-418.

El *ALEA* y el *ALEICan*, juntos y en contraste[1]

Natalia Terrón y Cristina Buenafuentes
Universidad Autónoma de Barcelona

RESUMEN
Esta investigación analiza las semejanzas y diferencias que guardan el *Atlas Lingüístico y Etnográfico de Andalucía* (*ALEA*) y el *Atlas Lingüístico y Etnográfico de las Islas Canarias* (*ALEICan*), ambos ideados y dirigidos por Manuel Alvar López. Para ello, se lleva a cabo un examen cuantitativo y cualitativo del contenido de estos atlas a partir del contraste de las informaciones lingüístico-etnográficas que ofrecen sus índices, que demuestra que, a pesar de partir de las mismas bases metodológicas, existen evidentes disimilitudes entre ambas obras tanto en la selección de los conceptos como en la conceptualización de los (sub)campos que estructuran los índices. El estudio, por consiguiente, no solo evidencia cuál es la deuda que tiene el *ALEICan* con el *ALEA* desde el punto de vista estructural y metodológico, sino que también contribuye a un mejor conocimiento de la variación lingüística de la España meridional a partir de su reflejo en los atlas.

Palabras clave: *ALEA*, *ALEICan*, geografía lingüística, léxico

1. Introducción

Las hablas andaluzas constituyen un grupo dialectal diferenciado de las hablas canarias; sin embargo, sus relaciones lingüísticas son evidentes y han sido el objeto de interés de diversas investigaciones (Alvar 1968, Fernández Sevilla 1981; Navarro 2013). "El español que se habla en las Islas Canarias posee unas características similares a las variedades meridionales de la Península" (Díaz Alayón 1990: 31). Desde el ámbito de la geografía lingüística, esta relación se puede estudiar a partir del contraste de los datos del *Atlas Lingüístico y Etnográfico de Andalucía* (*ALEA*) y del *Atlas Lingüístico y Etnográfico de las Islas Canarias* (*ALEICan*), ambos ideados y dirigidos por Manuel Alvar López. Como es bien sabido, el *ALEA* es el primer atlas regional de la península y sirve de modelo para los posteriores, que van a seguir en su origen las mismas

---

[1] Este estudio forma parte del proyecto *CORPAT: corpus digital para la preservación y el estudio del patrimonio lingüístico del español* (TED2021-130752A-I00), financiado por la Unión Europea "NextGenerationEU"/PRTR.

bases metodológicas al haberse diseñado siguiendo los mismos principios (Alvar 1997). De hecho, es evidente la estrecha relación que guarda este atlas con el *ALEICan*. El propio Alvar afirma explícitamente en el prólogo sobre el atlas de Canarias que este "surgió como una continuidad del *ALEA*", debido, principalmente, a que "las condiciones históricas, sociológicas y lingüísticas de Andalucía son extraordinariamente parecidas a las de Canarias [...]" (Alvar 1973: 60).

A las evidentes relaciones entre ambos atlas, se suma la cercanía temporal entre la elaboración de las dos obras[2]. Antes de terminar con la publicación del *ALEA*, Alvar ya había empezado y finalizado las encuestas del *ALEICan*, aunque la publicación de este último fue más tardía por motivos económicos y logísticos, debido, entre otras cuestiones, a la complejidad a la hora de plasmar en el papel las medidas existentes entre las islas (*ALEICan*: nota preliminar)[3]. A pesar de todos estos puntos de unión entre el *ALEA* y el *ALEICan*, no hay que olvidar que los materiales que se incluyen en el atlas de Canarias son las primeras muestras cartografiadas del territorio, porque las islas, a diferencia de Andalucía, no habían sido encuestadas para el *ALPI* (Medina López 1995).

Por lo tanto, a tenor de lo expuesto, es esperable que ambos atlas presenten un alto grado de semejanza en su conceptualización y en su contenido, que permita realizar la comparación de los datos que atesoran y, consecuentemente, ofrecer un panorama global bastante completo de la variación lingüística en la España meridional. Como afirma González González (1991: 157), en todos los atlas regionales que fueron elaborados por Alvar "se ha buscado una coordinación mayor o menor en los Cuestionarios no solo de los atlas lingüísticos que comprenden todo el territorio de la P. Ibérica, sino también

---

[2] La recogida de los datos en el *ALEA* se desarrolló entre 1953 y 1958, mientras que en el *ALEICan* se llevó a cabo en los años 1964-1968, 1971 y 1973. La publicación de los atlas fue entre 1952 y 1973, en el caso del *ALEA*, y entre 1975 y 1978, en el del *ALEICan*.

[3] En la nota preliminar del *ALEICan*, Alvar indicó lo siguiente: "Desde 1969, en que acabe la recogida de materiales, hasta hoy —otoño de 1974—, en que los mapas empiezan a imprimirse, ha habido un periodo de tiempo demasiado largo, por cuanto la redacción quedó cumplida años ha. Sin embargo, no podré decir que han sido años de tranquilidad para la obra. La impresión es muy costosa [...] Al proyectar en un mapa la realidad de Canarias, cada isla quedaba demasiado lejos de las otras".

de los atlas regionales publicados anteriormente [...], con lo que queda asegurada una amplia base de comparación".

A partir, pues, de las evidentes relaciones entre los dos atlas, tanto desde la perspectiva lingüística como metodológica, esta investigación tiene por objetivo el análisis de las semejanzas y diferencias que, desde el punto de vista cuantitativo y cualitativo, guardan ambos atlas, para poder determinar cuál es la deuda que tiene el *ALEICan* con el *ALEA*. Con ello, este trabajo quiere aportar datos al conocimiento de la historia de la geografía lingüística regional española, especialmente en su zona meridional.

Este estudio forma parte del proyecto de investigación «CORPAT-PEPLEs: corpus digital para la preservación y el estudio del patrimonio lingüístico del español» (TED2021-130752A-I00), que tiene por objetivo la sistematización y organización de las informaciones contenidas en los atlas lingüísticos regionales de la península ibérica (Julià Luna 2021). Una de las tareas que se han llevado a cabo en el marco del proyecto ha sido la informatización de los índices de todos los atlas en una base de datos en la que, a través de diferentes campos, se sistematiza toda la información que figura en el índice, desde la denominación de los (sub)campos y conceptos y los tipos de mapas, hasta la presencia de dibujos, explicaciones o ilustraciones, así como otros aspectos que se derivan del cotejo, como los que se refieren a la ausencia y presencia de conceptos y a las semejanzas y divergencias en los campos y subcampos. En concreto, en esta investigación se han examinado un total de 3195 registros, todos ellos derivados de la extracción de los datos contenidos en los índices del *ALEA* y del *ALEICan*.

Así pues, el análisis efectuado en este trabajo parte de la comparación de los dos atlas según lo que se consigna en sus índices y expone los resultados que se extraen de su comparación, por lo que queda fuera de esta investigación el estudio de la variación entre el léxico andaluz y el canario que se recoge en los dos atlas. A pesar de ello, la comparación de los índices de los dos atlas pone de manifiesto el grado de coincidencia entre ambos, lo que permitirá hacer la selección de los conceptos que se estudiarán posteriormente con más profundidad en el citado proyecto.

En definitiva, este trabajo quiere comprobar si las semejanzas establecidas *a priori* entre el *ALEICan* y el *ALEA* se corroboran en el análisis de sus respectivos índices y contribuir con ello, en la medida de lo posible, a un mejor conocimiento de la variación dialectal meridional a partir de su reflejo en los atlas.

2. Resultados

A partir de la información extraída de los índices de los dos atlas objeto de estudio de esta investigación se ha efectuado un análisis cuantitativo, que se basa en la comparación no solo del número de volúmenes y de mapas, sino también de la cantidad de estos últimos según su tipología: lingüísticos, lingüístico-etnográficos y etnográficos[4]. Así, el *ALEA* está formado por 6 volúmenes y el *ALEICan* por 3. El número de mapas de cada atlas es 1841 para el *ALEA* frente a 1236 para el *ALEICan*. Del total de los mapas, prácticamente la totalidad son de tipo lingüístico, 95,38 % (1756) en el *ALEA* y 95,23 % (1177) en el *ALEICan*. Los lingüístico-etnográficos, que recogen tanto la variación léxica como información externa a la lengua referida al concepto cartografiado, representan un 1,63 % (30) en el *ALEA* y un 2,5 % (31) en el *ALEICan*. Por último, los etnográficos alcanzan para el *ALEA* un 3 % (55) y para el *ALEICan* 2,27 % (28). Este tipo de mapas recogen información sobre la cultura de las zonas encuestadas, como, por ejemplo, el mapa titulado *área de las sevillanas*, donde se pregunta "por los bailes sueltos que todavía se practican en fiestas". Este mapa, por razones obvias, no se encuentra en el *ALEICan*.

El contraste entre los dos atlas también ha proporcionado datos sobre el número de conceptos con representación cartográfica y sin ella (*)[5], esto es, conceptos que no tienen suficiente variación léxica como para ser representados cartográficamente (p. ej. *terrón grande* o *terrón húmedo de forma alargada*, que se encuentran dentro del mapa dedicado al concepto *terrón*), así como la cantidad de láminas con dibujos (d), ilustraciones (i) o fotografías y de láminas con explicaciones (e), tanto si son solo texto como si figuran en un mapa o en otra lámina. En este sentido, hay un total de 383 conceptos en el *ALEA* y 338 en el *ALEICan* sin representación cartográfica; 33 láminas que

---

[4] El propio Alvar establece esta distinción en el prólogo de los atlas. Cabe destacar que esta información se ha extraído de las etiquetas que aparecen en los índices, pero en ningún caso se han consultado los mapas, por lo que es posible que se encuentren más mapas con información etnográfica. Por ejemplo, la mayoría de los seres marinos contiene dibujos en los mapas y esto no se registra en el índice.

[5] El símbolo que aparece entre paréntesis es el que figura en el índice para cada uno de los aspectos contrastados.

contienen explicaciones en el *ALEA* y 17 en el *ALEICan* y 161 láminas en el *ALEA* y 92 en el *ALEICan* con dibujos, ilustraciones y fotografías. Como se puede observar, a pesar de la mayor extensión del *ALEA* (dobla el número de volúmenes del *ALEICan*), ambos atlas se encuentran bastante parejos en los diferentes parámetros que se han contrastado.

Este comportamiento afín se difumina si se toma en consideración la coincidencia en el número de conceptos. De 2400 conceptos totales del *ALEA*, solo 885 están también en el *ALEICan*, es decir, son compartidos por los dos atlas. Por lo tanto, hay un total de 1515 conceptos que solo están en el *ALEA* y 795 que solo están en el *ALEICan*, lo que parece indicar, al menos desde el punto de vista conceptual, que los dos atlas presentan una acusada divergencia. En el gráfico 1, se distribuyen los conceptos en función del nivel lingüístico al que afectan y según la etiqueta que se proporciona en los índices.

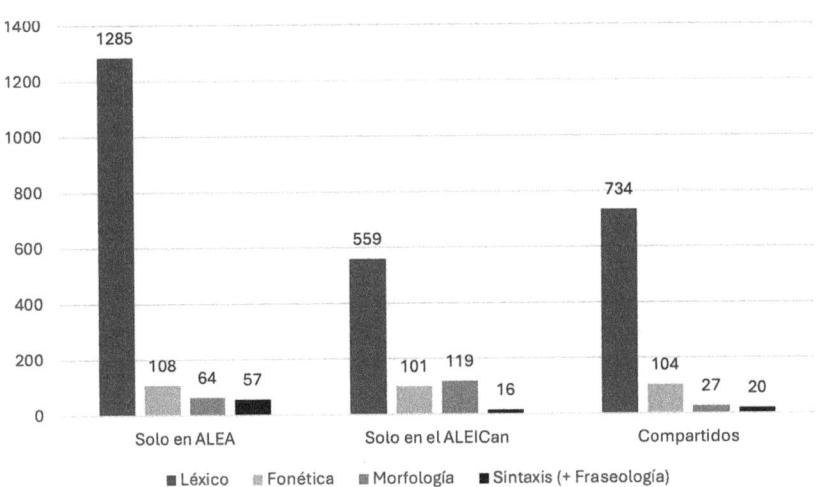

Gráfico 1: Número de mapas fonéticos, morfológicos, sintácticos y léxicos compartidos y exclusivos del *ALEA* y *ALEICan*.

Este trabajo se va a centrar en los mapas clasificados por el propio Alvar como léxicos, que, como se puede observar en el gráfico anterior, presentan una coincidencia bastante baja entre ambos atlas (734 conceptos).

3. Discusión

Una vez contrastados los datos desde la perspectiva cuantitativa, es necesario tratar de explicar cuál es su sentido no solo en lo que respecta a la descripción de los campos y subcampos (§3.1.) y los conceptos (§3.2.), sino también en cuanto a las relaciones entre ambos (§3.3.).

3.1. Campos y subcampos[6]

Los datos presentados en el análisis cuantitativo corroboran que, respecto a los campos y los subcampos semánticos, la conceptualización en (sub) campos es muy semejante en ambos atlas: en el *ALEICan* hay un total de 52 campos y subcampos y 31 coinciden de manera total con el *ALEA* (59,61 %) y 13 de manera parcial (28,84 %), es decir, con algunas diferencias. Como se puede observar, hay una coincidencia de, prácticamente, un 60 % entre ambos atlas, lo que podría confirmar que, a nivel estructural, el *ALEICan* sigue los preceptos del *ALEA*.

Los campos y subcampos que coinciden totalmente en el *ALEA* y en el *ALEICan* se corresponden con realidades de interés general en la geolingüística y, además, compartidas por los dos territorios: *ganadería* (subcampos: *generalidades, ganado vacuno, ganado lanar, ganado cabrío*), *industrias pecuarias* (subcampos: *la leche y el queso, el cerdo y la matanza*), *apicultura, la condición humana* y *la religión*. En algunos casos, la coincidencia es total en el campo semántico, pero el *ALEICan* no presenta ninguno de los subcampos que sí que figuran en el *ALEA*. Por ejemplo, *el vestido* en el *ALEA* presenta los siguientes subcampos: *vestidos y adornos de la mujer, prendas masculinas, prendas de cabeza. Pañuelo y calzado* y ninguno de ellos se especifica en el atlas canario. La supresión de subcampos del *ALEA* en el *ALEICan* se observa en los campos *el cuerpo humano, enfermedades, el vestido / la vestimenta*[7], *de la cuna a la sepultura, juegos / juegos y diversiones, topografía y accidentes físicos / topografía y naturaleza del terreno*.

En otros casos, se suprimen en el *ALEICan* solo algunos subcampos del *ALEA*, mientras que en otros coinciden tal y como se puede observar en la

---

[6] Se usa la cursiva para la denominación de los campos y subcampos.
[7] Se emplea la barra para separar las diferencias formales en la denominación de los campos y subcampos.

siguiente tabla, en la que se han empleado los paréntesis para indicar los subcampos que se suprimen en el *ALEICan*:

Tabla 1: Subcampos del *ALEA* conservados y suprimidos en el *ALEICan*

Agricultura e industrias con ella relacionadas	Vegetales		Animales silvestres
- El campo y sus cultivos - Yugo - Arado - Vid y vinificación - Molinos de harina y planificación - Carbonero - Procedimientos de transporte - (Carro) - (Aparejos para las bestias de carga) - (Olivo y oleicultura) - (El corcho y su elaboración)	- Plantas silvestres. Flores. Arbustos - Hortalizas - Árboles frutales - (El bosque)	- Insectos y otros animalillos - Reptiles y batracios / Reptiles - Aves. El murciélago / El murciélago y otros mamíferos pequeños. La sanguijuela. Batracios. - La caza - (Aves de rapiña) - (Alimañas y otros animales monteses)	- Varia - Hilado y tejido - Alfarería - Albañilería - Herrería - (Carpintería) - (Trabajo comunal)

También se da, aunque en menor medida, el caso contrario, es decir, que el *ALEICan* añada subcampos semánticos que no se consignan en el *ALEA*, como ocurre, por ejemplo, con *el dromedario* en el campo *animales domésticos* o con *balcones y corredores* en el campo *la casa*.

La supresión[8] o adición de los subcampos puede deberse a dos razones. En primer lugar, a una causa de tipo externo que tendría que ver con la ausencia o presencia de conceptos de determinadas realidades según la región, de modo que la inclusión o exclusión está condicionada por la realidad del territorio cartografiado[9]. Esto explicaría la ausencia en el *ALEA* del subcampo *el*

---

[8] En algunos casos, los subcampos que se eliminan en el *ALEICan* son mapas etnográficos (como sucede, por ejemplo, con los dedicados a las *áreas de vasijas* del *ALEA*), dibujos (como en el de *planos de viviendas*) y láminas con explicaciones (como el de *la alimentación andaluza según los materiales del ALEA*).

[9] "En todo cuestionario se mezclan preguntas generales con cuestiones especializadas que deben reflejar las peculiaridades físicas, económicas y la cultura popular de la región" (González González, 1991: 160).

dromedario o la presencia del subcampo *balcones y corredores* en el *ALEICan*, ya que, dentro de la arquitectura tradicional canaria, los balcones son un símbolo de identidad. Tanto es así que en el *ALEICan* hay cuatro láminas dedicadas a representarlos. Por su parte, la ausencia en el *ALEICan* de subcampos como el *olivo y oleicultura*, *el corcho y su elaboración* o *el carro* se relacionaría también con las particularidades del área representada en los mapas. De hecho, en relación con este último, Fernández Sevilla (1981: 92) en su estudio indica que "el carro es infrecuente en Canarias como medio de transporte". Esto mismo se comprueba en el mapa etnográfico dedicado a las *localidades donde se usa el carro* recogido en el *ALEICan*, donde solamente se marcan 9 lugares en todas las islas donde se emplea este medio de transporte. De estas 9 localidades, en Agüimes (GC 40), Alvar indica que "la terminología del carro se tuvo que preguntar a un informante distinto; al parecer, es muy moderna y tomada de la construcción de coches" y, en La Calera (Go 3), señala que "solo existe un carro, encallado en la arena e inútil desde hace 20 años (datos de 1966). Lo trajeron de Santa Cruz de Tenerife antes de la guerra civil. La terminología que se transcribe fue aprendida por el informante en el sur de la isla de la Gomera".

El segundo motivo es de índole interna y estaría relacionado con la reestructuración de la información en cada atlas. Así, en el *ALEICan* los conceptos 'serrucho', 'carcoma', 'berbiquí' o 'viruta' se consideran dentro del subcampo de la *albañilería* y, por consiguiente, no hace necesario incluir en este atlas el subcampo *carpintería*, considerado relevante en el *ALEA*. Lo mismo sucede con los subcampos *el fuego* y *útiles para encender el fuego*, que en *ALEICan* quedan bajo un único subcampo *el fuego*, de modo que conceptos como 'yesca' pasan a clasificarse en este subcampo.

Esta reestructuración puede afectar no solo a los subcampos sino también a los propios campos semánticos. Por ejemplo, lo que en *ALEICan* son tres campos semánticos (*la casa, faenas domésticas* y *la alimentación y las comidas*) en el *ALEA* es un único campo: *la casa. Faenas domésticas. Alimentación.*

En este sentido, el campo semántico que presenta más variación estructural entre los dos atlas es *el mar*. Como se puede observar en la tabla 2, el *ALEICan* organiza la información en dos campos semánticos: *el mar* y *los seres marinos*, este último recoge los conceptos que en el *ALEA* se encuentran en los subcampos *peces, moluscos y crustáceos, otra fauna marina, algas* y *aves marinas*. El *ALEICan* es más específico, en cambio, en lo que se refiere a las partes de la embarcación, pues se concretan los subcampos *arquitectura naval, el ancla y otros utensilios* y *el remo*, y también en la pesca, ya que añade el subcampo *despensa y preparación del pescado*. Asimismo, los subcampos coincidentes cambian su nombre: *generalidades* pasa a llamarse en el *ALEICan fenómenos atmosféricos, aspectos del mar, la costa, la navegación* se cambia por *maniobras y léxico conexo* y *velas y cabos* se pasa a llamar *el velamen y los palos*. Todo ello podría reflejar la importancia que tiene este campo semántico en las Islas.

Tabla 2: Comparación del campo semántico *El mar* y *Los seres marinos* en el *ALEA* y el *ALEICan*

ALEA	ALEICan
El mar	**El mar**
• Generalidades	• Fenómenos atmosféricos, aspectos del mar, la costa
• La navegación	• Maniobras y léxico conexo
• Velas y cabos	• El velamen y los palos
• Embarcaciones y sus partes	• Arquitectura naval • El ancla y otros utensilios • El remo
• La pesca, los aparejos y las redes	• La pesca • Despensa y preparación del pescado
• Peces • Moluscos y crustáceos • Otra fauna marina • Algas • Aves marinas	**Los seres marinos**

Por otro lado, el campo semántico *el tiempo* también presenta bastante divergencia en su estructuración por parte de los dos atlas. Como se puede comprobar en la tabla 3, en este caso, el *ALEICan* es menos específico, ya que solamente tiene dos subcampos, si bien en la denominación del campo este atlas incorpora más información sobre su contenido (*cronología y fenómenos atmosféricos*), algo que el *ALEA* no recoge en la denominación del campo, pero sí que se desprende de los diferentes subcampos en que se distribuye:

Tabla 3: Comparación del campo semántico el tiempo y tiempo. La cronología. Fenómenos atmosféricos en el *ALEA* y el *ALEICan*

ALEA	ALEICan
El tiempo • Día, meses y estaciones • Vientos • Aspectos del cielo • Cuerpos celestes • Fenómenos atmosféricos	**Tiempo. La cronología. Fenómenos atmosféricos:** • Tiempo y cronología • Vientos, aspectos del cielo, etc.

Por lo tanto, los campos semánticos que presentan mayores diferencias en los dos atlas son *el mar, los seres marinos* y *el tiempo*.

3.2. Conceptos

Si bien, como se ha señalado, se constata un alto grado de coincidencia en la estructuración del *ALEA* y del *ALEICan*, sobre todo en el caso de los campos semánticos, tal semejanza no se traslada cuando se toman en consideración los conceptos recogidos bajo cada campo semántico. Como se puede observar en la tabla 4, no son muy numerosos los conceptos compartidos por ambos atlas, pues solo representan el 28,39 %, mientras que destacan los conceptos exclusivos del *ALEA*, que casi suponen la mitad del total (48,79 %), frente a los del *ALEICan*, que posee el menor porcentaje (22,82 %).

Tabla 4: Número de conceptos para cada campo semántico según sean compartidos o exclusivos del *ALEA* y *ALEICan*

Campo semántico	Compartidos	Solo en el ALEA	Solo en el ALEICan	TOTAL
Agricultura e industrias relacionadas	168	257	167	592
El mar || Los seres marinos	71	208	107	386
La casa || Faenas domésticas || Alimentación	63	175	50	288
Vegetales	47	95	77	219
El cuerpo humano || Enfermedades	64	87	19	170
Ganadería	52	85	32	169
Oficios	26	68	23	117
Animales silvestres	33	57	25	115

Campo semántico	Compartidos	Solo en el ALEA	Solo en el ALEICan	TOTAL
Tiempo. Cronología. Fenómenos atmosféricos	37	30	20	87
Topografía y accidentes físicos	16	46	12	74
Animales domésticos	33	22	17	72
Industrias pecuarias	28	21	23	72
De la cuna a la sepultura	26	38	3	67
Juegos	22	26	5	53
El vestido	9	28	6	43
La religión	13	13	3	29
La condición humana	16	9	4	29
Apicultura	15	5	1	21
TOTAL	739 (28,39 %)	1270 (48,79 %)	594 (22,82 %)	2603

Las cifras de la tabla 4, además de mostrar los escasos conceptos coincidentes por campos semánticos, también reflejan la importancia que se le concedió en la geografía lingüística a cada ámbito de la realidad, es decir, qué era lo que más interesaba en la época según la zona cartografiada. De este modo, el campo semántico mejor representado coincide en ambos atlas: *agricultura e industrias relacionadas*[10]. De hecho, tanto el *ALEA* como el *ALEICan* confieren a los cuatro primeros campos semánticos de la tabla 4 (*agricultura e industrias relacionadas, el mar || los seres marinos, la casa || faenas domésticas || alimentación y vegetales*) más del 50 % de los conceptos registrados, lo que, de nuevo, vuelve a poner de manifiesto las semejanzas estructurales entre ambos atlas, a pesar de que los conceptos que seleccionan presentan un alto grado de divergencia.

---

[10] Al respecto, en Lorenzo Ramos *et al.* (1994: 613) se indica que "el mundo marinero constituye, junto con el agrícola, el religioso o el folclórico, uno de los referentes simbólicos más importantes de nuestra cultura autóctona", lo que refleja la mayor representación que este campo tiene en los atlas lingüísticos.

3.2.1. Conceptos no compartidos

Los conceptos no compartidos entre el *ALEA* y *ALEICan*, en la mayoría de los casos, se explican por las diferentes realidades del territorio cartografiado. Por ejemplo, dentro del campo semántico denominado *vegetales*, el *ALEA* y el *ALEICan* comparten conceptos que se refieren a realidades generales, como 'zumo', 'mondadura', 'pepita', etc., o árboles y frutas que se cultivan en ambas zonas, como el 'melocotonero', el 'peral', el 'manzano', etc. En cambio, el *ALEA* recoge conceptos pertenecientes al subcampo *el bosque*, que no tienen representación en el *ALEICan*, como la 'encina', el 'alcornoque', el 'sauce', la 'aceituna', etc., y en el *ALEICan*, por su parte, se hallan conceptos que hacen referencia al léxico palmero[11] ('dátil', 'palmera', 'hoja de la palma'), platanero ('tronco de la platanera', 'ramo de plátanos') y algunas variedades de hortalizas y frutos que se cultivan en las islas, como los 'higos bergazotes' o el 'ñame'. La alimentación es otro campo semántico en el que afloran las diferencias entre ambos territorios, como en el caso del 'gofio', tipo de harina típica de las Islas que, por consiguiente, no se incluye en el *ALEA*.

También en la fauna las diferencias parecen estar marcadas por el territorio y son muy significativas y evidentes porque se relacionan con la realidad de cada zona. Un ejemplo de ello es la adición en el *ALEICan* del 'dromedario' y todo lo relacionado con este animal y el vocabulario de los camelleros, característico de las Islas Canarias (véase Morera 1991), o del 'perenquén', un lagarto propio de Tenerife y la Palma. Asimismo, en el *ALEA* se registra la 'nutria', animal más común en esta zona que en las Islas, de modo que el *ALEICan* no incluye un concepto para su designación. Por lo tanto, en el *ALEICan* se adaptan las preguntas de las encuestas a la vida insular.

Sin embargo, a pesar de que la realidad cartografiada es lógicamente distinta en los dos atlas lo que justifica las diferencias en los conceptos, en algunos campos semánticos las ausencias no pueden explicarse por su relación con la realidad exterior de cada territorio cartografiado. Es lo que ocurre con el campo semántico *el cuerpo humano*, donde 87 conceptos están solo en el

---

[11] Sobre el léxico palmero, véase Díaz Alayón (1989-1990).

ALEA, lo que podría explicarse por la mayor amplitud de este atlas, pero no parece que esta misma justificación sea posible para los 19 que solo están en el *ALEICan*, máxime si se tiene en cuenta que se trata de conceptos comunes como 'cuello', 'dedo gordo del pie' o 'encía', o tienen que ver con acciones cotidianas como 'carraspear', 'escocer' o 'toser'. Estos casos es probable que sean enmiendas que el propio Alvar incorporó en la elaboración del cuestionario de las Islas Canarias.

3.2.2. Conceptos compartidos

En cuanto a los conceptos compartidos en los dos atlas, se advierten modificaciones formales en la denominación que tienen que ver con la ampliación de la designación en el *ALEICan* ('burbuja de agua' > 'burbuja', 'vaina de las legumbres'/'vaina del garbanzo' > 'vaina', 'cerner la uva' > 'cerner', 'acarrear las mies' > 'acarrear') o, el caso contrario, una reducción de la designación en el atlas de Canarias ('mazorca' > 'mazorca de maíz', 'aguijar' > 'aguijar las vacas', 'celda' > 'celda del panal', 'tentáculos' > 'tentáculos del pulpo').

Un caso particular lo constituyen aquellos conceptos que cambian la denominación por un sinónimo en el *ALEICan* con respecto al *ALEA*: 'jibia' > 'sepia', 'púa de la peonza' > 'púa del trompo', 'mar picada' > 'mar agitada', 'puñado de mies' > 'manada de mies'. El análisis de las modificaciones en estos conceptos demuestra que el cambio en la denominación no fue motivado por tratarse de la forma más extendida en la región. Por ejemplo, el *ALEICan*, como se ha señalado, prefiere 'puñado de mies' para lo que en el *ALEA* es 'manada de mies'. El estudio de Fernández Sevilla (1981) demuestra que en el *ALEICan* el 47,77 % empleó la forma *puñado* mientras que solo el 19,64 % usó *manada*, lo que demuestra que la forma con más ocurrencias no es la que se tomó como representativa en su incorporación en los índices del atlas canario.

Lo mismo ocurre con los conceptos 'mar picada' y 'mar agitada'. El cambio de *'mar picada'* por 'mar agitada' en el *ALEICan*, como se puede observar en el mapa 1, tampoco está motivado por la mayor extensión de la forma seleccionada. De hecho, 'mar agitada' no constituye respuesta en ninguno de los puntos encuestados en el *ALEICan*. La forma con más ocurrencias es 'marejada' (13), que se encuentra tanto en la Andalucía oriental como en las Islas, en concreto en Tenerife y en Las Palmas de Gran Canaria (mapas 1 y 2).

Mapas 1 y 2: Distribución de las respuestas del *ALEA* y el *ALEIcan* sobre los conceptos 'mar picada' y 'mar agitada'.[12]

---

[12] Los dos mapas han sido elaborados con la aplicación *Google my maps*, a través de los datos incluidos en *CORPAT*, en línea: http://corpat.es/ [fecha de consulta: 04/10/2023].

Finalmente, en algunos casos muy concretos, se efectúa en uno de los atlas la agrupación de conceptos. Es decir, dos conceptos de uno de los atlas se agrupan en uno solo en el otro, separados por un punto y coma. Por ejemplo, 'vendimia' en el *ALEA* aparece junto a 'vendimiar' en el *ALEICan* ('vendimia; vendimiar') y lo mismo sucede con 'espita' que se consigna en el atlas canario junto a 'grifo' ('grifo; espita'). Del mismo modo, 'rozón' en el *ALEICan* se agrupa en el *ALEA* junto a 'calabozo' ('rozón; calabozo') e 'izar velas' figura con 'arriar' ('arriar; izar velas'). Como se puede observar, este procedimiento se aplica tanto en el *ALEA* como en el *ALEICan*, pero cabe señalar que se emplea de manera ocasional.

3.3. Relaciones entre campos/subcampos y conceptos

Como se ha mostrado hasta el momento, existe un distinto nivel de semejanza entre el *ALEA* y el *ALEICan* según se observe su estructuración en campos y subcampos, donde la coincidencia es bastante alta, o se ponga la atención en los conceptos que incluyen, donde hay un algo grado de divergencia. Este hecho hace especialmente interesante el análisis de las relaciones que se establecen entre (sub)campos y conceptos, sobre todo en aquellos casos en los que hay diferencias en la forma de proceder de ambos atlas.

En este sentido, un mismo concepto puede aparecer consignado a un campo o subcampo diferente según la visión que tenga de él cada atlas. Por ejemplo, en conceptos como 'pocilga', 'estercolero' o 'pesebre', el *ALEA* prefiere vincularlos al animal que ocupa esos lugares, de modo que se incluyen en distintos subcampos: *el cerdo y la matanza*, para el primero, y *ganado vacuno*, para los otros dos. En cambio, estos mismos conceptos en el *ALEICan* se categorizan bajo el subcampo *dependencias de los animales*, es decir, se focaliza sobre el lugar y no sobre el animal. Lo mismo ocurre con conceptos como 'codorniz' o 'untar', que en el *ALEA* se recogen bajo la denominación del animal en los subcampos *pájaros y aves pequeñas*, para el primero, y *el cerdo y la matanza*, para el segundo, mientras que el *ALEICan* se inclina por destacar la funcionalidad para los humanos de lo designado, esto es, figuran bajo los subcampos de *la caza* y *la alimentación y las comidas*. Esta diferente categorización a la hora de vincular los conceptos según el campo semántico muestra una tendencia del *ALEICan* por priorizar la funcionalidad de lo designado, mientras que el *ALEA* parece tener más en cuenta el participante sobre el que gira esa designación.

Otro de los campos semánticos en los que se evidencian las diferencias en la categorización de los conceptos tiene que ver con el cuerpo humano y las enfermedades. En primer lugar, cabe no perder de vista que ya en la estructuración de estos campos semánticos los dos atlas difieren: mientras el *ALEA* agrupa las enfermedades y el cuerpo humano (de hecho, el campo semántico se denomina *el cuerpo humano y enfermedades*), el *ALEICan* opta por separarlos en dos: uno para *el cuerpo humano* y otro para *enfermedades*. Al margen de esto, es relevante la clasificación de determinados conceptos en ambos atlas. El *ALEA* de nuevo opta por asociar las enfermedades o síntomas con las partes del cuerpo afectadas. Así 'orzuelo' o 'legaña' se sitúan en el subcampo *el ojo*; 'cicatriz', en *extremidades*; 'joroba', en *tronco y vísceras*; y 'salpullido', en *la piel y sus afecciones*. Estas distinciones no se trasladan al *ALEICan*, que clasifica todos estos conceptos en el campo semántico *enfermedades*. De hecho, en este atlas incluso los defectos físicos (como los casos de 'tartamudo', 'gordo' o 'gangoso') figuran en el campo semántico de las enfermedades, mientras que en el *ALEA* tienen un subcampo específico denominado *características externas y defectos físicos* (campo semántico: *el cuerpo humano y enfermedades*). Es evidente que en el *ALEA* se quiso especificar lo máximo posible, de modo que, en particular, en este campo semántico se establecen 11 subcampos semánticos[13]. Esto parece que no se consideró relevante en el *ALEICan*, ya que no se tiene en cuenta ninguno de los subcampos del *ALEA*, pero sí que se introdujo una distinción más clara entre el cuerpo humano y las enfermedades, que motivó la conceptualización en dos campos semánticos diferentes en el atlas de las Islas.

4. Conclusiones y perspectivas de futuro

Es evidente la impronta dejada por el *ALEA* en la conceptualización y creación de los atlas regionales de la península ibérica elaborados con posterioridad. En este sentido, el *ALEICan* no podía ser ajeno y el examen que se ha llevado a cabo en esta investigación a partir de los índices de ambos atlas

---

[13] Los subcampos son los siguientes: *la piel y sus afecciones, la cabeza, el pelo, el ojo, La nariz y el enfriamiento, cara, boca, faringe y cuello, cavidad torácica y movimientos respiratorios, movimientos peristálticos, tronco y vísceras, extremidades, características externas y defectos físicos, lesiones y enfermedades.*

así lo confirma: el grado de coincidencia entre el *ALEA* y el *ALEICan* en la categorización de la realidad según campos y subcampos es bastante alta. Se confirma, por tanto, la influencia del atlas andaluz sobre el atlas canario y, sobre todo, evidencia que ambos fueron concebidos por la misma persona y bajo los mismos presupuestos metodológicos.

Sin embargo, se ha podido constatar también que la coincidencia de ambos atlas es parcial en algunos casos. En este sentido, las diferencias, al margen de algunos aspectos formales que no son relevantes, tienen que ver con que el *ALEA* presenta una mayor especificidad, que se refleja en un mayor número de subcampos, lo que queda demostrado porque en la mitad de los casos en que ambos coinciden, el atlas de Andalucía tiene más subcampos que el atlas de Canarias (por ejemplo, en *el cuerpo humano y enfermedades*). En otros casos, esta diferenciación se justifica por la adaptación de cada atlas a las especificidades propias de cada región cartografiada, tal y como se ha visto en el caso del *dromedario* para el *ALEICan* o del *olivo* para el *ALEA*.

Contrariamente, este análisis ha evidenciado la divergencia de ambos atlas en la selección de los conceptos de sus respectivos índices, pues, en este caso, su coincidencia es bastante baja (solo 885 conceptos de 2400 se hallan en ambos atlas). Las semejanzas en los conceptos son mayores en aquellos (sub)campos semánticos en los que la coincidencia es total, como sucede en los casos del *ganado, la religión* o *la apicultura*, mientras que las divergencias son mayores cuando tampoco coinciden los (sub)campos asociados a esos conceptos. En este sentido, de nuevo, las diferencias tienen que ver con la necesidad de reflejar la idiosincrasia del territorio, de modo que se incorporan, no solo (sub)campos, sino también conceptos diferenciales (por ejemplo, 'gofio', en el caso del *ALEICan* o 'pestiño', en el del *ALEA*). También se ha observado que la diferencia en la selección del concepto en cada caso no es explicable por ser la forma elegida la más extendida según se constata en el mapa ('mar agitada'/'mar picada').

Finalmente, las asociaciones entre (sub)campos y conceptos también han arrojado luz sobre los cambios introducidos en el *ALEICan* con respecto al *ALEA*, derivados, posiblemente, de un ejercicio de enmienda por parte de Alvar. De hecho, uno de los aspectos que evidencia el contraste efectuado en este trabajo, es la reducción de subcampos semánticos en el *ALEICan* con respecto al *ALEA*. Asimismo, se ha podido comprobar cómo algunas de las diferencias más significativas tienen que ver con el modo de entender una misma realidad y, por consiguiente, en dónde se pone el foco de atención a la hora de situar los conceptos en un determinado campo semántico (por ejemplo, la consideración de las enfermedades según este campo semántico o según la parte del cuerpo a la que afecten). En definitiva, la deuda del *ALEICan* respecto al *ALEA*, según se desprende de sus índices, se halla en la conceptualización de los (sub)campos, pero la originalidad del *ALEICan* en los conceptos es evidente.

Si bien los resultados obtenidos en este trabajo han proporcionado valiosa información sobre las particularidades estructurales y conceptuales de los índices del *ALEA* y el *ALEICan*, estos dos atlas dejan todavía mucho terreno por explorar. En este sentido, esta investigación va a tener continuidad, pues los resultados obtenidos van a posibilitar la incorporación de los datos coincidentes en la base de datos *CORPAT* y, de este modo, van a permitir realizar un contraste en gran escala, tomando en consideración todos los otros atlas regionales. Asimismo, el objetivo último es analizar todos los datos a partir de la dialectometría, siguiendo el modelo de otros atlas (*ALDC, AIS, ALPI*) (Goebl 2008, 2023). Ello contribuirá a un mejor conocimiento de la variación dialectal regional de la península ibérica a través de su reflejo en los atlas y a evidenciar el gran legado que dejó Manuel Alvar a la dialectología peninsular.

Bibliografía

ALEA = Alvar, Manuel [con la colaboración de A. Llorente y G. Salvador] (1961-1973). *Atlas Lingüístico y Etnográfico de Andalucía*. Granada: Universidad de Granada/Consejo Superior de Investigaciones Científicas, 6 vols.

ALEICan = Alvar, Manuel (1975-1978). *Atlas Lingüístico y Etnográfico de las Islas Canarias*. Madrid: La Muralla, 3 vols.

Alvar, Manuel (1968). "Andalucía, Canarias y el Nuevo Mundo, un problema de caracterización lingüística", *Anuario del Instituto de Estudios Canarios*, XI-XIII, 70-72.

Alvar, Manuel (1973). *Estructuralismo, geografía lingüística y dialectología actual*. Madrid: Gredos, 2.ª ed.

Alvar, Manuel (1997). "Para la historia del *ALEA*", *Actas del Congreso del Habla Andaluza (4-7 de marzo)*. Sevilla: Universidad de Sevilla, 15-28.

Díaz Alayón, Carmen (1989-1990). "Notas de dialectología canaria: el léxico palmero", *Revista de filología de la Universidad de la Laguna*, 8-9, 127-144.

Díaz Alayón, Carmen (1990). "Los estudios del español de Canarias", *Thesaurus. Revista digital del Instituto Caro y Cuervo*, 45, 31-62.

Fernández Sevilla (1981). "Andalucía y Canarias: relaciones léxicas", en M. Alvar (coord.). *I Simposio Internacional de Lengua española (1978)*. Las Palmas de Gran Canaria: Cabildo Insular de Gran Canaria, 71-126.

Goebl, Hans (2008). "La dialettometrizzazione integrale dell'AIS. Presentazione dei primi risultati", *Revue de linguistique romane*, 72, 25-113.

Goebl, Hans (2023). "On the classification of dialects: from linguistic atlas to dialectrometry", *Dialectologia. Special issue*, 10, 19-68.

González González, Manuel (1991). "Metodología de los atlas lingüísticos en España", *Iker 7. Congreso Internacional de Dialectología*. Bilbao: Euskaltzaindia, 151-177.

Julià Luna, Carolina (2021). "Del atlas lingüístico tradicional al corpus geolingüístico digital: diseño de un proyecto", *Scriptum digital*, 10, 109-147.

Lorenzo Ramos, Antonio; Morera, Marcial y Ortega, Gonzalo (1994). "Aproximación al léxico marinero de Canarias", *V Jornadas de Estudios sobre Fuerteventura y Lanzarote*. Puerto del Rosario: Servicio de Publicaciones del Excmo. Cabildo Insular de Fuerteventura-Excmo. Cabildo Insular de Lanzarote, 613-625.

Medina López, Javier (1995). "El español de Canarias y el *ALEICan*", *Contextos*, 25-26, 151-170.

Morera, Marcial (1991). "La tradición del camello en Canarias", *Anuario de Estudios Atlánticos*, 31, 167-204.

Navarro, Rita (2013). *Coincidencias léxicas con Andalucía en el vocabulario diferencial canario*. Gran Canaria: ULPGC.

La huella del español isleño en el inglés estadounidense: La apicalización de la nasal velar final en el inglés de la Parroquia de San Bernardo. Efectos translingüísticos[1]

Fabiola Varela García
University of Wisconsin-Eau Claire

RESUMEN

Los bajos porcentajes de velarización de la nasal apical en el español isleño de Luisiana, dialecto en atrición, así como la fuerte tendencia apicalizadora de la nasal velar en el mundo anglohablante, nos llevan a examinar la posible existencia de *efectos translingüísticos* entre el español e inglés de la Parroquia de San Bernardo en Luisiana (Varela García 2022, Villena Ponsoda, comunicación personal). Usando datos recopilados en entrevistas semidirigidas, lectura de palabras y cuestionarios en Julio de 2022, así como grabaciones de los 80 de Samuel Armistead, analizamos la apicalización de la velar nasal final en el inglés de hablantes isleños bilingües, isleños monolingües en inglés y no isleños anglohablantes en los últimos 42 años. El análisis de regresión logística en SPSS 28 seleccionó como significativos los factores de *etnicidad, bilingüismo, edad, sexo, nivel educativo* y *formalidad del habla*. Existe un efecto translingüístico desde el español comunitario y familiar al inglés de los hablantes monolingües isleños quienes triplican las probabilidades de apicalización. Igualmente, tener un nivel educativo medio y ser isleño favorecen poderosamente esta pronunciación. Se aprecia entre los no isleños monolingües la tendencia global y generalizada del inglés hacia la apicalización. Documentamos un cambio en el patrón apicalizante a favor de la velar entre mujeres y niveles educativos altos en las últimas cuatro décadas. Hoy día, los jóvenes lideran y avanzan el fenómeno de la apicalización en la Parroquia, donde coexisten dos normas de distinto prestigio, pero aceptadas por todos.

Palabras clave: Español Isleño, Efectos translingüísticos, Apicalización velar nasal, Bilingüismo, Marcador Sociolingüístico, Coexistencia de normas lingüísticas

---

[1] Esta investigación ha sido posible en parte gracias a la financiación del Programa de Licencia Sabática para Profesores de la Universidad de Wisconsin-Eau Claire. Deseo testimoniar mis más sincera gratitud a la comunidad de San Bernardo en Luisiana, a Isleños y no Isleños, por su calurosa bienvenida y participación en este proyecto. Sin sus lenguas, conocimientos, sabiduría, amabilidad y generosidad, este trabajo no hubiera sido posible. Asimismo, quiero agradecer igualmente a *Los Isleños Heritage and Cultural Society of St. Bernard* y al *Nunez Community College*, su apoyo y dedicación a la conservación del idioma, las décimas, la historia, la música, el folclore, y las tradiciones de la herencia isleña compartida a ambos lados del Atlántico. Además, deseo testimoniar mi personal reconocimiento al Dr. Villena Ponsoda, magister, mentor de intachable ética y pensamiento, y cuyos acertados comentarios me encaminaron por la senda por la que transitar para completar este artículo.

1. Introducción

La tendencia a la apicalización de la nasal velar en inglés, especialmente en el morfema *-ing*, e.g., *sing* > [sin] es un fenómeno ampliamente documentado en dialectos del inglés en regiones de Australia, Canadá, Escocia, Estados Unidos, Inglaterra, Irlanda y Nueva Zelanda (Fisher 1958, Shuy, Wolfram & Riley 1967, Wolfram & Christian 1980, Trudgill 1974, Douglas-Cowie 1978, Reid 1978, Woods 1978, Wald & Shopen 1981, Houston 1985, Labov 1989, Gregg, 1992, Lass 1994, Labov 2001, Huddleston & Pullum 2002, Tagliamonte 2004, Campbell-Kibler 2007, Hazen 2008).

Diacrónicamente hablando, se cree que la variación existente hoy día, especialmente en el comportamiento diferente del gerundio (nominal), más asociado a la pronunciación velar, y del progresivo (verbal), relacionado con una pronunciación apical, se debe a los cambios en inglés antiguo que afectaron a *-ing* en los gerundios y en los progresivos. Estas transformaciones, aunque fusionadas, *merged*, ortográficamente en el siglo xv (Huddleston & Pullum), continuaron pronunciándose de forma diferente durante siglos (Hazen, 118). Lowe (1775) documenta una pronunciación apical en *coughing* similar a *coffin* y de *coming* similar a *cumin*, así como la valoración negativa de tal innovación, recogida en un editorial de la publicación *Punch* en 1902 (Houston, 338).

En inglés antiguo existía una terminación de participio de presente *-ende-*; la *-e* final cayó- (Lass, 144) quedando un único sufijo verbal- nominal *-ing*, una vez que el género dejó de marcarse al final del siglo xiii. En el siglo xv, el sufijo <ng> reemplazó casi completamente a la terminación <nd> (Irving 1967). Actualmente, se documenta la variable velar como mayoritaria, frente a la apical en las regiones de Inglaterra en las que <ing> desplazó a <ind> (Houston, 106)

Los estudios citados coinciden en que hoy día no hay evidencia de que el sufijo *-ing* esté experimentando un cambio en curso, considerándose esta una variable estable. Estos trabajos han diferenciado en sus análisis el tratamiento dado a *-ing* como un sufijo derivacional flexionado que, además de aparecer en categorías morfológicas nominales, *e.g.*, *singing decimas was his skill* y verbales, *e.g.*, *my father was singing*, afecta de manera diferente a los compuestos *something*, *nothing*, *anything* y *everything*. Asimismo, el comportamiento variable de *-ing* se ha estudiado en palabras monomorfémicas como *ceiling* y *morning* en las que esta terminación no es un sufijo.

La mayoría de las investigaciones mencionadas han analizado el efecto de una vocal anterior tensa o relajada [I] [i] en la pronunciación variable de 'ng' como [n] y [ŋ] siendo la excepción aquellos estudios que han incluido otras vocales como [a] [ə], aunque, por lo general, en los análisis finales se hayan eliminado estos resultados (Houston, 50-51). También se han excluido de prácticamente todos los análisis, las palabras monosilábicas, por ser este comportamiento lingüístico un fenómeno asociado a palabras átonas, ya que se ha encontrado una pronunciación velar en estos lexemas casi categóricamente (Hazen, 121). Se han considerado palabras tónicas los compuestos *anything* y *everything*, cuyo comportamiento diferente de *something* y *nothing* se asocian precisamente, al acento (Houston, 52)

2. Antecedentes de este estudio: El español isleño en contacto con el inglés

El español Isleño es el que han hablado los descendientes de los canarios que se asentaron como colonos en varias zonas pantanosas de Luisiana en 1778 después de que Francia hubiera cedido la región a España en 1763, siendo la Parroquia de San Bernardo, objeto de nuestro estudio, una de ellas. Como señala Coles (1999: 5) ¨ una combinación de herencia, aislamiento geográfico, y conocimiento del dialecto determinan las fronteras de la comunidad de habla de los isleños¨[2]. Se trata de un español del siglo XVIII con portuguesismos, galicismos, elementos del español caribeño y del inglés[3].

A los estudios lingüísticos pioneros sobre el español isleño (MacCurdy, 1948, 1950, 1975) le siguieron muchos otros que describieron, entre los distintos fenómenos, la tan traída y llevada presencia o ausencia de velarización de la nasal apical final en el español isleño (Alvar, M. 1998, Armistead, 1992, Coles 1991, 1999, Lestrade 1999, 2002, Lipski 1984, 1985a., 1985b, 1987, 1990, MacCurdy 1948, 1950, 1975). Aunque en alguna ocasión se consideró la influencia del inglés sobre el español, la mayoría de estos trabajos describieron el dialecto isleño sin tener en cuenta de manera exhaustiva el contexto bilingüe individual y comunitario de los hablantes. Nunca se hicieron estudios sobre alguna posible influencia de la lengua minorizada sobre el inglés.

---

[2] La traducción es mía
[3] Para una descripción lingüística más detallada consultar Alvar, M. (1998), Armistead, S. G. (1992), Coles, F. A. (1999), Lestrade, P. M. (1999, 2022), Lipski, J. M. (1984-1990), MacCurdy, R. R. (1948, 1950, 1975), Varela, B. (1986), Varela García, F. (2020, 2022).

Dadas las diferentes conclusiones sobre la velarización de la nasal apical en español isleño a las que llegaron los estudios anteriormente mencionados, respondimos, en un estudio cuantitativo anterior, a la pregunta: ¿existe velarización de la nasal final en español isleño de San Bernardo o es su ausencia el único rasgo privativo de esta variedad lingüística? (Varela García 2022). En el análisis estadístico se consideró el contexto fonético – prepausal, preconsonantico e intervocálico - encontrándose un efecto de asimilación progresiva que afectaba al proceso de velarización de la nasal en posición de coda en el español isleño no solamente con -*in*, sino también en todas las situaciones cuando a la nasal la precedían las demás vocales, es decir en los casos de -*an*, -*en*, -*in*, -*on*, -*un*, y también cuando la seguían todas las vocales del español, es decir en casos de *na, ne, ni, no, nu*. Se encontró un patrón de velarización en español isleño en San Bernardo similar al detectado en la mayoría de las comunidades hispanohablantes: en posición final prepausal y en sílaba tónica; y además, nuestro estudio encontró mayores probabilidades de velarización después de vocal baja [a], antes de vocal alta [u], dental oclusiva [d] y de nasal alveolar [n]. Sin embargo, la frecuencia de velarización era mucho menor, un 11.6 %. Esta frecuencia, no obstante, era y es muy similar a la encontrada en otros dialectos del español en contacto con el inglés en los Estados Unidos (Hernández, J.E., 2002, Varela García 2022).

Nuestros resultados nos hicieron plantearnos una de las preguntas de investigación que da pie al presente trabajo: ¿Podría haber alguna relación o efecto entre la pérdida de velarización nasal final del inglés a favor de la apical y los bajos porcentajes de velarización de la apical en el español isleño? (Juan Villena Ponsoda, comunicación personal). Y, lo que es más, ¿existe algún *efecto translingüístico* entre el inglés y el español en los hablantes bilingües isleños de San Bernardo, de modo que no solo el inglés afecta a la apical nasal del español, que se velariza poco, sino que también, la prevalencia de la pronunciación apical en español de la nasal apicoalveolar (como muestran sus bajos porcentajes de velarización) ejerce alguna influencia, a su vez, sobre la nasal velar final del inglés de estos hablantes? ¿Afectaría este hecho a las variantes en competencia de manera que en posición de coda se apicalizaría aún más por encima del efecto esperado del inglés como expresión de identidad histórica y reformulación de la misma entre los jóvenes isleños? (Villena Ponsoda 1996, Vida-Castro 2022, 2023).

No es suficiente examinar, por tanto, aunque imprescindible, el español isleño en relación con el dialecto de origen de las Islas Canarias, sobre el que contamos con excelentes trabajos (Almeida 1983, 1992, Almeida & Díaz Alayón 1988, Alvar Ezquerra 1975, Alvar, M. 1959, 1965, 1968, 1972, 1975-1978, 1976, 1985, Corrales, C. & Corbella 2004, Díaz Alayón 2005, González & Algara 2009, Lorenzo 1976, Medina López 1996, 1997, Morera 1994, 2004, Samper Padilla 1990, 1991, 1995, Torres Stinga 1995, Trujillo 1980). Hay que estudiar el español isleño, además, como un dialecto español de los Estados Unidos, en contacto con el inglés rural sureño (Stolz & Garland Bills (unpub), Varela García 2022). Por ello, en este estudio prestamos atención a la situación de bilingüismo comunitario tradicional e individual de los hablantes del español isleño en San Bernardo y consideramos su inglés como variedad sureña, diferente de otras habladas en los Estados Unidos (Labov 1963, 1972, Anshen 1969, Abdel-Jawad 1979).

3. Marco de este estudio. Contexto de variación

Dado lo expuesto anteriormente, no deseamos considerar solamente el sufijo morfológico *-ing*, sino abordar el estudio de esta variable sociolingüística de una forma más amplia para comparar la apicalización nasal en inglés y en español. Igualmente queremos analizar el contexto de variación, *envelope of variation*, que afecta a la nasal velar del inglés en posición de coda. Esto es lo que postulamos con la reformulación de la siguiente regla variable (Houston, 23)

$$[+\text{post}] \text{-----} > <\text{-post}> / \text{V} \underline{\qquad\qquad} \#$$
$$[- + \text{acento}] + [\text{nas}]$$

según la cual, una nasal posterior (velar) se realiza variablemente como menos posterior (apical) en un contexto en el que aparece precedida de vocal átona o tónica

Con el fin de ver si existe un efecto translingüístico entre el español y el inglés de los hablantes bilingües en San Bernardo, consideraremos cualquier posible condicionamiento fonético que pudiera tener el español sobre el inglés no solo en los isleños bilingües, sino también el posible efecto que el bilingüismo comunitario y familiar, ya casi desaparecido, haya podido ejercer sobre el inglés de los isleños monolingües hoy día.

Para ello, debemos comparar la apicalización entre el inglés de los isleños monolingües y el de los monolingües no isleños de la Parroquia de San

Bernardo. De esta forma podremos ver si hay alguna diferencia estadística significativa entre los patrones de velarización y apicalización en el inglés de ambos grupos y, en caso de haberla, examinaremos el posible efecto del español sobre el grupo isleño. Finalmente, y de igual manera, hay que analizar si existe en el inglés de la Parroquia la tendencia documentada en el mundo anglohablante a la apicalización de la nasal velar.

Sincrónicamente hablando, *-ing* es una variable social estable constreñida por efectos lingüísticos similares en todos los estudios realizados, aunque se detectan diferencias dialectales. Este artículo se enfoca en los efectos sociales que afectan al comportamiento variable de la nasal velar en la parroquia de San Bernardo.

4. Condicionamientos sociales

Los estudios pioneros de Labov que analizaron el efecto del sexo, la edad, la clase social y la etnicidad en Martha's Vineyard (1963, 1972) y en New York City (1966) desembocaron en la enunciación de los siguientes principios del cambio lingüístico:

1. Las mujeres adoptan un comportamiento lingüístico más estándar cuando se trata de variables estables, pero se comportan de manera más innovativa frente a los cambios lingüísticos en curso (Labov 1990, 1991, Trudgill 1972).
2. Las diferencias en el comportamiento lingüístico de los grupos etarios pueden ser el reflejo del cambio lingüístico en curso - en tiempo aparente- (Labov 1963, 1972).
3. Las diferencias entre las clases sociales reflejan actitudes sobre el prestigio manifiesto *overt* y encubierto *covert* (Labov 1966, 1972).
4. La etnicidad permite mantener fronteras lingüísticas y participar (o no) en el cambio en curso. (Labov 1963, Labov, Cohen, Robins, & Lewis, 1968).

Con posterioridad, la categoría *sexo* ha sido examinada desde una perspectiva de *género* e *identidad sexual* (Eckert 1989, 2002), y se ha visto que los conceptos *edad* y *tiempo aparente* interaccionan con *age-grading*, y con estadios diferentes de la vida, *life-stages* y *tiempo aparente* y *real* (Bailey 2004). Además de *clase social*, concepto a gran escala, también se han estudiado las dinámicas de grupos más pequeños que interactúan a través de *redes sociales* (Milroy 1987,

Milroy & Milroy 1992) y en *comunidades de práctica* (Eckert & McConnell-Ginet 1992). La aproximación metodológica y teórica de los estudios sociolingüísticos al efecto de la *etnicidad* e *identidad* en el cambio lingüístico ha ido reformulándose con los años (Fough 2006, Mendoza-Denton 2008, Villena-Ponsoda & Vida-Castro 2017), pero suele aceptarse que las formas lingüísticas étnicamente marcadas son como resultado de la transferencia de lenguas minoritarias (Hoffman & Walker 2010, 38). También sabemos cómo la atención que prestamos a aquello que decimos (Bell 1984) y el prestigio social afectan a la selección de variantes que se perciben como más o menos estándares (Wolfram & Christian 1980, Campbell-Kibler 2007, 2008, 2009, Villena Ponsoda 2001, Villena Ponsoda & Vida -Castro 2012, Loudermilk 2013). Aunque en este trabajo no consideramos la clase social como tal, sí prestamos atención a los niveles educativos y a su posible efecto en la estratificación social de esta variable (Shuy, Wolfram & Riley 1967). Consideramos el efecto edad al examinar sincrónicamente la apicalización por grupos etarios y constatar la vitalidad del fenómeno, y también su comportamiento diacrónicamente en tiempo aparente y tiempo real al comparar el comportamiento de esta comunidad en dos momentos en el tiempo, en 1980 y en 2022 (Reid 1978, Sankoff 2006, Schleef, Meyerhoff & Clark 2011).

En esta investigación estudiamos solo los efectos sociales que afectan a la pronunciación variable de la nasal velar *-ng* precedida de cualquier vocal en los contextos final, prevocálico y preconsonántico del inglés de San Bernardo tanto en palabra tónica como átona. Estos factores sociales son: 1. Etnicidad 2. Bilingüismo 3. Sexo 4. Edad 5. Formalidad del estilo y 6. Nivel educativo. En un futuro cercano, completaremos el estudio de los factores internos que constriñen esta variable.

Como ya dijimos, hemos considerado y contrastado dos momentos en el tiempo: el presente con datos grabados de 2022, y la apicalización hace 42 años valiéndonos de datos de 1980.

5. Objetivos

Este trabajo analiza cuantitativamente los efectos sociales que afectan al comportamiento variable de la nasal velar del inglés en la parroquia de San Bernardo.

Estudiamos si existe algún efecto translingüístico entre el español y el inglés de la comunidad.

Para ello, examinamos:

1. La pronunciación apical de la nasal velar en los isleños bilingües de San Bernardo hoy día.
2. El posible efecto que el bilingüismo comunitario y familiar, ya casi desaparecido, haya podido ejercer sobre el inglés de los isleños monolingües hoy día (Varela García 2022)
3. La comparación entre las pronunciaciones de -*ng* en el inglés de los monolingües isleños y las de los no isleños de la Parroquia de San Bernardo.
4. La presencia de la tendencia generalizada del inglés a la apicalización de velar nasal final.
5. Algún cambio que se haya podido producir entre la población bilingüe en las últimas 4 décadas.

6. Metodología

Los datos provienen en su mayoría de entrevistas sociolingüísticas y cuestionarios completados durante el verano de 2022 en la Parroquia de San Bernardo en Luisiana. Previamente se había completado el protocolo de IRB (*Protection of Human Subjects in Research Application*) necesario para llevar a cabo la recogida de datos y asegurar su confidencialidad y protección.

Se completaron entrevistas con 25 hablantes, de los cuales 14 se autoidentificaron como de descendencia isleña y 11 como no-isleños. Se desecharon tres entrevistas: dos de isleños, y una de una persona no isleña: uno de ellos, adulto del tercer grupo de edad, había residido la mayor parte de su vida en otro estado, habiendo descubierto su identidad isleña en años recientes. Su inglés tenía rasgos muy marcados de otra región lingüística en los Estados Unidos. El otro, un hombre joven, ha aprendido el español como segunda lengua; su alta proficiencia impedía clasificarlo como inglés monolingüe, pero sus características lingüísticas no son las del español isleño tradicional. Hablaba un idiolecto propio de un español aprendido como segunda lengua gracias a su fuerte deseo de mantener sus raíces isleñas y españolas. Su español contiene algún vocabulario isleño tradicional, bastante del caudal panhispánico y también del español caribeño y mexicano. Hay otro hablante, clasificado como monolingüe en nuestra muestra, también joven autoidentificado como isleño, y heredero de una saga de decimeros y de isleños prominentes, que demuestra una proficiencia intermedia en la escritura del español y habilidades comunicativas orales que le permiten mantener conversaciones en español de cierta sofisticación. Este sujeto es autodidacta y se vale de amigos y de aplicaciones para el aprendizaje oral, así como del correo electrónico y de las redes sociales (facebook, Instagram y similares) para practicar la lectura y escritura de un español diferente al de su abuelo, y que no se diferencia mucho del aprendido como L2 en las aulas universitarias. Esperamos volver pronto a ocuparnos de estos dos hablantes, ambos masculinos, y analizaremos su español y profesada identidad en el marco de lo que identificamos como la manifestación de la identidad isleña transformada y adaptada a la nueva realidad post-Katrina.

No se usó para el análisis lingüístico la entrevista de otro hablante no –isleño que compartió información de gran valía sobre las ideologías lingüísticas y culturales de la comunidad. Había vivido demasiado tiempo fuera de Luisiana y de los Estados Unidos, por lo que lingüísticamente no compartía los rasgos del inglés de Luisiana. Con todo, nos quedaron 22 entrevistas válidas.

Para equilibrar nuestra muestra etnográfica, se complementaron las entrevistas sociolingüísticas con datos provenientes del internet, en concreto de entrevistas en inglés vernáculo pertenecientes a 1 isleño y a 5 no-isleños de San Bernardo quienes conversaron largamente sobre el huracán Katrina. Contamos así con un total de 28 hablantes en la muestra de 2022. Estas entrevistas tuvieron lugar entre 2020 y 2021 por lo que se han codificado con mis datos recogidos en 2022 en San Bernardo.

La mayoría de las entrevistas que duraron aproximadamente dos horas cada una, se llevaron a cabo en el lugar de residencia temporal de la entrevistadora y en lugares públicos como cafeterías y restaurantes. También alguna se completó en el lugar de trabajo del entrevistado. Igualmente se realizó una entrevista por Zoom. A menudo la persona entrevistada se encontraba en compañía de algún familiar con lo que el ambiente terminaba siendo distendido y amigable.

Se utilizó una grabadora Linear PCM LS-P4 Olympus para la entrevista semidirigida laboviana, y un cuestionario con preguntas de tipo biográfico y sobre usos, habilidades y actitudes lingüísticas tanto en inglés como en español de los sujetos entrevistados, de su familia y de la comunidad. Al final de cada entrevista se les pedía a los participantes leer una lista de palabras con terminaciones en *-ing*, faltándole a algunas la letra 'g', representación ortográfica del sonido velar final. El objetivo era evaluar las actitudes lingüísticas de los hablantes, su nivel de conciencia y aceptación de las variantes apical y velar, y también medir la distancia entre su propia pronunciación y valoración e inseguridad lingüísticas (Preston 2011).

Se transliteraron las entrevistas de los hablantes bilingües y no bilingües y se codificaron dos variantes, una apical [n] y otra velar [ŋ] de la nasal velar final precedida por cualquier vocal. La transcripción fonética y codificación la completó una estudiante bilingüe de lingüística con 2L1 inglés y español castellano. Se realizaron pruebas de confiabilidad con 12 hablantes monolingües de inglés originarios de diversas regiones lingüísticas, y con dos hablantes bilingües español e inglés llegándose a un 87% de coincidencia. Igualmente, se diseñó un libro de codificación atendiendo a los factores sociales de etnicidad, bilingüismo, edad, sexo, y nivel educativo. Siguiendo a Labov (1984) codificamos también según el estilo de habla considerándose dos estilos conversacionales, uno casual y otro cuidado y un tercero, de mayor formalidad, de lectura en base a la lista de palabras en el cuestionario.

En cuanto a factores lingüísticos, se tuvieron en cuenta la categoría morfológica, el acento, el contexto anterior, el contento siguiente y la cantidad silábica. Buscamos encontrar algún cambio en frecuencias o patrones de apicalización en el inglés de los hablantes bilingües a través del tiempo en 42 años; usamos, pues, una segunda muestra de hablantes recogida en los 80.

A nivel individual, el perfil sociológico de los hablantes bilingües de 1980 y de 2022 es muy similar, compartiendo profundas raíces en la cultura isleña tradicional, y pertenencia a redes sociales densas y múltiples tanto cuando eran vecinos en la isla de Delacroix como más tarde, en Poydras tras el huracán Betsy. Estos participantes de dedicaron a la pesca, el trampeo, y la regencia de pequeños negocios. Veamos la tabla de muestra de hablantes del 2022:

Tabla: Muestra de Hablantes 2022

Muestra de hablantes 2022			
Etnicidad	Isleño: 13	No isleño:15	
Bilingüismo	Si: 6	No: 22	
Isleño No Bilingüe	7	–	
Edad	20-40: 5	50-70: 5	71-84: 18
Sexo	Hombre: 15	Mujer:13	
Nivel Educativo	Bajo: 6	Medio: 9	Alto: 13
Formalidad Habla	Casual	Cuidado	Lectura
Total			

La muestra de 1980 comprende 22 hablantes entrevistados por Samuel Armistead entre 1970 y 1985. Comunitariamente, y en cuanto al idioma, los dos grupos son, sin embargo, muy diferentes ya que los participantes de mayor edad de la muestra de 2022 han vivido en una comunidad mayoritariamente anglohablante durante los últimos 25-30 años con el español isleño en situación de atrición. En 1980, aunque el español isleño iba perdiendo hablantes, todavía había varios cientos de ellos en numerosas familias, con lo que el español isleño coexistía en una situación de carácter diglósico con el inglés. En 2022, yo pude entrevistar a 6 isleños bilingües.

Aunque todos los estudios sobre la variable sociolingüística *-ing* la describen como estable sincrónicamente, dado que nuestro estudio es sobre un dialecto en atrición que se ha visto severamente afectado por la falta de transmisión intergeneracional en las últimas décadas, usamos una segunda muestra de hablantes recogida en los 80 por Samuel Armistead y codificamos el inglés de estas grabaciones para comparar los porcentajes de velarización y apicalización de la nasal velar en posición final en un espacio de tiempo de 42 años.

7. Hipótesis y Preguntas de Investigación

Se introdujeron los datos codificados en SPSS versión 28 y se llevaron a cabo varios análisis de regresión logística y de estadística descriptiva con pruebas de Chi cuadrado y de Coeficiente de V Cramer.

Nuestra *Hipótesis de trabajo principal* postula la existencia de un efecto translingüístico, *crosslinguistic effect*, en la Parroquia de San Bernardo, de manera que:

1. Ser isleño y hablar español resulta en una mayor apicalización de la velar nasal final en el inglés de estos hablantes - en comparación a los no bilingües y los no isleños en la comunidad-.
2. La tendencia apicalizante en el inglés de los isleños bilingües tiene un efecto en los bajos porcentajes de la velarización de la nasal apical final en español isleño, significativamente menor en relación con la vitalidad que este fenómeno muestra en otras comunidades hispanohablantes velarizantes en el mundo (Varela García 2022).

Por ello,

3. Si encontramos alta apicalización en el inglés de los bilingües isleños, que además velarizan poco en español, puede que también exista hoy día mayor frecuencia de apicalización en el inglés de los isleños monolingües anglohablantes, por efecto no solo del inglés, sino también del español comunitario, de forma que este patrón y/o porcentajes de apicalización de la velar nasal final difiera de forma significativa del patrón y porcentaje apicalizador de sus vecinos monolingües hablantes de inglés provenientes de familias no isleñas. Esto se daría por la influencia del español que las familias y la comunidad bilingüe isleña – hoy prácticamente desaparecidas- hayan podido ejercer.

Asimismo,

4. Dada la tendencia global y generalizada en el mundo anglohablante hacia la apicalización de la velar nasal en el inglés, esperamos también un porcentaje significativo de apicalización entre los no isleños monolingües en inglés. Este porcentaje, si no hay influencias translingüísticas del español en los otros grupos, debería ser similar al que encontremos en el inglés de los isleños monolingües, al menos, y al de los bilingües.

Con el fin de probar o refutar nuestra hipótesis trabajamos con las siguientes preguntas:

Pregunta de investigación n.1
¿Cuál es el porcentaje global de apicalización de la nasal velar final en el inglés de la Parroquia de San Bernardo?

Pregunta de investigación n.2
Los residentes de la Parroquia de San Bernardo que se autoidentifican como isleños, ¿apicalizan más que los no isleños?

Pregunta de investigación n.3
Los residentes de la Parroquia de San Bernardo que son bilingües y hablan español isleño e inglés ¿apicalizan más que los hablantes monolingües en inglés ya sean isleños o no isleños?

Pregunta de investigación n.4
Los residentes de la Parroquia de San Bernardo que son isleños monolingües en inglés ¿apicalizan igual que los hablantes no isleños monolingües en inglés?

Pregunta de investigación n.5
¿Hay una diferencia significativa en los valores de apicalización de la nasal velar entre hombres y mujeres en San Bernardo hoy día?

Pregunta de investigación n.6
¿Hay una diferencia significativa en los valores de apicalización de la nasal velar por grupo de edad en San Bernardo hoy día?

Pregunta de investigación n.7
¿Hay una diferencia significativa en los valores de apicalización de la nasal velar según el nivel educativo en San Bernardo hoy día?

Pregunta de investigación n.8
¿Hay una diferencia significativa en los valores de apicalización de la nasal a medida que avanza el estilo de formalidad del habla (casual, cuidado) y de lectura en San Bernardo hoy día?

Pregunta de investigación n.9
¿Han cambiado el patrón y los porcentajes de apicalización de la nasal velar final en la parroquia de 1980 a 2022, es decir en los últimos 42 años?

Pregunta de investigación n.10
Al igual que se documenta en otros dialectos, ¿está afectando la tendencia del inglés hacia la apicalización a todos los grupos, esto es, a los monolingües y bilingües?

En definitiva, queremos saber si existe algún efecto translingüístico entre el inglés y el español en la comunidad más allá del grupo bilingüe, esto es, en los isleños monolingües de hoy día en San Bernardo. Al igual que se documenta en otros dialectos, deseamos saber si la tendencia del inglés hacia la apicalización está afectando por igual a todos los grupos, y en particular, a los monolingües.

8. Resultados

Un primer análisis de regresión logística con 2.605 casos fue significativo. Se seleccionaron como significativas p > .001 las siguientes variables: la etnicidad, el bilingüismo, la edad del hablante, el sexo, la educación y la formalidad del habla.

Pregunta de investigación n.1
¿Cuál es el porcentaje global de apicalización de la nasal velar final en el inglés de la Parroquia de San Bernardo? Veamos los resultados globales en la tabla 1:

Tabla 1: Apicalización global de nasal velar en San Bernardo

Velar [ŋ]	Velar [n]	Total N
1246	1358	2605
47.8%	52.2%	100%

Ya en un estudio anterior sobre la velarización de la nasal en español de los hablantes isleños de la Parroquia de San Bernardo hallamos que, aunque su patrón de comportamiento es muy similar al de la mayoría de los dialectos del español, sus bajos porcentajes lo acercan al de otros hablantes que están en contacto con el inglés (Hernández 93-110) Varela García 2022, 80-118). Pretendemos analizar a continuación los factores que condicionan la apicalización de la nasal velar en hablantes bilingües y monolingües en San Bernardo. En la Parroquia pronuncian de manera apical la nasal velar en palabras como *gang, everything, song* en un 52.2 % de los casos.

Pregunta de investigación n.2
Dado de existe un fuerte sentimiento de identidad en el subgrupo de hablantes de nuestra muestra que se autoidentifica como *isleño* (12 de un total de 22), y aunque el 58% de ellos es monolingüe en inglés, y por lo tanto ya no habla la variedad histórica de español de sus abuelos y algunos de sus padres, deseamos ver si el factor *identidad*, es decir, *ser o no isleño*, puede tener algún efecto significantico sobre la apicalización de la velar nasal en inglés.

Los residentes de la Parroquia de San Bernardo que se autoidentifican como isleños, ¿apicalizan igual que los no isleños? La tabla 2 muestra resultados según etnicidad:

Tabla 2: Apicalización de nasal velar por grupo étnico en San Bernardo

Etnicidad	Velar [ŋ]	Apical [n]	Total N
No-isleño	580	590	1170
	49.6%	50.4%	100%
isleño	666	768	1434
	46.4%	53.6%	100%
Total N	1246	1358	2604
	47.8%	52.2%	100%

p-valor Chi cuadrado (sig.) =>.05 (.112), V de Cramer = .112

Ni la prueba del chi cuadrado ni la relación que nos marca el coeficiente de V de Cramer entre la pronunciación y la etnicidad apuntan a que la etnicidad afecte de manera significativa a la apicalización de la velar. Sin embargo, este factor fue seleccionado como el segundo más significativo en el análisis de regresión logística: los isleños tienen una probabilidad de 1.87, casi el doble de que los no isleños, de apicalizar la velar.

Observamos en la tabla 2 un 6.8% de diferencia a favor de la apical dentro del grupo isleño. Es posible que el Chi cuadrado en este análisis no sea significativo porque no existe diferencia en la pronunciación dentro del grupo de los no isleños que tienen porcentajes de velarización y apicalización muy similares. Igualmente hay que tener en cuenta que, en este análisis y dentro del grupo isleño, tenemos hablantes bilingües y monolingües, así que los hablantes monolingües dentro del grupo isleño pueden bajar los porcentajes totales de apicalización. Por ello, vamos a ver el factor bilingüismo.

Pregunta de investigación n.3
Los residentes de la Parroquia de San Bernardo que son bilingües isleños ¿apicalizan más que los hablantes monolingües en inglés ya sean isleños o no isleños? Ver resultados de apicalizacion según bilinguismo en la tabla 3:

Tabla 3: Apicalización de nasal velar y bilingüismo en San Bernardo

Bilingüismo	Velar [ŋ]	Apical [n]	Total N
No	1096 48.3%	1175 51.7%	2271 100%
Sí	150 45%	183 55%	333 100%
Total N	1246 47.8%	1358 52.2%	2604 100%

p-valor Chi cuadrado =>.05 (.273), V de Cramer = 0.273

Aunque los hablantes bilingües tienen un 10% más de pronunciaciones apicales que de alveolares frente al 4% extra de apicales sobre alveolares de los monolingües, el análisis del chi cuadrado no marca este factor como significativo. Sí lo selecciona, en cambio, la regresión logística (<.001) a la vez que la prueba de V de Cramer nos indica que existe una relación moderada entre ser bilingüe, es decir hablar español isleño e inglés, y la apicalización. Es muy posible que los resultados en la prueba del chi cuadrado aparezcan sesgados porque el porcentaje de hablantes bilingües de la muestra es muy pequeño. Quedan, tristemente, poquísimos hablantes de español isleño. Por lo tanto, hemos de afinar nuestro análisis y lo haremos examinando la etnicidad y el bilingüismo juntos como un único factor.

Pregunta de investigación n.4
¿Los residentes de la Parroquia de San Bernardo que son isleños bilingües apicalizan más o menos que los otros? Y los isleños monolingües en inglés ¿apicalizan igual que los hablantes no isleños monolingües en inglés? Veamos en la tabla 4 los resultados por etnicidad y bilingüismo:

Tabla 4: Apicalización de nasal velar por bilingüismo y etnicidad en San Bernardo

Etnicidad y Bilingüismo	Velar [ŋ]	Apical [n]	Total N
Isleño Bilingüe	150 45%	183 55%	333 100%
Isleño Monolingüe	479 47%	541 53%	1020 100%

Etnicidad y Bilingüismo	Velar [ŋ]	Apical [n]	Total N
No-Isleño Monolingüe	640	645	1285
	49.8%	50.2%	100%
Total	1246	1358	2604
	47.8%	52.2%	100%

p-valor Chi cuadrado =<.056, V de Cramer = 0.047

La relación marcada por el coeficiente de V Cramer es de nuevo baja, pero razonamos que señala la escasa relación entre ser no-isleño monolingüe y las pronunciaciones de velares y apicales dentro de este grupo específico. La prueba del chi cuadrado es quasi significativa, siendo este factor uno de los de mayor significación en el análisis de regresión logística. En la tabla n. 4 vemos que el grupo que más apicaliza es el de los bilingües isleños, seguidos por los isleños monolingües y finalmente por los no isleños monolingües. Esta jerarquía también se mantiene al comparar la diferencia en porcentajes entre las dos pronunciaciones dentro de cada grupo. Parece existir un efecto sobre la apicalización de los factores de la etnicidad y del bilingüismo, es decir de hablar español. Aunque no hay una diferencia significativa entre los casos apicales y velares dentro del grupo no-isleño monolingüe, no hay que perder de vista el hecho de que en este grupo se apicalizan nasales que debieran ser velares en un poco más de la mitad de los casos. Debe haber algún efecto, más allá de ser bilingüe y de declarase isleño que está operando en la apicalización dentro de la comunidad.

El análisis de regresión logístico, tomando como valor de referencia *ser isleño y bilingüe*, seleccionó, no solo para este análisis específico, sino para todos los factores sociales considerados en este estudio, el ser isleño monolingüe como el que tiene mayor probabilidad de favorecer la apicalización de la velar (2.8), casi 3 veces más que los demás factores.

Pregunta de investigación n.5
¿Hay una diferencia significativa en los valores de apicalización de la nasal velar entre hombres y mujeres en San Bernardo hoy día? La tabla 5 muestra resultados de apicalización por sexo:

Tabla 5: Apicalización de nasal velar por sexo en San Bernardo

Sexo	Velar [ŋ]	Apical [n]	Total N
hombre	459 41.8%	638 58.2%	1097 100%
mujer	786 52.2%	720 47.8%	1506 47.8%
Total	1246 47.8%	1358 52.2%	2604 100%

p-valor Chi cuadrado (sig.) =<.05 (.001), V de Cramer = 0.10

Hay una diferencia significativa en la apicalización cuando consideramos el sexo en 2022. Los hombres apicalizan más, un 16.4% más que velarizan, mientras que las mujeres velarizan más que apicalizan, 52.2 % de los casos, frente a un 47.8% de apicalización. La diferencia entre hombres y mujeres en apicalización es de 10.4%. El análisis de regresión seleccionó el sexo como un factor significativo. Tomamos *ser hombre* como valor de referencia, ya que ellos apicalizan de manera significativa. Las mujeres velarizan con una probabilidad mayor de 1.55 que los hombres, pero también participan de la apicalización comunitaria.

Pregunta de investigación n.6
¿Hay una diferencia significativa en los valores de apicalización de la nasal velar por grupo de edad en San Bernardo hoy día? La tabla 6 muestra resultados por grupos de edad:

Tabla 6: Apicalización de nasal velar por edad en San Bernardo

Edad	Velar [ŋ]	Apical [n]	Total N
20-40	184 37.3%	309 62.7%	493 100%
50-70	103 69.6%	45 30.4%	148 100%
71-84	959 48.9%	1004 51.1%	1963 100%
Total N	1246 47.8%	1358 52.2%	2604 100%

p-valor Chi cuadrado (sig.) =<.05 (.001), V de Cramer = 0.14

El análisis del Chi cuadrado es significativo para el factor edad. El grupo etario más joven está más avanzado en el proceso de apicalización; lo hacen el 62.7% de los casos, seguidos de la generación de mayor edad, con un 51.1%. El grupo de 71-84 años lo conforman hablantes bilingües y monolingües, así como isleños y no isleños. Es interesante notar que la generación intermedia apicaliza muy poco, solo un 30.4% de las veces, y que velariza el 69.6% de los casos. Es evidente que hay alguna interacción con otro factor en este grupo de edad que rompe la progresión de acuerdo a la edad. El análisis por edad fue seleccionado como significativo (<.001) tomando el grupo de *20 a 40 años como valor referencial* para la regresión logística. La probabilidad de apicalizar en el grupo de mayor edad es baja porque también tienen una probabilidad de velarizar 1.55 más que los otros grupos de edad, mientras que el grupo intermedio (conformado por isleños y no-isleños) tiene una probabilidad de velarizar 3 veces mayor que los demás. Estos dos grupos etarios, sin embargo, también siguen la norma comunitaria de la apicalización,

Pregunta de investigación n.7
¿Hay una diferencia significativa en los valores de apicalización de la nasal velar según el nivel educativo en San Bernardo hoy día? Veamos los resultados por nivel educativo en la tabla 7:

Tabla 7: Apicalización de nasal velar por nivel educativo en San Bernardo

Nivel Educativo	Velar [ŋ]	Apical [n]	Total N
bajo	221 45.7%	263 54.3%	484 100%
medio	321 42.2%	439 57.8%	760 100%
alto	704 51.8%	656 48.2%	1360 100%
Total	1246 47.8%	1358 52.2%	2604 100%

p-valor Chi cuadrado (sig.) =<.05 (.001) V de Cramer = 0.85

Hay una relación muy fuerte y significativa entre el nivel educativo y la apicalización. Los isleños con un nivel educativo medio son los que más apicalizan seguidos por aquellos con pocos estudios. Las personas con estudios superiores y universitarios velarizan más que apicalizan. Aquellos que tienen estudios de nivel medio, es decir de instituto y de formación profesional, apicalizan por encima de los que tienen poca instrucción. Dado que la mayoría de la población en San Bernardo se corresponde con este perfil educativo medio hoy día, consideramos que estamos ante una norma de pronunciación comunitaria. Constatamos que no está estigmatizada; los entrevistados saben que la velarización es la pronunciación prescriptiva pero no tienen una valoración negativa de la apicalización de la velar, que es pronunciación tolerada y reconocida como practicada por todos, especialmente entre aquellos que encarnan al ciudadano promedio en la comunidad. La regresión logística, tomando como *valor de referencia tener un nivel de educación bajo*, ya que corresponde a la población de mayor edad y bilingüe, seleccionó tener un nivel educativo medio como el tercer factor que afecta la probabilidad de apicalizar, 1.25 veces más que los demás. La pronunciación velar sigue siendo la prescriptiva, y eso explicaría que aquellos con un nivel educativo más alto la practiquen más. No parece que estemos ante un cambio en curso *desde abajo* respecto de la pronunciación prestigiosa, situación en la que esperaríamos que la clase media baja, que es la que aparece representada en el nivel educativo medio, velarizara aún más que el grupo social con mayores estudios. Podemos considerar que la apicalización es una variable social estable.

Pregunta de investigación n.8
¿Hay una diferencia significativa en los valores de apicalización de la nasal a medida que avanza el estilo de formalidad del habla (casual, cuidado) y de lectura en San Bernardo hoy día? La tabla 8 muestra los resultados según la formalidad del habla:

Tabla 8: Apicalización de nasal velar por Formalidad de Estilo de habla en San Bernardo

Estilo del Habla	Velar [ŋ]	Apical [n]	Total N
casual	650	849	1499
	43.4%	56.6%	100%
cuidado	544	466	1010
	53.9%	46.1%	100%
lectura	52	41	93
	55.9%	44.1%	100%
Total	1246	1356	2602
	47.9%	52.1%	100%

p-valor Chi-cuadrado (sig.) =<.05 (.001), V de Cramer = 0.106

En San Bernardo se apicaliza más a medida que disminuye la formalidad en el estilo de habla. La mayor probabilidad de apicalizar se da en el estilo de conversación informal, y es menor en el estilo de lectura de palabras. Tanto en el estilo cuidado de conversación con el de lectura, los hablantes velarizan más que apicalizan, lo que nos dice claramente que existe una consciencia de la velarización como la variante de prestigio y prescriptiva. Los porcentajes de apicalización por encima del 40% en ambos estilos nos hacen ver que esta pronunciación, cuanto menos, es bastante tolerada incluso cuando se habla con cierta formalidad

Pregunta de investigación n.9
¿Han cambiado el patrón y los porcentajes de apicalización de la nasal velar final en la parroquia desde 1980 a 2022, es decir en los últimos 42 años dentro del grupo isleño bilingüe? Veamos resultados globales y por sexo en las tablas 9 y 10:

Tabla 9: Apicalización de nasal velar en 1980 y 2022 (42 años) en San Bernardo

Año	Velar [ŋ]	Apical [n]	Total N
1980	301	580	881
	34.2%	65.8%	100%
2022 *Solo bilingües	150	183	333
	45%	55%	100.0%
Total	451	763	1214
	37.1%	62.9%	100.0%

p-valor Chi-cuadrado (sig.) =<.05 (.001), V de Cramer = 0.100

Hace 42 años, los hablantes bilingües en San Bernardo apicalizaban 31.6% más que velarizaban, con un porcentaje de 65.8 de apicalización global. Hoy día apicalizan menos que hace cuatro décadas, en un 55% de los casos, es decir 10.8 % menos, mientras que la velarización ha subido. Documentamos casi un 32% de diferencia entre apicalización y velarización en 1980 frente a una diferencia del 10% hoy día. Podemos decir, que hace 42 años la apicalización era una pronunciación propia de los isleños, que se mantiene hoy entre ellos, pero en porcentajes menores.

La tabla 10 muestra resultados por sexo en 1980:

Tabla 10: Apicalización de nasal velar por sexos en 1980 en San Bernardo

Sexo 1980	Velar [ŋ]	Apical [n]	Total N
Hombre	226	496	722
	31.3%	68.7%	100%
Mujer	75	84	159
	47.1%	52.9%	100%
Total N	301	580	881
	34.2%	65.8%	100%

p-valor Chi cuadrado =<.05 (0.35), V de Cramer = .074

La relación entre el sexo y la apicalización también era muy fuerte y significativa en 1980. Los hombres apicalizaban más del doble de lo que velarizaban, 68.7/ 31.3 mientras que la diferencia entre apicales y velares entre las mujeres no eran tan marcados 52.9/ 47.1%. Una de las principales diferencias que vemos es que hace 40 años, las mujeres apicalizaban más que velarizaban, y hoy día este patrón se ha revertido. Hay una diferencia del 16.4% entre apicalización y velarizaban entre los hombres en 2022, mientras que esa diferencia en 1980 era del 37.4 %.

9. Discusión y conclusiones

La comunidad de San Bernardo hoy día apicaliza la nasal velar en el 52.2 % de los casos. Los isleños monolingües son los que tienen mayor probabilidad de apicalizar, casi tres veces más que el resto. Cualquier isleño puede apicalizar casi el doble que ningún otro. Los vecinos con un nivel educativo medio tienen una probabilidad de 1.25 más que los demás de apicalizar. En la actualidad los isleños bilingües apicalizan más que ningún otro grupo 57.5/42.5% (15%), pero este grupo, como sabemos, está por desaparecer ya que el español isleño está en una situación de atrición severa. Las personas que se autoidentifican como isleños, pero solo hablan inglés, apicalizan un 53/47% (dif 6%) mientras que los no isleños y monolingües apicalizan 50.2/49.8% (dif .2%) de los casos. Tiene que haber existido un efecto del bilingüismo familiar y comunitario de las generaciones de mayor edad que han apicalizado en inglés significativamente durante los últimos 42 años sobre los jóvenes isleños que hoy día ya no hablan el español, de manera que este grupo tiene casi tres veces más probabilidades de apicalizar en inglés hoy día que los demás. De igual forma, a la apicalización del inglés, hay que añadirle el efecto del español de estos mayores, que frente a la tendencia velarizante atestiguada en el mundo hispanohablante, han mantenido valores muy altos de apicalización también en español (Varela-García, 2022). De no ser así, todos los monolingües, al margen de su etnicidad, apicalizarían de manera parecida y tendrían probabilidades similares de hacerlo. No es el caso.

El español ha tenido un efecto en el inglés: mientras mayor haya sido la exposición al español, por hablarse en la familia o individualmente (bilingües), se apicaliza más en inglés. También se constata por el efecto del español comunitario en la apicalización: hace 42 años, los isleños bilingües apicalizaban 31.6% más que velarizaban; hoy día, la diferencia en el grupo isleño bilingüe entre estas variantes es del 10%. Hace 42 años, el español lo hablaban cientos de familias en la comunidad isleña y hoy día lo documenté en 6 personas.

Pero ¿cómo explicar que los monolingües no isleños también apicalizan el 50.2 de los casos que deberían ser velares? Evidentemente en San Bernardo, al igual que el mundo anglohablante, existe la tendencia del inglés a la apicalización. Esta tendencia apicalizadora global del inglés explicaría que el grupo con mayor probabilidad de apicalizar es el isleño monolingüe, 2.8 veces más que los demás. Reciben la doble influencia del español comunitario/familiar y la del inglés.

Podemos concluir, tal y como señala el análisis de regresión logística que el español patrimonial comunitario ha dejado una huella significativa en la apicalización en inglés hoy día; de otro modo, si fuera únicamente un efecto del inglés, los no- isleños monolingües en inglés serían los que más apicalizarían, o al menos apicalizarían de manera similar a los monolingües no isleños, pero son el tercer grupo, por detrás de todos los demás.

En relación al sexo, de las dos pronunciaciones que coexisten hoy, la masculina sigue siendo la apical en todos los grupos con 58.2/41.8% (16%). Este patrón es igual al documentado hace 42 años entre los hombres isleños, pero las frecuencias de apicalización eran mayores en el pasado: con 68.7% apicalización vs. 31.3 % de velarización (37.4% más apicalización). Por su parte, en 1980, las mujeres isleñas apicalizaban más que velarizaban, 52.9% frente al 47.1% (6%), aunque con frecuencias más bajas que los hombres. Viendo su comportamiento hoy día, razonamos que en el pasado la apicalización debió de ser pronunciación isleña revestida de cierto prestigio local encubierto en la comunidad y mantenida como consecuencia del menor acceso a la educación formal y de la falta de contacto entre las comunidades de isleños y no isleños. Vivían, como hoy día recuerdan, *up and down the road*, en barrios separados. En el pasado, el sexo no era determinante entre los isleños, ya que todos apicalizaban más que velarizaban. Es evidente que la apicalización era una pronunciación isleña y masculina probablemente percibida como no estándar por los no isleños hasta el punto de que el patrón femenino isleño se ha revertido en la actualidad: las mujeres velarizan más que apicalizan 52.2/47.8% (4%) siendo consistente con el comportamiento femenino en el caso de variables estables (Labov 1990, 1991, Trudgill 1972). Obviamente el acceso a la educación, a espacios laborales fuera de la comunidad, y la desaparición de la segregación por barrios del pasado influyen en este comportamiento femenino favor de la variante prescriptiva.

El nivel educativo es factor determinante: la apicalización de la velar es la norma comunitaria tradicional como se ve en el nivel medio educativo 57.8/42.2% (15.6%). Este grupo de nivel medio tiene 1.25 de probabilidades mayores de apicalizar que los de nivel alto o bajo. El grupo con menos estudios también apicaliza de manera significativa, 54.3/45.7%, frente al grupo de nivel educativo alto, con frecuencias ligeramente más altas de velarización, la pronunciación estándar y tradicionalmente prestigiosa, 51.8/48.2%

La apicalización es más prevalente en el estilo conversacional casual (56.6/43.4%) -13%- que, en el cuidado, 46.1/53.9% en el que hay un 7.8% más de velarización. En el estilo más formal, el de lectura, cómo es esperable, se velariza más que se apicaliza, 55.9/44.1%. Estamos ante una variable social estable que experimenta estratificación estilística (marcador sociolingüístico): la apicalización es más común en los niveles educativos medio y bajo (clase social media, media baja) y desciende a medida que aumenta la formalidad del habla, ya que es una variable reconocida por los sujetos como no estándar, aunque sin llegar a ser un estereotipo. La velarización aumenta a medida que hay mayor formalidad comunicativa.

Coexisten en San Bernardo dos pronunciaciones hoy día: la velar reconocida como la estándar, o 'correcta', como dicen todos, y la apical, de menor valoración, pero practicada y tolerada, también por todos. La apicalizacion ya es una norma lingüística comunitaria, junto con la velarización, un marcador que experimenta variación estilística. No tenemos datos de no isleños de hace 42 años, pero los isleños bilingües apicalizaban mucho más en el pasado que en la actualidad. Sin embargo, hoy día los isleños monolingües y los jóvenes están liderando este proceso, y podrían hacer avanzar la apicalización a frecuencias mayores en el futuro.

¿Tiene futuro la apicalización? La apicalización es un fenómeno con vitalidad, y como dijimos, más común entre los jóvenes: 62.7/37.3% (25.4%), seguidos por los hablantes de mayor edad 51.1/48.1% (isleños y no isleños), lo que es indicativo de su arraigo histórico en San Bernardo. El comportamiento del grupo de edad intermedio, de 50 a 70 años, llama la atención, porque velariza mucho más, 69.6/30.4% (39.2%) de lo que apicaliza. De las dos normas comunitarias, adoptan la más la prestigiosa. Si la apicalización estaba asociada con lo isleño en el pasado, grupo de estatus social no alto hace décadas y objeto, a menudo, de discriminación hasta el punto de no transmitir el español a sus hijos, este grupo de edad intermedia, con nivel educativo medio y alto hoy día (que incluye a isleños) se desvía de la norma apicalizante, pudiendo indicar un cambio desde arriba, *change from above*, es decir siendo conscientes de que la pronunciación velar es la prescriptiva y prestigiosa (Labov 1972, 2001).

Después de todo lo expuesto anteriormente y a modo de conclusión señalaremos que hemos podido confirmar todas nuestras hipótesis planteadas en este trabajo:

1. Existe un efecto translingüístico desde el español tradicional comunitario y familiar de los hablantes isleños bilingües de la Parroquia de San Bernardo al inglés de los hablantes monolingües isleños, de manera que, en sinergia con la tendencia global y generalizada anglohablante hacia la apicalización de la velar nasal, las probabilidades de apicalización entre monolingües isleños hoy día son tres veces más altas que en ningún otro grupo.
2. Ser isleño y hablar español resulta en una mayor apicalización de la velar nasal final en el inglés en comparación a los no bilingües y no isleños en la comunidad, pero dado el pequeño número de hablantes bilingües en el presente, y al hecho de que el dialecto histórico que conocemos como español isleño dejará de hablarse en la comunidad en un futuro muy cercano, el comportamiento lingüístico de este grupo no es significativo de cara al futuro de esta pronunciación.

3. El bilingüismo comunitario y familiar ya casi desaparecido, ha dejado una huella significativa sobre el inglés de los isleños monolingües hoy día en San Bernardo a modo de efecto de lenguas en contacto o sincretismo lingüístico.
4. Se aprecia entre los no isleños monolingües la tendencia global y generalizada del inglés hacia la apicalización. El porcentaje en este grupo es inferior al encontrado entre los monolingües isleños por lo que no atestiguamos influencias translingüísticas del español en este grupo, pero sí el efecto apicalizador del inglés documentado en otros dialectos.
5. En el pasado, la apicalización era la norma comunitaria entre los isleños bilingües, la diferencia de sexo no era significativa. Hoy día el sexo es significativo ya que los hombres apicalizan más que velarizan, pero las mujeres velarizan más que apicalizan.
6. Hoy día, los jóvenes lideran y avanzan el fenómeno de la apicalización en la Parroquia.
7. Actualmente, la educación tiene un efecto significativo a favor de la velarización, especialmente entre las mujeres, que han cambiado su patrón lingüístico, en comparación a hace 40 años, y en el grupo de mayor educación y estatus social en la comunidad. En estos dos grupos se velariza hoy día más de lo que se apicaliza.
8. La apicalización presenta una estratificación estable de acuerdo a la formalidad del habla; se apicaliza más a medida que disminuye la formalidad del estilo.
9. El grupo de edad intermedia que disfruta de un nivel educativo medio y alto se aparta de la apicalización a favor de la velarización ¿Cambio desde arriba?
10. En San Bernardo conviven dos normas con respecto a la pronunciación de la nasal velar final: (1) una velar estándar que va siendo reemplazada en muchos casos por otra apical, pero que hoy, las mujeres y el grupo con un nivel educativo más alto prefieren sobre la apical, que también practican. Esta velar es privilegiada de manera global en los estilos de mayor formalidad comunicativa. (2) una apical que ha sido la tradicional comunitaria y generalizada entre el grupo isleño bilingüe durante los últimos 40 años, y que es practicada en la actualidad por la mayoría de los hablantes que son de un nivel educativo medio en San Bernardo. Podríamos decir que en el presente es una pronunciación

local propia de monolingües y de bilingües isleños, masculina, de nivel educativo bajo y medio, histórica y de jóvenes. Teniendo en cuenta el reconocimiento y estatus social del que han disfrutado los hombres isleños históricamente, dentro y fuera de la comunidad como artistas, custodios de la tradición canaria y como cantantes y compositores de décimas, cabría preguntarse hasta dónde podrían liderar los jóvenes isleños monolingües de hoy día la pronunciación apical en vista del fuerte resurgimiento de la identidad y orgullo de lo isleño que hemos detectado de manera inequívoca entre algunos hombres isleños jóvenes, y que son los que hoy día tienen la mayor probabilidad de apicalizar. Igualmente, y dada la tendencia global del inglés a la apicalización en el mundo anglohablante, quizá esta pronunciación siga ganando terreno en toda la comunidad, más allá de la adscripción étnica. Finalmente, no es ilógico pensar que la tendencia hacia la apicalización del inglés, que hemos constatado tan viva entre los bilingües isleños de hace más de 40 años, afectara igualmente al español comunitario, de forma que frenara entre los bilingües de San Bernando la fuerte tendencia global del mundo hispano hablante hacia la velarización de la nasal apicoalveolar prepausal.

Bibliografía

Abdel-Jawad, H. (1979). *A report on the (ING) variable in a Philadelphia speech community* (Fishtown). Unpublished 561 Report, William Labov's research seminar on field methods.

Almeida, M. (1983). *Estudio del habla rural de Gran Canaria* (tesis doctoral no publicada), Santa Cruz de Tenerife: Universidad de La Laguna.

Almeida, M. (1992). El Español Hablado en Canarias. *Iberoamericana* (1977-2000), vol. 16, nº 1(45), 4-16.

Almeida, M.& Díaz Alayón, C. (1988). *El español de Canarias, Santa Cruz de Tenerife*: Litografía A. Romero.

Alvar Ezquerra, C. (1975). *Encuestas en Playa de Santiago (Isla de La Gomera)*. Las Palmas de Gran Canaria: Excmo. Cabildo Insular de Gran Canaria.

Alvar, M. (1959). *El español hablado en Tenerife, Madrid*: Consejo Superior de Investigaciones Científicas.

Alvar, M. (1965). Notas sobre el español en la Graciosa. *Revista Española de Filología*, XLVIII, 293-319.

Alvar, M. (1968). *Estudios Canarios I*. Las Palmas de Gran Canaria: Excmo. Cabildo Insular de Gran Canaria.

Alvar, M. (1972). *Niveles socioculturales en el habla de Las Palmas de Gran Canaria*. Las Palmas de Gran Canaria: Excmo. Cabildo Insular de Gran Canaria.

Alvar, M. (1975-1978). *Atlas Lingüístico y Etnográfico de las Islas Canarias (ALEICan)*, 3 vols. Las Palmas de Gran Canaria: Excmo. Cabildo Insular de Gran Canaria.

Alvar, M. (1976). *Atlas Lingüístico y Etnográfico de las Islas Canarias*. Las Palmas de Gran Canaria. Excmo.: Cabildo Insular de Gran Canaria.

Alvar, M. (1985). *Léxico de los marineros peninsulares*. Madrid: Arco Libros.

Alvar, M. (1993). *Estudios Canarios. Tomo II*. Islas Canarias: Viceconsejería de Cultura y Deportes, Gobierno de Canarias.

Alvar, M. (1998). *El dialecto canario de Luisiana*. Las Palmas de Gran Canaria: Universidad de Las Palmas de Gran Canaria, Servicio de Publicaciones.

Anshen, F. (1969). *Speech variation among Negroes in a small southern community*. Ph.D. dissertation, New York University.

Armistead, S. G. (1992). *The Spanish tradition in Louisiana*. Vol. 1: Isleño folkliterature. Newark, DE: Juan de la Cuesta.

Bailey, G. (2004). Real and apparent time. *The Handbook of language variation and change*, 312-332. Blackwell Publishing Ltd.

Bell, A. (1984). Language style as audience design. *Language in Society*, 13(2), 145-204.

Campbell-Kibler, K. (2007). Accent, ING, and the social logic of listener perceptions. *American Speech* 82(1), 32-64.

Campbell-Kibler, K. (2008). I'll be the judge of that: Diversity in social perceptions of ING. *Language in Society* 37(5), 637-659.

Campbell-Kibler, K. (2009). The nature of sociolinguistic perception. *Language Variation and Change* 21(1), 135-156. Cambridge University Press.

Cedergren, H. (1973). *The interplay of social and linguistic factors in Panama*. Ithaca, NY: Cornell University PhD dissertation.

Coles, F. A. (1999). *Isleño Spanish*. Newcastle: LINCOM Europa.

Coles, F. A. (1991). *Social and linguistic correlates to language death: research from the Isleño dialect of Spanish*. PhD thesis. Austin: University of Texas.

Corrales, C. & Corbella, D. (2004). Primeros testimonios e impresiones sobre el habla canaria. *Anuario de Estudios Atlánticos*, 50, 71-120.

Díaz Alayón, C. (2005). Sobre el comportamiento de los pronombres átonos en autores canarios de los siglos XVIII y XI. *Revista de Filología de la Universidad de La Laguna*, 23, 79-96.

Douglas-Cowie, E. (1978). Linguistic code-switching in a Northern Irish village: social interaction and social ambition. In P. Trudgill (ed.) *Sociolinguistic Patterns in British English*, Edward Arnold, 37-51.

Eckert, P. (1989). *Jocks and burnouts: Social categories and identity in the high school*. Teachers College Press.

Eckert, P. & McConnell-Ginet, S. (1992). Think practically and look locally: language and gender as community-based practice. *Annual Review of Anthropology*, 21, 461-490.

Eckert, P. (2000). Linguistic variation as social practice. *Language in Society*, 31(2), 277-284.

Evans-Wagner, S. 2012. Real-time evidence for age gradING in late adolescence. *Language Variation and Change* 24 (2), 179-202. Cambridge University Press.

Fazio, R. (1986). How do attitudes guide behaviour? In Richard Sorrentino & Edward Higgins (eds.), *Handbook of motivation and cognition: Foundations of social behaviour*, 204-243. New York: Guildford.

Fazio, R. (1990). Multiple processes by which attitudes guide behaviour: The MODE model as an integrated framework. In Mark Zanna (ed.), *Advances in experimental social psychology*, 75-109. New York: Academic Press.

Fisher, J. L. (1958). Social influences on the choices of a linguistic variant. *Word*, 14.

Fought, C. (2006). *Language and Ethnicity*. Cambridge: Cambridge University Press.

González, J.& Algara, A. (2009). El fonema nasal posnuclear en el español: un estudio diacrónico. *Letras*, 51 (80), 117-136.

Grady, M. (1967). On the essential nominalizing function of English (ING), *Linguistics*, 34.

Gregg, R. J. (1992). The Survey of Vancouver English. *American Speech*, 67(3), 250-267.

Hazen, K. 2008. ING: A vernacular baseline for English in Appalachia. *American Speech* 83(2), 116-140.

Hernández, J. E. (2002). Accommodation in a dialect contact situation. *Revista de Filología y Lingüística de la Universidad de Costa Rica*, 28, 2, 93-110.

Hoffman, M. F. y Walker J. A. (2010). Ethnolects and the city: Ethnic orientation and linguistic variation in Toronto English. *Language Variation and Change*, 22, 37-67. Cambridge University Press.

Holmes-Elliott, S. (2012). Apparent time, real time, and an "off-the-shelf change." Berlin: Freie Universität, *Sociolinguistic Symposium 19*.

Houston, A. C. (1985). *Continuity and Change in English Morphology: The Variable (ING)*. Publicly Accessible Penn Dissertations. 1183.

Huddleston, R., & Pullum, G. K. (2002). *The Cambridge grammar of the English language*. Cambridge University Press.

Hymes, D. (1972). Models of the interaction of language and social life. In J. Gumperz and D. Hymes (eds.) *Directions in Sociolinguistics*. Holt, Rinehart and Winston.

Irwin, B. (1967). *The Development of the -ing Ending of the Verbal Noun and the Present Participle from c.700 to c.1400*. Unpublished dissertation, University of Wisconsin.

Jespersen, O. 1961. *A Modern English Grammar on Historical Principles, part 1, Sounds and spellings*. London: George Allen & Unwin/Ejnar Munksgaard.

Kerswill, P. & Williams, A. (2002). "Salience" as an explanatory factor in language change: Evidence from dialect levelling in urban England. In Mari Jones & Edith Esch (eds.), *Language change: The interplay of internal, external, and extra-linguistic factors*, 81-110. Berlin: Mouton de Gruyter.

Labov, W. (1963). The social motivation of a sound change. *Word* 19, 273-309. NC.

Labov, W. (1964). Stages in the acquisition of standard English. In Roger Shuy (ed.), *Social dialects and language learning*, 77-103. Champaign, IL: National Council of Teachers of English.

Labov, W. (1966). *The Social Stratification of English in New York City*. Washington, DC: Center for Applied Linguistics.

Labov, W., Cohen, P., Robins, C., & Lewis J. (1968). A Study of the nonstandard English of Negro and Puerto Rican speakers in New York City. *Report on Co-operative Research Project 3288*, New York, Columbia University.

Labov, W. (1972). *Sociolinguistic Patterns*. Oxford: Blackwell.

Labov, W. (1989). The child as linguistic historian. *Language Variation and Change*. 1, 85-97. Cambridge University Press.

Labov, W. (1990). The intersection of sex and social class in the course of linguistic change. *Language Variation and Change*, 2(2), 205-254. Cambridge University Press.

Labov, W. (1994). *Principles of Linguistic Change. vol. 1, Internal factors*. Oxford: Blackwell.

Labov, W. (2001). *Principles of Linguistic Change, Volume II: Social Factors*. Oxford: Blackwell.

Labov, W., Ash. S., Ravindranath, M., Weldon, T., Baranowski, M. & Nagy, N. (2011). Properties of the sociolinguistic monitor. *Journal of Sociolinguistics* 15(4), 431-463.

Lass, R. (1994). *Old English: A Historical Linguistic Companion*. Cambridge University Press.

Lestrade, P. M. (1999). *Trajectories in Isleño Spanish with special emphasis on lexicon*. PhD thesis. Tuscaloosa: University of Alabama.

Lestrade, P. M. (2002). The continuing decline of Isleño Spanish in Louisiana. *Southwest Journal of Linguistics*, 21(1), 99-117.

Lipski, J. M. (1984). The impact of Louisiana isleño Spanish on historical dialectology. *Southwest Journal of Linguistics*, 7, 102-115.

Lipski, J. M. (1985a). "Creole Spanish and vestigial Spanish: evolutionary parallels". *Linguistics*, 23(6), pp. 963-984.

Lipski, J. M. (1985b). Reducción de /s/ y /n/ en el español isleño de Luisiana: vestigios del español canario en Norteamérica. *Revista de Filología de la Universidad de La Laguna*, 4, 125-133.

Lipski, J. M. (1987). Language contact phenomena in Louisiana isleño Spanish. *American Speech*, 62(4), pp. 320-331.

Lipski, J. M. (1990). *The language of the Isleños: vestigial Spanish in Louisiana*. Baton Rouge: Louisiana State University Press.

Lorenzo, A. (1976). *El habla de Los Silos, Santa Cruz de Tenerife*. Caja General de Ahorros de Santa Cruz de Tenerife.

Lowe, S. (1967). *The Critical Spelling Book*. Scolar Press, Leeds.

Loudermilk, B. (2013). Psycholinguistic approaches. In R. Bayley, R. Cameron & C. Lucas (Eds.), The Oxford handbook of sociolinguistics, 132-152. Oxford, UK: Oxford University Press.

Mathisen, A. (1999). Sandwell, West Midlands: Ambiguous perspectives on gender patterns and models of change. In Paul Foulkes & Gerard Docherty (eds.), *Urban voices: Accent studies in the British Isles*, 107-123. London: Arnold.

MacCurdy, R. R. (1948). *The Spanish dialect in St. Bernard Parish, Louisiana*. PhD thesis. Chapel Hill: University of North Carolina.

MacCurdy, R. R. (1950). *The Spanish dialect in St. Bernard Parish, Louisiana*. Albuquerque: The University of New Mexico Press.

MacCurdy, R. R. (1975). Los 'isleños' de la Luisiana: supervivencia de la lengua y folklore canarios. *Anuario de Estudios Atlánticos*, 21, 471-591.

Medina López, J. (1996). *La investigación lingüística sobre el español de Canarias*. In Medina López, J. & Corbella Díaz, D. (eds.). El español de Canarias hoy: análisis y perspectivas. Frankfurt am Main/Madrid: Vervuert/ Iberoamericana, 9-48.

Medina López, J. (1997). El español de Canarias a través de la documentación testamentaria (siglos XVI-XVIII). *Boletín de Filología*, 36, 163-189.

Mendoza-Denton, N. (2008). *Homegirls: Language and cultural practice among Latina youth gangs*. Malden, MA: Blackwell Publishing.

Milroy, L. (1987). *Language and Social Networks*. 2a. ed. Basil Blackwell, Oxford.

Milroy, L. & Milroy, J. (1992). Social network and social class: Towards an integrated sociolinguistic model. *Language in Society*, 21(1), 1-26.

Morera, M. (2004). Algunas características del español canario del siglo XVIII. *Anuario de Estudios Atlánticos*, 50, 155-209.

Morera Pérez, M. (1994). *El español tradicional de Fuerteventura: (aspectos fónicos, gramaticales y léxicos)*. La Laguna: Centro de la Cultura Popular Canaria.

Preston, D. (2011). The power of language regard: Discrimination, classification, comprehension, and production. *Dialectologia*. Special Issue II. 9-33.

Reid, E. (1978). Social and stylistic variation in the speech of children: some evidence from Edinburgh. In P. Trudgill (ed.) *Sociolinguistic Patterns in British English*, 158-171. Cambridge University Press.

Samper Padilla, J. A. (1990). *Estudio sociolingüístico del español de Las Palmas de Gran Canaria*. Las Palmas de Gran Canaria: La Caja de Canarias.

Samper Padilla, J. A. (1991). El proceso de debilitamiento de la nasal implosiva en el Caribe y en Canarias. Cesar Hernández Alonso (ed.), *El español de América: Actas de III Congreso Internacional de El Español de América, Vol. II*. Valladolid: Junta de Castilla y León, Consejería de Cultura y Turismo, 1075-1084.

Samper, J. A. and Hernandez, C. E. (2009). El español isleño. In López Morales, H. (coord.), *Enciclopedia del español en los Estados Unidos: Anuario del Instituto Cervantes 2008*, 390-409. Madrid: Santillana.

Samper Padilla, J. & Hernández Cabrera, C. (1995). Vitalidad de supuestos arcaísmos léxicos en Gran Canaria. *Lingüística Española Actual*, 17(2), 229-238.

Sankoff, G. (2006). Age: apparent time and real time. In Brown, K. (ed.), *Encyclopedia of Language & Linguistics*. 2nd ed. Oxford: Elsevier, 110-116.

Schleef, E., Meyerhoff, M. & Clark, L. (2011). Teenagers' acquisition of variation: A comparison of locally born and migrant teens' realisation of English ING in Edinburgh and London. *English World-Wide* 32(2), 206-236.

Shuy, R., Wolfram W. & Riley, W. K. (1967). Linguistic Correlates of Social Stratification in Detroit Speech. *Cooperative Research Project 6-1347*. East Lansing: Michigan State University.

Stolz W. & Garland Bills G. (unpub.). *An investigation of the standard-nonstandard dimension of central Texas English*. Mimeographed.

Tagliamonte, S. (2004). Somethi[n]'s goi[n] on! Variable ING at ground zero. In Britt-Louise Gunnarsson, Lena Bergström, Gerd Eklund, Staffan Fridell, Lise Hansen, Angela Karstadt, Bengt Nordberg, Eva Sundgren & Mats Thelander (eds.), *Language variation in Europe: Papers from the second International Conference of Language Variation in Europe, ICLaVE 2*, 390-403. Uppsala: Uppsala University Department of Scandinavian Languages.

Torres Stinga, M. (1995). *El español hablado en Lanzarote*. Arrecife: Servicio de Publicaciones, Cabildo Insular de Lanzarote, D.L.

Trudgill, P. (1972). Sex, covert prestige and linguistic change in the urban British English of Norwich. *Language in Society*, 1(2), 179-195.

Varela, B. (1986). El español de Luisiana. In Moreno de Alba, J. G. (ed.), *Actas del II Congreso Internacional sobre el español de América*. Mexico, D. F.: Universidad Nacional Autónoma de México, 273-277.

Varela García, F. (2020). Isleños' Spanish language preservation in Saint Bernard Parish: A case study in the voices of Joseph 'Chelito' Campo, Irvan Perez and Allen Perez. *Philologica Canariensia*, 26, 80-118.

Varela García, F. (2022). Spanish of the United States: the velarization of the final alveolar nasal in Louisiana Isleño Spanish. *Lingüística en la Red*, XVIII, 37 pages. University of Alcalá de Henares.

Vida-Castro, M. (2022). On competing indexicalities in southern Peninsular Spanish. A sociphonetic and perceptual analysis of affricate [ts] through time. *Language Variation and Change, 34* (2), 137-163. Cambridge University Press.

Vida-Castro, M. (2023). Sociophonetic analysis of the voiceless velar fricative Spanish phoneme /x/ in the southern variety of Malaga city (Spain). *Congreso Internacional de Fonética Experimental* (9). Universidad de Vigo. pp. 200-201.

Villena Ponsoda, J. A. (1996). Convergence and divergence in a standard-dialect continuum: Networks and individuals in Malaga, Sociolinguistica, 10, 112-137.

Villena Ponsoda, J. A. (2001). *La continuidad del cambio lingüístico*, Granada: Universidad de Granada.

Villena Ponsoda, J. A. (2010). Community-Based investigations: From traditional dialect grammar to sociolinguistic studies. Peter Auer y J. F. Schmidt (eds.). *Language and space. An International Handbook of Linguistic Variation*. Vol. 1. *Theory and Methods*. Mouton/de Gruyter, HSK Series: Berlín/Nueva York, 613-631.

Villena Ponsoda, J. A.& Vida-Castro, M. (2012). La influencia del prestigio social en la reversión de los cambios fonológicos. Constricciones universales sobre la variación en el español ibérico meridional. Un caso de nivelación dialectal. Juan Andrés Villena Ponsoda y Antonio Ávila Muñoz (eds.). *Estudios sobre el español de Málaga. Pronunciación. Vocabulario y sintaxis*, Málaga: Sarriá, 67-128.

Villena-Ponsoda, J. A. & Vida-Castro, M. (2017). Variación, identidad y coherencia en el español meridional. *Lingüística en la Red*, 15, 1-32

Wald, B. & Shopen, T. (1981). A researcher's guide to the sociolinguistic variable (ING). *In Style and Variables in English*. T. Shopen and B. Wald (eds.), Winthrop Pub., Inc.

Wolfram, W. & Christian, D. (1980). On the application of sociolinguistic information: test evaluation and dialect differences in Appalachia. In T. Shopen and J. Williams (eds.) Standards and Dialects in English, Winthrop Pub., Cambridge, 177-218.

Woods, Howard (1978). *A Socio-Dialectal Survey of the English Spoken in Ottowa: A Study of Sociolinguistic and Stylistic Variation*. Unpublished doctoral dissertation, University of Ottowa.